Musabekov Aidos

BIOTECNOLOGIA FARMACÊUTICA

Musabekov Aidos

BIOTECNOLOGIA FARMACÊUTICA

Livro de texto

ScienciaScripts

Cover image: www.ingimage.com

This book is a translation from the original published under ISBN 978-620-7-45070-1.

Publisher:
Sciencia Scripts
is a trademark of
Dodo Books Indian Ocean Ltd. and OmniScriptum S.R.L publishing group

120 High Road, East Finchley, London, N2 9ED, United Kingdom
Str. Armeneasca 28/1, office 1, Chisinau MD-2012, Republic of Moldova, Europe
Managing Directors: Ieva Konstantinova, Victoria Ursu
info@omniscriptum.com

Printed at: see last page
ISBN: 978-620-8-52795-2

Conteúdo

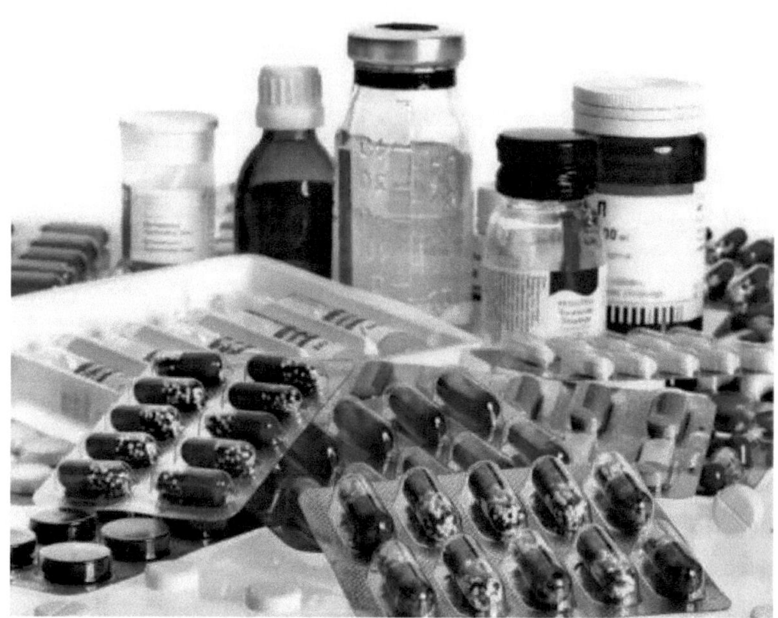

São consideradas as caraterísticas dos processos biotecnológicos de obtenção dos principais tipos de substâncias medicamentosas utilizadas na medicina, na medicina veterinária e noutras áreas da economia nacional, bem como os métodos do seu isolamento, purificação e fracionamento. Analisa-se o procedimento de criação de documentação regulamentar e técnica para produtos da biotecnologia farmacêutica e apresentam-se as suas caraterísticas.
Livro de texto para estudantes de instituições de ensino superior que estudam na especialidade 6B05102-Biotecnologia.

PREDICÇÃO

A biotecnologia farmacêutica é a secção mais importante da biologia moderna. No final do século XX, tornou-se um dos domínios prioritários da ciência e da economia modernas.

A biotecnologia farmacêutica é um fator essencial

O desenvolvimento das actividades de investigação no domínio da biotecnologia farmacêutica teve lugar na década de 80, quando novos desenvolvimentos metodológicos e metodológicos começaram a ser aplicados na ciência e na prática, e houve uma oportunidade real para tirar o máximo partido do ponto de vista económico. De acordo com as previsões, os produtos biotecnológicos deverão representar um quarto da produção mundial no século XXI.

Na década de 1980, a base de investigação na Bielorrússia foi significativamente alargada e os seus dados começaram a ser ativamente utilizados na produção. Durante este período, foi desenvolvido e implementado no país o primeiro programa nacional de biotecnologia, foram criados centros interdepartamentais de biotecnologia, foram formados biotecnólogos qualificados e foram criados laboratórios de biotecnologia em instituições de investigação e universidades.

No entanto, a atenção aos problemas da biotecnologia como um todo no país enfraqueceu, e o volume de financiamento nesta direção diminuiu. Esta situação levou a uma diminuição do nível de desenvolvimento da biotecnologia enquanto ciência na Bielorrússia, especialmente num domínio como a engenharia genética.

Quanto aos processos biotecnológicos mais modernos relacionados com a produção de substâncias medicinais, baseiam-se em métodos de ácidos desoxirribonucleicos (ADN) recombinantes, bem como na utilização de enzimas mobilizadas de células ou organelos celulares. A biotecnologia farmacêutica moderna é a ciência dos métodos e tecnologias de engenharia genética e celular para a criação e utilização de objectos biológicos geneticamente transformados, a fim de intensificar a produção ou obter novos tipos de produtos para diversos fins.

O manual trata dos principais objectos, dos princípios gerais dos processos biotecnológicos, dos domínios de aplicação dos produtos biotecnológicos, dos métodos de produção industrial de substâncias biologicamente activas purificadas de origem biotecnológica na produção biotecnológica industrial.

Vizdanin acumula os princípios básicos da produção biotecnológica dos principais grupos de substâncias farmacêuticas, purificação de compostos biologicamente activos, tais como proteínas, aminoácidos, vitaminas, ácidos orgânicos, lípidos, nucleótidos e ácidos nucleicos, açúcares e polissacáridos, antibióticos, alcalóides, vários produtos de fermentação, preparações hormonais, enzimas, aditivos alimentares, anti-soros, bem como as principais direcções da sua aplicação prática.

Atualmente, a indústria microbiológica utiliza milhares de estirpes de vários microrganismos. Na maioria dos casos, estas foram melhoradas por mutagénese induzida e subsequente seleção. Isto torna possível a síntese de várias substâncias em grande escala.

Algumas proteínas e metabolitos secundários só podem ser obtidos através da cultura de células eucarióticas. As células vegetais servem de fonte de vários compostos: atropina, nicotina, alcalóides, saponinas e outros. As células animais e humanas também produzem compostos biologicamente activos: por exemplo, as células da hipófise produzem lipotropina, um estimulante da decomposição das gorduras, e a hormona somatotropina, que regula o crescimento.

As culturas enxertadas de células animais que produzem anticorpos monoclonais são amplamente utilizadas para o diagnóstico de doenças. Nos domínios da bioquímica, da microbiologia e da citologia, os métodos de imobilização de enzimas e de células inteiras de microrganismos, plantas e animais revestem-se de um interesse indiscutível. Métodos biotecnológicos como a cultura de células e embriões, a ovogénese *in vitro e* a fertilização artificial são amplamente utilizados na medicina veterinária. Tudo isto mostra que a biotecnologia é uma fonte não só de novos produtos alimentares e preparações médicas, mas também de energia e de novos produtos químicos, bem como de organismos com propriedades específicas.

Capítulo 1

DESENVOLVIMENTO DA INDÚSTRIA FARMACÊUTICA NO MUNDO NO SÉC. XX

A indústria farmacêutica é uma indústria que desenvolve, fabrica e comercializa fármacos e medicamentos autorizados. Caracteriza-se por uma variedade de regulamentação legislativa e governamental no que respeita ao registo de patentes, testes, segurança e eficácia dos medicamentos produzidos.

O aparecimento das farmácias remonta à Idade Média. A primeira abriu em Bagdade, em 754, e depois espalhou-se rapidamente pelos países árabes medievais e pela Europa. No século XIX, muitas farmácias na Europa e na América do Norte tinham-se tornado grandes empresas farmacêuticas. °A maior parte das actuais empresas farmacêuticas foram formadas-em''para''para final do século XIX_(início do século XX)_.

Nas décadas de 1920 e 1930**, a insulina e a penicilina foram descobertas e tornaram-se** medicamentos produzidos em grande escala. Durante este período, a indústria farmacêutica desenvolveu-se mais na Suécia, Alemanha, Itália, Reino Unido, Estados Unidos, Bélgica e Países Baixos. É também nesta altura que se desenvolve a legislação que regula os ensaios e a aprovação dos medicamentos, exigindo a utilização de marcas adequadas. Tornou-se possível separar legalmente os medicamentos sujeitos a receita médica dos medicamentos de venda livre.

Na década de 1950, foi efectuada uma investigação científica sistemática, foram melhorados os conhecimentos médicos e o processo tecnológico de produção. Durante este período, foi desenvolvido e distribuído em massa um grande número de novos medicamentos, incluindo **a cortisona** e vários agentes cardíacos. Na década de 1960, surgiram os tranquilizantes e os psicotrópicos, como a **clorpromazina, o caloperidol e o diazepam**, que tiveram uma utilização extremamente alargada.

Ao mesmo tempo, foram feitas tentativas para reforçar a regulamentação estatal e limitar os laços financeiros entre as empresas farmacêuticas e os médicos prescritores. Foi criada, nomeadamente, a Food and Drug Administration (FDA) americana. Verificou-se, por exemplo, que a utilização descontrolada de um dos novos tranquilizantes **(talidomida)** por mulheres grávidas provocou o nascimento de crianças com várias deformações.

Em 1964, a Associação Médica Internacional adoptou a Declaração de Helsínquia, que estabelecia normas para os ensaios clínicos e exigia que as empresas farmacêuticas provassem a eficácia de novos medicamentos em

condições clínicas antes de os lançarem no mercado.
A década de 1970 foi um período de desenvolvimento de medicamentos contra o cancro. Até aos anos 70, a indústria farmacêutica permaneceu um sector relativamente restrito da economia. É a partir desta altura que se inicia um período de rápido desenvolvimento. A maior parte dos países adopta uma legislação rigorosa em matéria de patentes. Desde 1978, a Índia tornou-se um centro de fabrico de produtos farmacêuticos sem proteção de patentes.
Em meados da década de 1980, as pequenas empresas de biotecnologia, na sua luta pela sobrevivência, começaram a fundir-se ativamente com grandes empresas farmacêuticas ou a vender-lhes as suas acções. Verificou-se um processo de rápida liquidação das próprias empresas farmacêuticas, tendo as maiores assumido uma posição dominante não só nos mercados farmacêuticos nacionais, mas também no mercado mundial. Nos anos 80, a legislação em matéria de segurança e ambiente foi reforçada e os novos medicamentos destinados a combater o VIH e as doenças cardíacas tornaram-se uma marca da década.
A década de 1990 assistiu a uma vaga de fusões e aquisições no mercado farmacêutico e a um aumento dramático dos contratos com organismos de investigação para ensaios clínicos e investigação e desenvolvimento de base. O processo de comercialização sofreu alterações significativas. A Internet permitiu a compra direta de medicamentos pelos consumidores e de matérias-primas pelos fabricantes de medicamentos, o que alterou a natureza do negócio. Nos EUA, com a adoção de nova legislação que liberaliza os requisitos de risco em 1997, a publicidade de medicamentos na rádio e na televisão generalizou-se. Surgiu uma geração de antidepressivos, entre os quais o mais popular, a fluoxetina. A chamada medicina alternativa e os suplementos nutricionais começaram a desenvolver-se rapidamente, o que aumentou a concorrência na indústria farmacêutica. Ao mesmo tempo, as empresas farmacêuticas eram cada vez mais criticadas pelo público por tentarem "impor" novas doenças à população e, consequentemente, medicamentos para as "combater".
Para compreender melhor o funcionamento da indústria farmacêutica, é necessário referir o conceito de "descoberta de medicamentos". A descoberta de medicamentos refere-se ao processo através do qual são concebidos potenciais medicamentos. No passado, a maioria dos medicamentos surgia através da separação (isolamento) de ingredientes activos de medicamentos tradicionais ou através de descobertas acidentais. A biotecnologia moderna concentra-se na investigação dos processos metabólicos que ocorrem durante uma determinada doença ou condição patogénica e utiliza a biologia

molecular e a bioquímica. As fases iniciais do desenvolvimento de novos medicamentos têm sido tradicionalmente levadas a cabo por universidades e centros de investigação.

O desenvolvimento de medicamentos começa quando os ingredientes básicos de um medicamento são identificados e tem como objetivo encontrar uma formulação e uma dose adequadas, bem como a segurança do medicamento. A investigação nestes domínios inclui normalmente ensaios in *vitro, in vivo* e clínicos. Uma vez que as principais fases do desenvolvimento de novos medicamentos exigem investimentos significativos, o processo é levado a cabo por grandes empresas farmacêuticas.

As empresas multinacionais estão frequentemente integradas verticalmente, operando simultaneamente em diferentes segmentos, desde a investigação e desenvolvimento de novos medicamentos até ao fabrico, controlo de qualidade, marketing, vendas e distribuição. As empresas mais pequenas concentram-se frequentemente em aspectos específicos dos produtos farmacêuticos, como o desenvolvimento de componentes individuais ou de fórmulas de medicamentos.

O processo de descoberta e desenvolvimento de medicamentos é extremamente intensivo em termos de capital. De todos os ingredientes de medicamentos sob investigação, apenas uma pequena fração passa pela fase de aprovação governamental e é autorizada para utilização. A nível mundial, em média, apenas 25 novos medicamentos recebem autorização de introdução no mercado por ano.

Esta autorização só pode ser obtida após enormes investimentos no desenvolvimento pré-clínico e em ensaios clínicos, bem como na monitorização contínua da segurança dos medicamentos. Alguns medicamentos não podem ser submetidos a este procedimento e não proporcionam um retorno do investimento. Se tivermos em conta os custos de desenvolvimento desses medicamentos, o custo de criação de um medicamento bem sucedido (incluindo os custos da sua comercialização e distribuição) pode atingir os 2 mil milhões de dólares. Estas estimativas são bastante condicionais, uma vez que não têm em conta os custos da regulamentação, os subsídios estatais, os incentivos fiscais e as subvenções federais à investigação. É por isso que os custos reais da introdução de novos medicamentos no mercado são consideravelmente mais elevados.

Nos Estados Unidos, os novos produtos farmacêuticos são analisados quanto à sua segurança e eficácia pela Food and Drug Administration. Este processo envolve o fornecimento de uma grande quantidade de informação pré-clínica sobre um novo medicamento, bem como três fases de ensaios clínicos.

Primeiro, a toxicidade do medicamento é determinada utilizando grupos de voluntários saudáveis. Na segunda fase, são elaboradas a farmacocinética, as vias de administração e a dosagem. Na terceira, a mais longa, determina-se a eficácia do medicamento em doentes específicos. Muitas vezes, é acrescentada uma quarta fase, pós-comercialização, para garantir a segurança do medicamento e registar os efeitos secundários.

Os Estados Unidos têm regras especiais para os criadores de medicamentos para doenças raras, que afectam cerca de 200 000 pessoas no país. Uma vez que o custo de investigação e desenvolvimento destes medicamentos é extremamente elevado e financeiramente não rentável, os Estados Unidos incentivam as empresas farmacêuticas através de benefícios fiscais, subsídios e acesso exclusivo ao mercado para estes medicamentos durante um determinado período de tempo (normalmente sete anos), independentemente de estes medicamentos estarem protegidos por patentes™.

Em 2006, o valor total do mercado farmacêutico mundial foi estimado em 640 mil milhões de dólares, dos quais os EUA representavam quase 50%. A indústria farmacêutica continua a ser um dos sectores mais rentáveis, com uma margem de vendas de 17%. O medicamento mais vendido no mundo são os comprimidos esterilizantes contra a cólera da *Pfizer*, que registaram vendas anuais de 13 mil milhões de acções em 2008, mais do que *duplicando* para 13 mil milhões. As vendas anuais de 13 mil milhões de acções, mais do dobro das vendas do Plavix, um medicamento cardiovascular *da Bristol-Myers Squibb*, e do medicamento anti-asmático Advera da *GlaxoSmithKline.*

O quadro 1 apresenta dados sobre as maiores empresas farmacêuticas e biotecnológicas mundiais. Todas elas constituem o chamado grupo *Big Pharma* $_{(K)}$, que inclui empresas com vendas superiores a 3 mil milhões de dólares e despesas de I&D superiores a 500 milhões de dólares.

Quadro 1

Maiores empresas farmacêuticas a nível mundial (2008)

Empresa	País	Volume de vendas, mil milhões de USD	Volume de I&D, mil milhões de USD	Número de empregados, mil pessoas
Novartis	Suíça	53,3	7,1	138
Pfizer	EUA	48,4	7,6	122,2
Bayer	Alemanha	44,2	1,8	106,2
GlaxoSmithKline	REINO UNIDO	42,8	6,4	106
Johnson & Johnson	EUA	37,0	5,3	102,7
Sanofi-Aventis	França	35,6	5,5	100,7
Hoffmann-La Roche	Suíça	33,5	5,3	100,3

AstraZeneca	REINO UNIDO	26,5	3,9	50,0
Merck & Co.	EUA	22,6	3,9	74,3
Laboratórios Abbott	EUA	22,5	2,3	66,8
Wyeth	EUA	20,3	3,1	66,7
Bristol-Myers Squibb	EUA	17,9	3,1	60,0
Eli Lilly e Companhia	EUA	15,7	3,1	50,0
Amgen	EUA	14,3	3,4	48,0
Boehringer Ingelheim	Alemanha	13,3	2,0	43,0
Shering-Plough	EUA	10,6	2,2	43,0
Baxter International	EUA	10,4	0,6	38,4
T jkeda ... . " Pharmaceutical Co.	Japão	10,3	1,6	15,0
Genentech	EUA	9,2	1,8	33,5
Procter & Gamble	EUA	8,9	n.s.v.	29,3
Total		497,5	70,8	1342

Qualquer empresa farmacêutica pode apresentar um pedido às autoridades governamentais competentes e obter uma patente para um medicamento ou para o seu processo de fabrico com direitos exclusivos, normalmente válidos por 20 anos. No entanto, este procedimento implica testes e inspecções muito rigorosos, que demoram 10 a 15 anos, após os quais a empresa é autorizada a comercializar e vender o seu medicamento. A proteção por patente permite ao titular da patente recuperar os custos de investigação e desenvolvimento através dos elevados lucros obtidos com a venda de medicamentos de marca. Após a expiração da patente, as empresas concorrentes desenvolvem normalmente os chamados medicamentos *genéricos*, que são menos dispendiosos de criar e menos dispendiosos de aprovar, o que permite que sejam vendidos a preços mais baixos. Muitas vezes, a empresa que detém o medicamento de marca começa a produzir os genéricos antes de a patente expirar, a fim de conquistar o mercado.

O mercado neste domínio caracteriza-se por uma elevada intensidade de fusões, aquisições e cooperações que exploram as capacidades complementares das empresas. As pequenas empresas farmacêuticas podem possuir novos medicamentos, mas não têm vendas suficientes."" capacidade de marketing. Pelo contrário, as grandes empresas têm frequentemente capacidade ociosa neste domínio. Consequentemente, ambas procuram oportunidades conjuntas para aumentar a capitalização através das sinergias da cooperação.

As empresas farmacêuticas gastam normalmente quantias significativas de dinheiro em publicidade, marketing e lobbying para os seus produtos. Nos EUA, estas empresas gastam cerca de 20 mil milhões de dólares por ano para comercializar os seus medicamentos. A publicidade é feita através de revistas médicas e de canais mediáticos. Em alguns países, incluindo os EUA, essa publicidade é autorizada a dirigir-se diretamente ao público. As empresas farmacêuticas empregam normalmente pessoal especializado para promover os medicamentos junto dos médicos nas instituições médicas. Em alguns países, nomeadamente nos Estados Unidos, as empresas fazem lobby junto dos políticos para promover os seus interesses. A comercialização de medicamentos sujeitos a receita médica nos EUA é regulamentada por uma lei federal especial adoptada em 1987.

Os profissionais de saúde e os médicos estão entre os intervenientes mais importantes no mercado farmacêutico, pois são eles que passam as receitas que determinam os medicamentos que os doentes irão utilizar. Influenciar os médicos é um elemento-chave do processo de venda de medicamentos sujeitos a receita médica.

Uma empresa farmacêutica de média dimensão tem normalmente cerca de 1.000 representantes de vendas; nas grandes empresas, o seu número atinge dezenas de milhares de pessoas. Nos EUA, o número de agentes de vendas é de cerca de 100 mil e só nos últimos quatro anos (1999-2003) o número de agentes duplicou. As empresas farmacêuticas enviam anualmente cerca de 5 mil milhões de dólares para pagar o trabalho dos seus representantes junto das instituições médicas.

A indústria farmacêutica está cada vez mais no centro da controvérsia e da crítica pública. Algumas das razões para tal incluem: pressão exercida pelas empresas sobre os médicos e as instituições médicas através de representantes de vendas, incluindo o fornecimento de "brindes de marketing" e de informações tendenciosas; publicidade agressiva em revistas e conferências; financiamento de instituições médicas independentes e de campanhas de bem-estar; lobbying de médicos e políticos (especialmente nos EUA); patrocínio de escolas de medicina e de cursos de tratamento; financiamento de seminários educativos contínuos com o objetivo de melhorar a qualidade de vida dos médicos e dos profissionais de saúde; e, em alguns casos, a utilização da indústria farmacêutica como veículo para a promoção de estilos de vida saudáveis.

De acordo com estimativas independentes, a indústria farmacêutica gasta mais dinheiro em lobbying do que qualquer outro sector da economia dos EUA. Entre 1998 e 2006, as empresas gastaram cerca de mil milhões de dólares em lobbying. As empresas farmacêuticas são frequentemente acusadas de "venda de doenças" (uso excessivo de medicamentos) para expandir o mercado de medicamentos, bem como de fornecer informações enganosas aos profissionais de saúde que acabam por prescrever medicamentos caros aos pacientes quando outros medicamentos podem ser mais baratos e mais eficazes.

As figuras 1 e 2 mostram os aspectos positivos e negativos da perceção pública da indústria farmacêutica na China, no Japão, no México, na África do Sul e nos Estados Unidos.

A ciência moderna tem um grande potencial para o desenvolvimento de novos medicamentos. Atualmente, as pessoas nos países desenvolvidos vivem, em média, mais 30 anos do que há um século atrás. A redução da mortalidade e as melhorias significativas na qualidade de vida devem-se, em grande parte, à indústria farmacêutica.

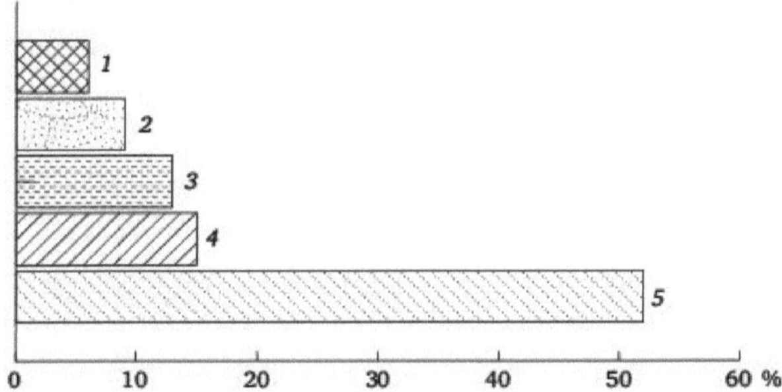

Figura 1. Caraterísticas positivas mais importantes da indústria farmacêutica, por percentagem inquirida:
1 - cooperação com a comunidade médica (6%); *2* - maior esperança de vida (9%); *3* - medicamentos de qualidade e eficazes (13%); *4* - processo de produção e distribuição eficientes (15%); *5* - elevado nível de inovação, produção de novos medicamentos (52%).

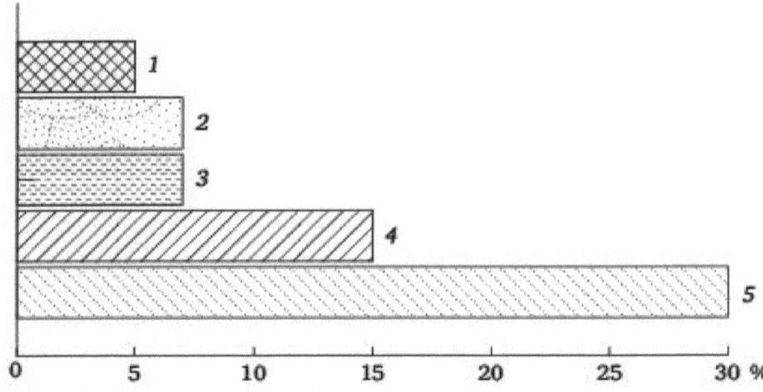

Figura *2.* Caraterísticas negativas mais importantes da indústria farmacêutica, percentagem de inquiridos:
1 - marketing agressivo (5%); *2* - falta de transparência em relação aos riscos e aos ensaios clínicos (7%); [3] falta de responsabilidade social e de ética (7%); *4* - foco na

rentabilidade e nos medicamentos mais caros em detrimento dos medicamentos mais baratos (15%);

5 - preços elevados e inacessibilidade dos medicamentos (30%)

Uma das principais contribuições da indústria farmacêutica para o progresso da medicina é a utilização da investigação fundamental para desenvolver medicamentos inovadores. Desde então, os progressos científicos e tecnológicos da indústria farmacêutica (principalmente através da investigação do genoma humano e da composição das células individuais) permitiram combater com êxito muitas doenças complexas e identificar as suas causas.

Todos os novos medicamentos que surgem no mercado são o resultado de um longo, dispendioso e arriscado processo de investigação e desenvolvimento conduzido pelas empresas farmacêuticas. O custo de introdução de novos medicamentos no mercado tem crescido exponencialmente nas últimas décadas. Como se pode ver na Fig. 3, em trinta anos, o custo total da introdução de novos medicamentos no mercado farmacêutico dos países desenvolvidos aumentou quase dez vezes. O elevado risco de insucesso, o custo de longos ensaios clínicos e os custos crescentes da obtenção de aprovações governamentais são os principais factores subjacentes ao seu rápido crescimento.

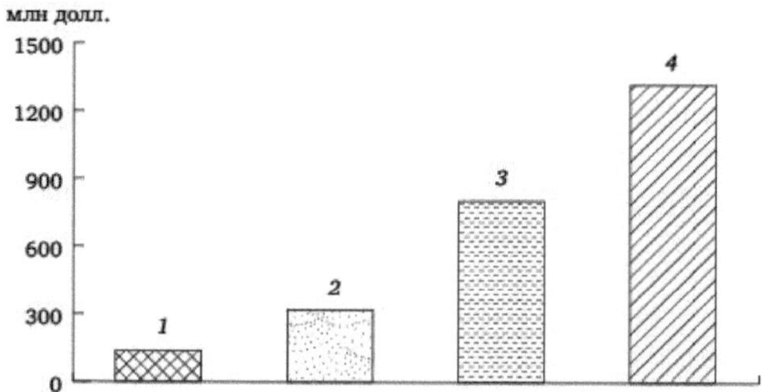

Figura 3. Custo da introdução de novos medicamentos no mercado: *1* - 1975; *2* - 1987; *3* - 2001; *4* - 2006.

Muitas substâncias promissoras, depois de atingirem uma fase suficientemente avançada dos ensaios clínicos, são rejeitadas. A percentagem de medicamentos que atingem a fase comercializável continua a ser muito baixa (segundo várias estimativas, 1-2 por 10.000). O financiamento desta investigação e desenvolvimento exige montantes significativos de dinheiro, que uma empresa farmacêutica só consegue gerar se introduzir novos medicamentos em vários mercados nacionais o mais rapidamente possível.

Por outras palavras, estas empresas têm inevitavelmente de ser globais.
O processo de investigação e desenvolvimento na indústria farmacêutica é composto por várias fases. A primeira fase é a obtenção de uma patente e o início da investigação pré-clínica. A sua duração é geralmente de 4 anos. Segue-se a fase dos ensaios clínicos, que inclui três fases e dura cerca de 7 anos. Finalmente, a última fase (ou quarta fase), que dura 3 anos, é a autorização de introdução no mercado, a fixação de preços e outros procedimentos administrativos. Todo este processo dura, em média, 13 a 15 anos.
Do total das despesas de I&D, que nas empresas farmacêuticas ascende a 18-20% das vendas, cerca de 27% são gastos em investigação pré-clínica. Quase 54% são gastos em ensaios clínicos, 5% são gastos na obtenção de várias aprovações das autoridades estatais e 14% em ensaios adicionais necessários após a obtenção da documentação de aprovação (Quadro 2).
Durante muitos anos, a Europa ocupou a posição de líder no desenvolvimento de novos medicamentos. No entanto, desde meados da década de 1990, o papel de líder no mercado farmacêutico, bem como na biotecnologia, foi assumido pelos EUA (Fig. 4).

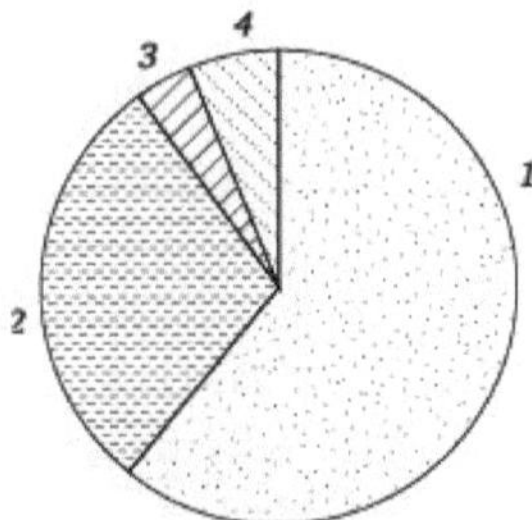

Figura 4. Vendas de medicamentos lançados em 2005-2009, por região, %:
1 - EUA; *2* - Europa; *3* - Japão; *4* - outros países

Como se pode ver, os EUA são responsáveis por 60% dos novos medicamentos, a Europa por 29% e o Japão por 4%. Isto deve-se ao facto de, nos últimos anos, nos EUA, ter sido atribuída uma percentagem muito maior do PIB à investigação e desenvolvimento do que nos países europeus. Os EUA gastaram 2,76% e 1,90% do PIB em investigação e desenvolvimento, respetivamente. Entre os países europeus, apenas a Finlândia (3,75%) e a Suécia (3,73%) registam um nível relativo de despesas mais elevado.
A posição de liderança dos EUA é determinada principalmente pela biotecnologia mais desenvolvida, que é o núcleo dos produtos farmacêuticos modernos. A aplicação-

Estrutura do investimento em I&D por fase do processo farmacêutico

Quadro 2

Estágio	Número de pacientes	Duração	Índice	Percentagem do investimento total em I&D, %
Ensaios pré-clínicos		4 anos	Síntese de novas substâncias, rastreio biológico, ensaios farmacológicos	27
Ensaios clínicos incluindo:		7 anos no total		54
fase 1	20-100 voluntários saudáveis	Até 1 ano	Ensaios de toxicidade, ensaios de segurança. Seleção da dose óptima	8
fase 2	Várias centenas de pacientes	1-2 anos.	Avaliação da eficácia e identificação dos efeitos secundários	13
fase 3	Algumas centenas a alguns milhares de doentes	De 2 a 4 anos	Confirmação da eficácia e dos efeitos secundários com a utilização a longo prazo	33
fase 4 (ensaios complementares)	Normalmente alguns milhares de doentes	Varia	Identificação de novos utilizadores, comparação com outros medicamentos, determinação do efeito clínico e da segurança a longo prazo do medicamento numa grande amostra de doentes e cumprimento das condições da documentação de autorização	14

utilização do conhecimento do genoma humano na prática clínica e no desenvolvimento de novos medicamentos permite antecipar a reação de um doente a um determinado fármaco e criar novos medicamentos "personalizados" de acordo com as peculiaridades da estrutura genética humana. A introdução de tais medicamentos não só reduz a incidência de doenças, como também altera o próprio modelo de assistência médica aos doentes, deslocando o enfoque para o tratamento preventivo.

No Quadro 3 são apresentados dados comparativos sobre o nível de desenvolvimento da bioquímica em diferentes países e regiões.

Quadro 3

Indicadores de desenvolvimento do sector bioquímico (2008)

Indicador	Total	EUA	Europa	Ásia
Volume de vendas, mil milhões de USD/%	59,6/100	45,0/75,5	11,2/18,8	3,4/5,7
Ob? TM.TM(vestments) ... em I&D, $bn/%	21,1/100	17,2/81,5	3,5/16,6	0,4/1,9
Número de empregados, mil pessoas/%	192,7/100	128,2/66,5	49,0/25,4	15,5/8,9
Número de empresas, pcs/%	704/100	371/52,7	178/25,3	155/22

O Quadro 3 mostra que, em termos de desenvolvimento biotecnológico, os EUA, no período de

Os Estados Unidos são o líder mundial e têm uma vantagem esmagadora sobre os seus concorrentes. No entanto, em termos de eficiência e de despesas de investigação, os EUA ficam atrás da Europa Ocidental e da Ásia: embora estas regiões tenham uma percentagem menor de despesas de I&D, a sua percentagem de vendas é significativamente mais elevada (por exemplo, o rácio para a Ásia é de 1,9% e 5,7%, respetivamente).

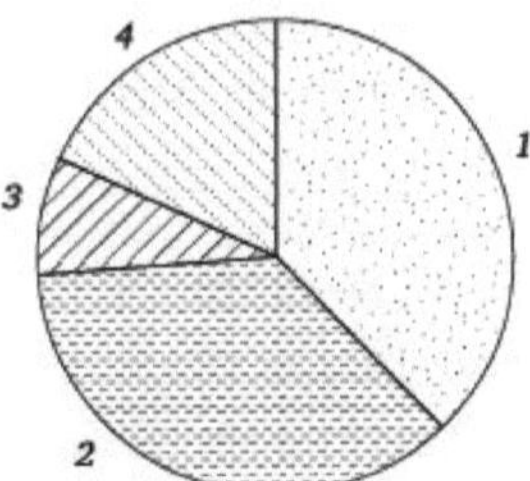

Figura 5. Estrutura regional do sector farmacêutico mundial. "...PRodução: - *1* - EUA; *2* - União Europeia; *3* - Japão; *4* - outros países

Os EUA são o principal produtor mundial de produtos farmacêuticos (38%), à frente da Europa (36%) e do Japão (8%). Estas três regiões representam 82% da produção farmacêutica mundial (Fig. 5).

De acordo com as estatísticas internacionais, a indústria farmacêutica é o sector da economia mundial com maior intensidade de conhecimento e inovação: tem a produção líquida mais elevada por trabalhador e o rácio mais elevado entre as despesas de I&D e as vendas. Este sector ocupa as principais posições na estrutura industrial dos EUA (quadro 4).

Quadro 4

Estrutura setorial da I&D na indústria (2008), %

Indústria	E.U.A.	União Europeia	Japão
Produtos farmacêuticos	25	17	8
Fabrico de computadores	24	13	12
Software e serviços	15	3	2
Automóvel	9	25	27
Eletrónico	2	5	13
Química	3	6	7
Outros	22	31	31

Como podemos ver, as três indústrias mais intensivas em conhecimento nos EUA representam 64% de toda a investigação e desenvolvimento, enquanto na Europa - 33% e no Japão - 22%. Esta posição assegura a liderança tecnológica global dos EUA.

Os países desenvolvidos com uma forte indústria farmacêutica não concedem apoio governamental direto à indústria, mas estimulam ativamente o desenvolvimento de novas áreas de investigação: biotecnologia, engenharia genética e outras. Nos EUA, por exemplo, o apoio estatal à indústria é prestado principalmente a nível regional, através do estímulo ao desenvolvimento das ciências naturais, das biotecnologias e das inovações. Por exemplo, em meados da década de 2000, o Estado do Texas afectou quase mil milhões de dólares à expansão dos laboratórios de investigação existentes e à criação de novos laboratórios no domínio da biotecnologia. No Estado de Nova Iorque, os Centros de Apoio à Ciência, Tecnologia e Inovação do Estado de Nova Iorque (*NYSTAR*) financiaram mais de 20 instituições de ensino que servem as necessidades da indústria farmacêutica.

Cada Estado utiliza um ou outro dos métodos tradicionais de apoio fiscal: créditos fiscais, isenções fiscais, reduções de impostos, etc. São também utilizados descontos especiais sobre os medicamentos e regulamentos de importação. Os fundos de investimento público-privados são utilizados para apoiar a I&D. Por exemplo, o North Carolina Bioscience Institute é um fundo de capital de risco que utiliza fundos públicos e investidores privados para financiar operações científicas e de investigação. O Fundo de Pensões do Estado da Califórnia disponibiliza anualmente 500 milhões de dólares para um programa de I&D em biotecnologia. Foram criados bancos de dados em cada Estado para fornecer informações, apoio e serviços de consultoria a organizações de I&D e a pequenas e médias empresas.

Os países em desenvolvimento, por seu lado, apoiam plenamente os produtos farmacêuticos em todos os domínios: acesso ao financiamento, investimento na produção, recursos humanos, infra-estruturas e investimento em investigação e desenvolvimento.

O apoio ativo do Estado à indústria farmacêutica permitiu a vários países em desenvolvimento, principalmente à Índia e à China, não só proteger os mercados nacionais, mas também entrar com êxito nos mercados estrangeiros. A quota dos fabricantes próprios no mercado farmacêutico da China é atualmente de 70 % e a da Índia de 80 %. Estes países contribuíram para o crescimento do seu papel no mercado mundial. Assim, a quota das empresas indianas e chinesas no mercado farmacêutico mundial aumentou de 1999 a 2007 de 5,5% para 9,4%.

Na Índia, as medidas de apoio à indústria farmacêutica evoluíram do apoio à produção para captar o mercado interno para o incentivo à I&D para aumentar a competitividade do país. O desenvolvimento das medidas governamentais de apoio à indústria farmacêutica na Índia pode ser dividido em várias fases. Entre 1948 e 1960, o mercado farmacêutico era largamente dependente das importações. O apoio estatal consistia apenas na organização de empresas públicas. Na década de 1960, o Estado começou a apoiar a produção de substâncias farmacêuticas necessárias para o abastecimento de recursos da indústria, o que permitiu o desenvolvimento subsequente da sua própria indústria farmacêutica.

Nos anos 70, após a assinatura da *Lei das Patentes*, que aboliu o registo de patentes de produtos, as empresas estrangeiras perderam os direitos de monopólio sobre os medicamentos que tinham desenvolvido e começaram a retirar-se do mercado indiano. O mercado nacional continuou a desenvolver-se à custa dos seus próprios fabricantes, que copiavam produtos farmacêuticos conhecidos.

Nas décadas de 1980 e 1990, o desenvolvimento bem sucedido dos fabricantes indianos tornou-se a base de uma "política de medicamentos" destinada ao crescimento e à expansão internacional dos produtos farmacêuticos indianos. Nas décadas de 1980 e 1990, o desenvolvimento bem sucedido da indústria indiana tornou-se a base de uma "política de medicamentos" destinada a incentivar o crescimento e a expansão internacional dos produtos farmacêuticos indianos através de uma promoção agressiva das exportações. Em 2000, as obrigações de adesão à Organização Mundial do Comércio (OMC) obrigaram a Índia a reintroduzir o registo de patentes farmacêuticas. Mas, ao mesmo tempo, foi desenvolvida uma "política farmacêutica" para apoiar a I&D como uma alavanca fundamental para manter a posição competitiva da Índia no mercado mundial. Foram ativamente criados fundos de apoio à investigação e desenvolvimento.

As medidas de apoio estatal afectaram toda a gama de recursos humanos, incentivos à produção, I&D e a formação das infra-estruturas necessárias.

No domínio dos recursos humanos, foi desenvolvido o sistema de bolsas de estudo e de apoio a programas educativos para a formação de investigadores e gestores da indústria farmacêutica.

As medidas de incentivo à produção incluíram a redução da lista de medicamentos para os quais é fixado um preço máximo, a redução do imposto sobre os lucros, o financiamento de operações de exportação e empréstimos preferenciais, a procura de parceiros estrangeiros e a promoção de produtos em mercados estrangeiros. No domínio do estímulo à I&D, foi concedido apoio a programas de investigação conjuntos da indústria e de instituições de ensino e investigação. As subvenções estatais atingiram 70% do custo de cada projeto. Foram concedidos empréstimos preferenciais às empresas envolvidas em I&D, as organizações internacionais de investigação foram envolvidas no trabalho com parceiros indianos, os direitos de importação sobre o equipamento de I&D foram reduzidos e as pequenas e médias empresas inovadoras foram apoiadas através de um organismo especial, a *Small Business Innovation Research Initiative.*

As infra-estruturas da indústria farmacêutica incluem a criação e manutenção de uma base de dados sobre a investigação em curso, informações sobre todos os programas de apoio à exportação através da *célula de promoção das exportações da divisão farmacêutica*, parques biotecnológicos e viveiros de empresas.

O apoio ativo do governo permitiu às empresas farmacêuticas indianas proteger o mercado interno e aumentar significativamente as exportações. Atualmente, os fabricantes indianos representam 80% do mercado farmacêutico, contra 30% em 1970. O volume das exportações aumentou de 0,7 mil milhões de dólares em 1996 para 3 mil milhões de dólares em 2006. Atualmente, a indústria farmacêutica indiana é constituída por 20 000 empresas e emprega 500 000 pessoas. Em 1996-2008, a sua taxa de crescimento (17%) foi duas vezes superior à do mercado mundial (9%). A quota dos fabricantes indianos no mercado mundial de medicamentos aumentou para 2,2% em 2015, em comparação com 1,6% em 2008.

Na China, o incentivo estatal à indústria farmacêutica evoluiu para apoiar a competitividade dos fabricantes chineses, ao mesmo tempo que liberalizava o mercado interno e entrava nos mercados mundiais. Até 1980, a indústria farmacêutica estava totalmente sob o controlo do Estado. Nas décadas de 1980 e 1990, no âmbito da transição para uma economia de mercado, foram adoptadas leis para regular a produção e a qualidade dos medicamentos, foi introduzido o registo de patentes dos produtos e foi criada uma agência *estatal* especial de administração *de medicamentos* (mais tarde transformada na *Administração Estatal de Alimentos e Medicamentos*) para regular centralmente a produção, o comércio, o registo, a certificação e o controlo da qualidade dos medicamentos. Em 2000, no âmbito da adesão da China à OMC, a legislação em matéria de propriedade intelectual foi reforçada e o sistema de distribuição foi liberalizado. Foi introduzido um sistema de qualidade unificado. Em 2006, foi adotado um programa de desenvolvimento inovador de produtos farmacêuticos com investimentos sem precedentes e com o objetivo de a indústria passar da cópia de medicamentos ocidentais para a criação dos seus próprios medicamentos inovadores e para o desenvolvimento de I&D.

No domínio dos recursos humanos, foi dada ênfase ao desenvolvimento e apoio de programas educativos para a formação de investigadores e gestores para a indústria farmacêutica, incluindo subvenções e apoio ao desenvolvimento de "escolas farmacêuticas", cujo número aumentou de 5 em 1952 para 240 em 2006. No domínio dos incentivos à produção, foram concedidas subvenções e empréstimos favoráveis para a expansão da produção e o financiamento do capital de exploração. Foi introduzido um sistema de controlo de qualidade mais rigoroso e os impostos foram reduzidos para promover os produtos chineses para exportação. O governo promove igualmente o registo de medicamentos chineses noutros países.

O apoio estatal à I&D é prestado através da promoção das importações de tecnologia, de empréstimos preferenciais a empresas privadas que efectuam investigação e de incentivos fiscais a empresas farmacêuticas estrangeiras que criam empresas comuns com empresas chinesas e abrem os seus próprios centros de investigação na China.

O apoio estatal à indústria farmacêutica permitiu às empresas chinesas aumentar os seus volumes de vendas a um ritmo superior ao crescimento do mercado mundial (o crescimento anual foi de 20%) e quase duplicar a sua quota no mercado mundial de produtos farmacêuticos em dez anos (de 5% em 1998 para 8,5% em 2008).

O mercado farmacêutico russo é um dos mais dinâmicos do mundo. De acordo com as previsões dos peritos, continuará a crescer rapidamente nos próximos anos e poderá tornar-se um dos três maiores mercados da Europa. Em 2003-2008, o volume do mercado farmacêutico russo cresceu de 4,3 para 17 mil milhões de dólares (em média, 32% por ano) e a sua quota no mercado mundial de produtos farmacêuticos aumentou para 2,2%. O elevado potencial de crescimento é determinado pelo facto de a Rússia estar três vezes atrás da média mundial no consumo per capita de medicamentos (53 dólares e 160 dólares, respetivamente). No entanto, a Rússia não dispõe de grandes empresas farmacêuticas próprias. As empresas existentes estão a ser forçadas a sair do mercado por fabricantes estrangeiros. Assim, a quota dos fabricantes russos no mercado farmacêutico nacional diminuiu de 28% em 2003 para 20% em 2008, enquanto a quota das importações aumentou de 72% para 80%. №As empresas russas praticamente não exportam medicamentos Em 2007, as exportações de produtos farmacêuticos do país totalizaram 0,04% das vendas globais. A título de comparação, o volume de exportações da Índia (cujo mercado é mais pequeno do que o da Rússia) foi de 0,6% das vendas globais, ou seja, 15 vezes superior às exportações russas.

As empresas russas dedicam-se principalmente à produção de produtos de baixo valor acrescentado. Na estrutura do consumo de medicamentos inovadores no mercado farmacêutico russo, a produção nacional representa apenas 3%, enquanto 97% são importados. E só no consumo de genéricos sem marca é que a quota de produtos nacionais atinge 52%.

A baixa competitividade das empresas russas em comparação com as estrangeiras (tanto no mercado externo como no mercado interno) é principalmente determinada por volumes de produção insignificantes. Por exemplo, a maior empresa farmacêutica russa, a Pharmstandard, tem um volume de vendas inferior a 0,6 mil milhões de dólares, enquanto a empresa suíça Novartis tem vendas de 53 mil milhões de dólares. Os orçamentos de I&D não são de todo comparáveis: as cinco maiores empresas russas gastam um total de 15-20 milhões de dólares em I&D, enquanto a Novartis gasta 7 mil milhões de dólares.

Capítulo 2

DESENVOLVIMENTO FARMACÊUTICO DA INDÚSTRIA NA REPÚBLICA DA BIELORRÚSSIA

A indústria farmacêutica é um dos sectores da economia bielorrussa que se tem desenvolvido mais dinamicamente e a um ritmo elevado nos últimos tempos. Isto deve-se a muitos factores, dos quais mencionamos alguns.

Em primeiro lugar, este sector contribui para a segurança nacional da República da Bielorrússia no domínio dos cuidados de saúde, da medicina e do apoio médico e técnico.

Em segundo lugar, a indústria farmacêutica é um dos sectores económicos inovadores e de conhecimento intensivo, cujo desenvolvimento é apoiado pelo governo russo branco e pelo Estado em geral.

Em terceiro lugar, o desenvolvimento de todo o sistema nacional de saúde depende da eficácia, da disponibilidade e da qualidade adequada dos produtos médicos.

Em quarto lugar, a indústria farmacêutica mundial é um sector altamente lucrativo da economia, cujo lucro líquido atinge 18% do rendimento total (a média da economia é de 5%), e os volumes de vendas e as taxas de crescimento do mercado farmacêutico estão a aumentar constantemente. Há razões objectivas para esta situação. Por um lado, trata-se de tendências globais de envelhecimento da população, de aumento dos níveis de rendimento e da qualidade de vida e, por outro lado, dos efeitos secundários bem conhecidos do desenvolvimento económico baseado no progresso científico e tecnológico (impacto crescente dos factores tecnogénicos, deterioração do ambiente ecológico, etc.), que conduzem inevitavelmente a um aumento da morbilidade.

Durante os anos de soberania do nosso país, a indústria farmacêutica sofreu mudanças dramáticas. Na década de 1990, havia duas empresas farmacêuticas a operar no território da República da Bielorrússia. Na década de 1990, havia duas empresas farmacêuticas a operar no território da República da Bielorrússia e atualmente existem mais de 20. Todas elas estão reunidas na empresa "Belbiopharm". Entre elas contam-se a RUE "Belmedpreparaty", a OJSC "Borisov Medical Preparations Plant", a RUE "NesvizhskiiZMP", a JV "Minskintercaps", a JVOO "Farmland", a UE "Dialek", a RUE "Exon", a RUE "Izotron Plant", a RUE "Grodno Medical Preparations Plant", a LLC "Pharmtechnology", a RUE "ENZIM" e outras.

De acordo com estimativas de peritos, o volume do mercado farmacêutico bielorrusso em 2009, a preços de venda estimados, totalizou cerca de 600 milhões de dólares. A quota dos produtores nacionais de medicamentos está estimada em mais de 20% em termos de valor e em 57% em termos físicos. Atualmente, as empresas da Belbiopharm Concern produzem mais de 600 produtos, 500 dos quais são medicamentos.

O principal objetivo da indústria farmacêutica da República da Bielorrússia é produzir medicamentos de vários grupos farmacêuticos e produtos biotecnológicos. A política estatal no domínio do fornecimento de medicamentos centra-se na substituição das importações e na produção de genéricos - análogos de medicamentos estrangeiros bem conhecidos. Os especialistas referem que o desenvolvimento e o ensaio de um medicamento original requerem, pelo menos, 6 anos e 100-200 mil dólares. As empresas estrangeiras investem somas muito superiores - até 2 mil milhões de dólares nos EUA e até 70 milhões de euros na Europa - no desenvolvimento de uma substância química absolutamente inovadora e na sua introdução nas farmácias. Ao produzir genéricos, é possível poupar milhões de dólares, uma vez que os fabricantes deixam de gastar dinheiro no desenvolvimento e nos testes de medicamentos, pelo que o mercado em muitos países está orientado para os genéricos. Por exemplo, o valor total das suas vendas no Reino Unido, na Dinamarca e nos Países Baixos no mercado de medicamentos sujeitos a receita médica é de 50-75% de todas as vendas; a quota de genéricos no Canadá é de 85%■ nos EUA e na Alemanha - de 20 a 45%.

É bastante difícil desenvolver uma vasta gama de medicamentos originais na Bielorrússia, uma vez que tal exige investimentos financeiros avultados que, de acordo com as estimativas analíticas, só começarão a dar frutos dentro de 10-11 anos ou mais. Atualmente, a Bielorrússia não pode suportar tais custos financeiros, pelo que o desenvolvimento de medicamentos originais não constitui uma prioridade neste momento. Este facto é igualmente comprovado pelos dados estatísticos. A quota de medicamentos originais no mercado farmacêutico da Bielorrússia é de 30%, enquanto a quota de medicamentos reproduzidos (genéricos) é de 70%. Assim, a produção farmacêutica na Bielorrússia está orientada para os genéricos.

Após a expiração da patente de 20 anos, qualquer empresa farmacêutica pode sintetizar o composto original ou comprá-lo a empresas químicas. O medicamento copiado é também sujeito a ensaios, mas com um programa mais curto. Os custos de produção dos genéricos são mais baixos, pelo que o preço é inferior, mas isso não significa que a qualidade seja inferior. A qualidade é comprovada por testes de identidade química e de bioequivalência.

A política seguida pela Belbiopharm Concern prevê a criação de condições

para o desenvolvimento e a produção de produtos de qualidade e competitivos. Na indústria farmacêutica, este objetivo é alcançado através da certificação dos sistemas de gestão da qualidade em conformidade com os requisitos das normas internacionais ISO 9000 e das boas práticas de fabrico (BPF). Foram implementados sistemas de gestão da qualidade em conformidade com os requisitos da norma ISO 9000 em nove fábricas farmacêuticas. A fábrica de preparações médicas Bourne-Grodia, a Belmedpreparaty RUE e a Exon RUE obtiveram certificados nacionais de QMS. Os locais de produção da empresa comum "Mniskiitercaps" estão totalmente certificados. Mais de 100 artigos de medicamentos são produzidos de acordo com as normas GMP (o que implica um controlo de qualidade total em todas as fases de produção), tendo sido certificados 11 locais de produção.
A fim de reduzir a parte das importações nos produtos farmacêuticos nacionais, foi adotado o Programa Estatal para o Desenvolvimento da Substituição das Importações de Substâncias Farmacêuticas, Medicamentos Preparados e Produtos de Diagnóstico para 2010-2014 e até 2020, que inclui os seguintes subprogramas: "Substâncias Farmacêuticas e Medicamentos Acabados", "Fitopreparações", "Diagnósticos" e "Formação de Pessoal para a Indústria Química e Farmacêutica". A execução deste programa exigirá um apoio financeiro no montante de 600 mil milhões de rublos bielorrussos, sendo a maior parte dos recursos (cerca de 84%) consagrada à modernização das empresas bielorrussas e à sua certificação em conformidade com a norma CMP. Ao mesmo tempo, o programa não se centra na criação de medicamentos bielorrussos originais, mas tem como objetivo criar genéricos de alta qualidade que não sejam inferiores aos análogos estrangeiros.
Assim, "as prioridades económicas para o desenvolvimento da indústria farmacêutica bielorrussa incluem: expandir a gama de medicamentos através de uma política de substituição das importações; assegurar a sua elevada qualidade, segurança e eficácia em conformidade com as normas internacionais; aumentar as exportações, estimular a produção de medicamentos altamente eficazes; introduzir tecnologias de substituição das importações; e organizar a produção interna de substâncias farmacêuticas de substituição das importações no âmbito do programa estatal de substâncias farmacêuticas.

Capítulo 3

OBJECTO E OBJECTIVOS DA BIOTECNOLOGIA FARMACÊUTICA

A farmacologia (grego: phormocon- medicina, *logos*- ensino) é uma ciência que estuda as condições, os processos e as consequências dos efeitos dos medicamentos e de outros compostos biológicos nos organismos vivos. A farmacologia, enquanto disciplina académica, é constituída por duas secções: a farmacologia geral e a farmaco^{log}t ....

***A farmacologia* geral** caracteriza as leis fundamentais da ação dos medicamentos no organismo e os conceitos gerais de farmacodinâmica e farmacocinética.

A farmacodinâmica estuda a localização (locais e pontos de aplicação) e os mecanismos, os tipos, as tipologias e os efeitos da ação dos medicamentos; a dependência da sua ação em relação a diversos factores, por exemplo, a estrutura química, a forma de dosagem, a via de administração, a dose, bem como a idade, o sexo, o peso corporal, o estado geral do doente.

A farmacocinética determina as vias de administração, os processos de absorção dos medicamentos pelas diferentes vias de administração, o transporte e a distribuição no organismo (biotransformação, metabolismo) e a excreção do mesmo

A farmacologia ***privada*** estuda a farmacodinâmica e a farmacocinética de medicamentos específicos, as indicações e as contra-indicações de utilização, a dosagem e a dispensa. Utilizando dados das disciplinas biomédicas, a farmacologia, como uma das ciências de base dos medicamentos, permite-lhe fazer a mais completa compreensão concetual dos mesmos, justificar a criação de uma forma de dosagem racional, determinar a relação entre a estrutura química e o efeito dos medicamentos no organismo.

Desafios da biotecnologia farmacêutica:

. produção de produtos farmacêuticos altamente eficazes utilizados nos cuidados de saúde e noutros sectores da economia;

- encontrar novos medicamentos para a prevenção e o tratamento de doenças;

... estudo:

- mecanismos e efeitos da ação dos medicamentos;
- peculiaridades do seu organismo;
- distribuição nos órgãos e tecidos, reacções metabólicas e vias de eliminação;

. desenvolvimento de medicamentos altamente eficazes para a prevenção e tratamento de doenças, a fim de aumentar a esperança de vida e o período de atividade laboral das pessoas.

Os medicamentos modernos podem controlar a atividade neuro-psíquica, a circulação sanguínea, a respiração, o metabolismo, a digestão e outras funções do organismo. A farmacologia, ao criar medicamentos eficazes e seguros, desenvolve simultaneamente recomendações para a sua utilização racional. A farmacologia, recorrendo às conquistas da biologia, microbiologia, fisiologia, química, medicina, farmácia e outras ciências, ajudou a resolver os problemas de tratamento da maioria das doenças infecciosas graves que causaram a morte de milhões de pessoas. Atualmente, é possível tratar algumas doenças mentais anteriormente consideradas incuráveis, a diabetes mellitus, o enfarte do miocárdio, certas neoplasias malignas e uma série de outras.

3.1. Fontes de substâncias medicinais

No arsenal de medicamentos, para além das preparações sintéticas, um lugar significativo é ocupado por preparações e substâncias individuais de "matérias-primas medicinais (vegetais, animais e minerais). Desta forma, muitos medicamentos amplamente utilizados são obtidos não só sob a forma de preparações mais ou menos purificadas (galenovs, novogalenovs, organopreparações), mas também sob a forma de preparações in- 28 / .

Por exemplo, os alcalóides morfina, codeína e papaverina são isolados do ópio; a reserpina da serpente Rauwolfia reserpine; os glicosídeos cardíacos digitoxina e digoxina da dedaleira; e as hormonas de várias glândulas endócrinas.

Algumas substâncias medicinais são produtos de fungos e microrganismos. Destes, os antibióticos são os de maior interesse.

Convém sublinhar mais uma vez que as substâncias medicinais de origem vegetal, animal, microbiana e fúngica servem frequentemente de base para a sua síntese, bem como para as modificações químicas subsequentes e para a produção de medicamentos semi-sintéticos e sintéticos.

Os alcalóides (al-qali (árabe) - *alcalino*, *eidos* (grego) - espécie) são compostos orgânicos azotados que se encontram principalmente nas plantas. Os alcalóides livres são bases. Encontram-se geralmente sob a forma de sais nas plantas. Muitos alcalóides têm uma atividade biológica elevada (morfina, atropina, pilocarpina, nicotina, etc.).

Os glicosídeos são um grupo de compostos orgânicos de origem vegetal, que são decompostos por enzimas ou ácidos num açúcar, ou glicona *(gtykys* (grego) - doce), e numa parte não açucarada, ou aglicona. Alguns glicosídeos são utilizados como medicamentos (estrofantina, digoxina, etc.).

3.2. As principais formas de pesquisa de novos medicamentos, os seus ensaios clínicos

O progresso da farmacologia caracteriza-se pela procura e criação contínuas de novos fármacos mais avançados. O seu percurso desde um composto químico até um medicamento pode ser apresentado da seguinte forma:

. laboratório de química;

. laboratório de farmacologia;

- laboratório para formas de dosagem acabadas;
- comité farmacológico;

. ensaios clínicos;

- Autoridade para a introdução de novos medicamentos;
- indústria químico-farmacêutica;

. implementação na prática médica.

O desenvolvimento de medicamentos começa com a investigação de químicos e farmacologistas. A procura de novos medicamentos desenvolve-se de acordo com as seguintes linhas.

1. ***Síntese química de medicamentos:***

a) síntese dirigida:

- reprodução de nutrientes;

. criar antimetabolitos;

- modificação de moléculas de compostos com atividade biológica conhecida;
- combinação das estruturas de dois compostos com as propriedades pretendidas;
- síntese, baseada no estudo das transformações químicas das substâncias nos organismos;

б) a forma empírica:

- achados fortuitos;

. rastreio.

2. ***Preparação de preparações a partir de matérias-primas medicinais e isolamento de substâncias individuais^ :***

. de origem animal;

- de origem vegetal;

. de minerais.

3. ***O isolamento de substâncias medicamentosas que são produtos de fungos imilroorganismos.*** Atualmente, os medicamentos são obtidos principalmente por síntese química. Uma das formas importantes de síntese dirigida é a *reprodução de substâncias* biogénicas formadas em organismos vivos. Por exemplo, foram sintetizados a adrenalina, a noradrenalina, o ácido

γ-aminobutírico, as prostaglandinas, várias hormonas e outros compostos fisiologicamente activos.

A *procura de antimetabolitos* (antagonistas dos metabolitos naturais) conduziu também ao desenvolvimento de novos medicamentos. O princípio da criação de antimetabolitos consiste em sintetizar análogos estruturais de metabolitos naturais com ação metabólica oposta. Por exemplo, os agentes antibacterianos sulfonamidas são semelhantes em estrutura ao ácido para-aminobenzóico, que é necessário para a atividade vital dos microrganismos, e são os seus antimetabolitos. Ao alterar a estrutura de fragmentos da molécula de acetilcolina, também é possível obter os seus antagonistas.

A forma mais comum de encontrar novos medicamentos é a *modificação* química *de compostos com atividade biológica conhecida.* O principal objetivo desta investigação é criar novos medicamentos que se diferenciem favoravelmente dos já conhecidos (mais activos, menos tóxicos). Os compostos de partida podem ser substâncias naturais de origem vegetal ou animal, bem como substâncias sintéticas. Por exemplo, com base na hidrocortisona, produzida pelo córtex suprarrenal, foram sintetizados muitos glucocorticóides mais activos que afectam o metabolismo do sal de água em menor grau do que o seu protótipo.

Recentemente, a possibilidade de criar novos medicamentos *com base no estudo das suas transformações químicas no organismo tem atraído* a atenção. Estes estudos estão a desenvolver-se em duas direcções. A primeira está relacionada com o estudo dos produtos do metabolismo dos medicamentos. Em alguns casos, os metabolitos resultantes têm uma atividade mais pronunciada do que os compostos originais. Por exemplo, a partir da imisina (imipramina), um depressor de aitide, forma-se no organismo uma desmetilimipramina (desipramina) mais ativa. Esta última é também utilizada como medicamento.

A segunda direção envolve o estudo dos mecanismos das transformações químicas das substâncias. O conhecimento dos processos enzimáticos que asseguram o metabolismo das substâncias permite criar medicamentos que alteram a atividade das enzimas. Por exemplo, foram sintetizados inibidores da acetilcolinesterase (proserina e outros agentes anticolinesterásicos), que aumentam e prolongam a ação do mediador natural acetilcolina. Foram também sintetizados inibidores da enzima monoamina oxidase, envolvida na inativação da noradrenalina, da dopamina e da serotonina (entre estes, o antidepressivo Inalamnd e outros). São conhecidas substâncias que induzem (aumentam) a síntese de enzimas envolvidas na desintoxicação de compostos químicos (por exemplo, fenobarbital).

Para além da síntese dirigida, o modo empírico de obtenção de medicamentos continua a ter uma certa importância. Vários medicamentos foram introduzidos na prática médica na sequência de *descobertas acidentais*. Por exemplo, a diminuição dos níveis de açúcar no sangue verificada com as sulfonamidas levou à síntese dos seus derivados com propriedades hipoglicémicas pronunciadas - butamnda e preparações aialógicas utilizadas no tratamento da diabetes mellitus. O efeito do teturam (Antabuse), utilizado no tratamento do alcoolismo, foi também descoberto acidentalmente em ligação com a sua utilização na produção industrial de borracha.

Uma variação da pesquisa empírica é a despistagem. Neste caso, todos os compostos químicos que possam ser destinados a fins não médicos são analisados quanto à sua atividade biológica utilizando uma variedade de técnicas. A despistagem é uma forma muito trabalhosa e ineficaz de descoberta empírica de medicamentos. No entanto, é por vezes inevitável, especialmente se estiver a ser investigada uma nova classe de compostos químicos, cujas propriedades são difíceis de prever com base na sua estrutura.

Na investigação farmacológica, a farmacodinâmica das substâncias é estudada em pormenor: a sua atividade específica, a duração do efeito, o mecanismo e a localização da ação. Um aspeto importante do estudo é a farmacocinética das substâncias (absorção, distribuição e transformação no organismo, bem como as vias de excreção). É dada especial atenção aos efeitos secundários, à toxicidade em administração única e prolongada, à teratogenicidade, à carcinogenicidade e à mutagenicidade. É necessário comparar as novas substâncias com os novos medicamentos do mesmo grupo. Na avaliação farmacológica dos compostos são utilizados métodos de análise fisiológicos, bioquímicos, biofísicos, morfológicos e outros.

De grande importância é o estudo da eficácia das substâncias em condições patológicas adequadas (farmacoterapia experimental). Assim, o efeito terapêutico de substâncias antimicrobianas é testado em animais infectados com determinados agentes infecciosos, agentes antiblastoma - em animais com tumores experimentais e espontâneos. Além disso, é desejável dispor de informações sobre as peculiaridades da ação das substâncias sobre o fígado das condições patológicas em que podem ser utilizadas (por exemplo, aterosclerose, miocardite, inflamação). Esta direção, como já foi referido, foi designada por farmacologia patológica. Infelizmente, os modelos experimentais existentes raramente correspondem totalmente ao que é observado na clínica. No entanto, simulam, em certa medida, as condições em que os medicamentos são administrados, aproximando assim a farmacologia experimental da medicina prática.

Os resultados da investigação de substâncias promissoras como produtos farmacêuticos são submetidos a testes farmacológicos. Se os estudos farmacológicos experimentais efectuados forem exaustivos, o composto proposto é transferido para clínicas que tenham a experiência necessária na investigação de medicamentos.

O papel decisivo na avaliação de novos medicamentos pertence aos farmacologistas clínicos, cuja principal tarefa é o estudo clínico da farmacocinética e da farmacodinâmica dos medicamentos, incluindo os novos medicamentos, e o desenvolvimento, nesta base, dos métodos mais eficazes e inofensivos da sua utilização.

Os ensaios clínicos de novos medicamentos devem basear-se num conjunto de princípios. Em primeiro lugar, devem ser testados num vasto contingente de doentes. Em muitos países, isto é frequentemente precedido por um ensaio em pessoas saudáveis (voluntários). É muito importante que cada nova substância seja comparada com medicamentos conhecidos do mesmo grupo (por exemplo, analgésicos narcóticos com morfina, glicosídeos cardíacos com estrofantina e glicosídeos de dedaleira). Um novo medicamento deve necessariamente diferir dos medicamentos existentes para melhor

Nos ensaios clínicos de substâncias, é necessário utilizar métodos objectivos que permitam uma avaliação quantitativa dos efeitos observados. Um estudo exaustivo que utilize um grande conjunto de métodos adequados é outro requisito para os ensaios clínicos de substâncias farmacológicas.

Nos casos em que um elemento de sugestão pode desempenhar um papel significativo na eficácia das substâncias, são utilizados *placebos*. Os placebos são formas de dosagem que, em termos de aparência, odor, sabor e outras propriedades, imitam o medicamento que está a ser tomado, mas não contêm a substância medicamentosa. Os placebos são constituídos apenas por substâncias indiferentes que dão forma ao medicamento

No chamado controlo cego, o doente recebe porções alternadas de medicamento e placebo numa sequência desconhecida. Apenas o médico assistente sabe quando é que o doente está a tomar um ou ambos. No ensaio em dupla ocultação, outra pessoa (o chefe do serviço ou outro médico) é informada. Este princípio de ensaio de substâncias permite uma avaliação particularmente objetiva dos efeitos das substâncias, uma vez que os placebos podem ter um efeito positivo numa proporção significativa de doentes em várias condições patológicas (por exemplo, algumas dores).

A validade dos dados obtidos por diferentes métodos deve ser confirmada estatisticamente.

Só quando uma substância apresenta vantagens óbvias em relação a medicamentos semelhantes ou representa um novo grupo de medicamentos é que pode ser recomendada para uso químico.
O programa foi desenvolvido e implementado na indústria microfarmacêutica e, posteriormente, na prática médica em geral.
A qualidade dos medicamentos produzidos pela indústria químico-farmacêutica é geralmente avaliada através de métodos químicos e físico-químicos especificados na Farmacopeia Estatal da República da Bielorrússia (a seguir designada por "Farmacopeia Estatal"). Em alguns casos, se a estrutura das substâncias activas for desconhecida e os métodos químicos não forem suficientemente sensíveis, recorre-se à chamada normalização biológica. Trata-se da determinação da atividade dos medicamentos em objectos biológicos (com base nos efeitos mais típicos). Os preparados hormonais, os glicosídeos cardíacos, etc., são avaliados desta forma. A atividade é expressa em unidades condicionais de ação (UD). Utiliza-se um padrão com atividade constante para comparação. Os métodos de normalização biológica e as substâncias para as quais são obrigatórios são especificados na Farmacopeia Nacional.

Capítulo 4

APOIO REGULAMENTAR AOS PRODUTOS FARMACÊUTICOS INDÚSTRIAS BIOTECNOLÓGICAS

Documentos regulamentares de apoio à produção biotecnológica farmacêutica:

- especificações de produção;
- as regras tecnológicas de produção (laboratorial, piloto, de arranque, industrial, normalizada);
- artigos da farmacopeia.

4.1. Especificações técnicas dos medicamentos

Condições técnicas dos medicamentos - um conjunto de requisitos para as caraterísticas dos medicamentos, que regula os indicadores qualitativos e quantitativos que permitem a normalização, a certificação e a declaração (para o direito de entrar no mercado estrangeiro). Exemplo: TU 4311-182-38576343-92, em que 4311 é o código do grupo de produtos de acordo com o Classificador de Produtos de Toda a Bielorrússia (OKP), 182 é o código do produto, 38576343 é o código da empresa de acordo com o Classificador de Empresas e Organizações de Toda a Bielorrússia (OKPO), 92 é o ano de desenvolvimento da TU.

As especificações dos medicamentos consistem em:

- dos requisitos técnicos;

. requisitos de segurança;

- requisitos de proteção ambiental;

. as regras de aceitação;

- métodos de controlo;
- condições de transporte e armazenamento;

. garantias do fabricante.

A parte introdutória deve conter o nome do medicamento, o seu objetivo, o campo de aplicação e as condições (regras) de utilização.

4.2. Regulamentação tecnológica da produção

As regulamentações tecnológicas são as principais

é um documento que faz parte dos sistemas de documentação organizativo-administrativo e organizativo-tecnológico da empresa, bem como do sistema de gestão da qualidade, pelo que, na sua elaboração, não é violada a conformidade entre os documentos da empresa, a documentação de autorização e o dossier de registo, bem como são tidos em conta os requisitos das autoridades de controlo e os documentos regulamentares e normativoslegais aplicáveis à produção de medicamentos.

Os regulamentos tecnológicos para a produção de medicamentos são utilizados como *um documento tecnológico de base:*

- na execução de processos tecnológicos na produção em série. ,
- desenvolvimento de dados iniciais para a conceção ou reconstrução da produção industrial;
- Estabelecimento de normas técnicas e económicas, incluindo normas para matérias-primas e fornecimentos;
- desenvolver instruções tecnológicas, bem como instruções sobre segurança, saneamento industrial e medidas anti-fadiga;

. desenvolvimento e aplicação de medidas para a utilização de resíduos industriais, neutralização e tratamento de efluentes industriais e descarga na atmosfera.

Em função do objetivo, as regulamentações tecnológicas são subdivididas: ,

- ^laboratório
- piloto;
- lançadores;

- industrial.

A regulamentação tecnológica é desenvolvida e aprovada para cada tipo (forma) de medicamento.

Os regulamentos laboratoriais são o *primeiro* documento tecnológico normativo, cuja elaboração completa a investigação científica em condições laboratoriais para criar um novo medicamento (nova tecnologia).

A regulamentação laboratorial estabelece os métodos de fabrico dos produtos e as condições para garantir a reprodutibilidade dos processos tecnológicos em condições laboratoriais com rendimentos estáveis, bem como as normas de segurança.

Os regulamentos laboratoriais são desenvolvidos de acordo com as mesmas regras e contêm as mesmas secções que os regulamentos industriais.

Os parâmetros dos processos tecnológicos e as operações de fabrico de um novo produto (nova tecnologia) descritos nos regulamentos do laboratório, bem como os métodos (técnicas) de controlo, monitorização dos pontos críticos, termos e condições de armazenamento do produto são determinados no processo de trabalho de investigação com base em estudos comparativos planeados e controlados com processamento matemático dos resultados.

Os regulamentos laboratoriais combinam os requisitos das Boas Práticas de Laboratório (BPL) e das Boas Práticas de Fabrico (BPF), uma vez que estes regulamentos são utilizados para preparar séries-piloto (experimentais) do medicamento em condições laboratoriais, destinadas a estudos pré-clínicos e

ensaios clínicos em animais.
Um breve estudo de viabilidade (ou plano de actividades) constitui um anexo ao regulamento do laboratório.
De acordo com a "Norma industrial de regulamentação industrial para a produção de produtos químico-farmacêuticos" OST 59.01.002.40-85, os regulamentos laboratoriais para a produção de antibióticos devem incluir determinadas secções.
Caracterização dos medicamentos. Inclui o nome do antibiótico, o objetivo principal, uma breve descrição das propriedades do medicamento, a descrição do organismo que forma o antibiótico, métodos de determinação da atividade biológica, condições de armazenamento.
Esquema tecnológico *de produção.* Reflecte a sequência de trabalho na produção de antibióticos com subdivisão em fases. O fluxograma do processo serve de base para a futura tecnologia de produção industrial do medicamento.
Matérias-primas. São comunicados os requisitos de qualidade das matérias-primas utilizadas na produção do antibiótico, a fim de maximizar os rendimentos e garantir a repetibilidade. É necessário concentrar-se nas matérias-primas e nos materiais produzidos pela indústria nacional.
Esquema de aparelhos de produção. Apresentação do processo de produção de antibióticos com indicação dos aparelhos e dispositivos, sua conceção, tamanho e outras caraterísticas que podem ser importantes na produção de antibióticos.
Descrição do fluxo do processo. Trata-se de uma descrição do processo de produção de antibióticos com base em resultados experimentais completos efectuados em condições laboratoriais. O processo é incluído nos regulamentos se for possível obter resultados reprodutíveis em termos de qualidade e rendimento do antibiótico.
Resíduos de produção, emissões de processos e de ventilação para a atmosfera, sua utilização e neutralização. É apresentada uma lista de possíveis resíduos e emissões atmosféricas, uma lista de substâncias valiosas presentes nos resíduos e recomendações para a sua utilização, bem como substâncias nocivas do ponto de vista da poluição ambiental e métodos para a sua neutralização.
Controlo da produção. São definidos requisitos específicos para o equipamento (estanquicidade do fermentador e de todas as comunicações, facilidade de manutenção e fiabilidade do agitador, etc.). A qualidade das matérias-primas é analisada para verificar a sua conformidade com determinadas normas. São determinados os regimes de esterilização dos

meios e das substâncias individuais do ar. São selecionados métodos de análise do controlo do processo de biossíntese de antibióticos e dos produtos acabados.

Segurança contra incêndios e higiene industrial. É apresentada uma lista de substâncias susceptíveis de ignição e de explosão. Todas as substâncias utilizadas no processo de produção de antibióticos devem ser estudadas do ponto de vista da segurança, do risco de incêndio e da higiene industrial.

Lista das instruções de fabrico. São enumeradas todas as instruções a desenvolver com base em ensaios laboratoriais re- gla~ ..... .

Normas técnicas e económicas. Determinam-se os rendimentos dos produtos finais e intermédios, as taxas de consumo específico das matérias-primas, as taxas de consumo específico de vapor, água, eletricidade e ar.

Materiais informativos. São indicadas as propriedades biológicas e físico-químicas da substância, as propriedades farmacológicas (vantagens e peculiaridades). É efectuada uma comparação com os indicadores de preparações estrangeiras idênticas, informações sobre a pureza da patente do antibiótico e o método adotado para a sua obtenção com uma lista de certificados de direitos de autor (patentes), informações sobre a nocividade das substâncias utilizadas na obtenção do medicamento e precauções ao trabalhar com elas.

Op^otromkaillenntreglovement - um documento tecnológico que *completa a investigação científica* no desenvolvimento de um novo medicamento (nova tecnologia) em condições laboratoriais.

Os regulamentos industriais-piloto, tal como os regulamentos industriais, devem conter secções que abranjam todos os aspectos do processo tecnológico.

A base para o desenvolvimento de regulamentos industriais piloto é:),

. regulamentos do laboratório,

- resultados de investigação e desenvolvimento, ensaios pré-clínicos e clínicos.

Os regulamentos experimentais e industriais para novos produtos devem conter:

- *Zonado para a conceção de uma tecnologia industrial piloto - uma linha piloto com uma determinada capacidade,* equipamento de controlo, medição e ensaio utilizado no processo tecnológico;
- *indicadores técnicos e económicos* para clarificar e completar o estudo de viabilidade (plano de negócios);
- *dados de estudos toxicológicos e higiénicos* para justificar a regulamentação em matéria de higiene.

A regulamentação experimental-industrial dos novos produtos é elaborada em simultâneo com o artigo da farmacopeia ou outro documento regulamentar do medicamento.

No caso da organização da produção-piloto (por exemplo, na base do promotor da empresa), para a produção de pequenos lotes de novos medicamentos durante um longo período de tempo, é permitido utilizar regulamentos industriais-piloto como documento tecnológico principal, com a sua revisão de três em três anos e aprovação pela ordem estabelecida para os regulamentos industriais.

***Um regulamento de arranque* (temporário)** é um documento tecnológico com base no qual se desenvolve a produção industrial de um LS recentemente criado.

Os regulamentos de arranque são desenvolvidos pela empresa com base em:

. regulamentação industrial piloto;

- documentação de projeto para nova produção ou com base em instalações de produção existentes, se a sua tecnologia for fundamentalmente alterada.

Os regulamentos de arranque devem cumprir integralmente os requisitos dos regulamentos industriais.

O procedimento de arranque é alterado e completado à medida que a produção avança.

O desenvolvimento da produção é considerado *completo* quando:

- requisitos da documentação regulamentar "produtos";
- alcançou os dados de conceção, tanto em termos de capacidade como dos principais indicadores técnicos e económicos da produção;
- Os regulamentos de arranque são substituídos por regulamentos de produção industrial.

A produção subsequente em série do medicamento é efectuada com base em regulamentos industriais.

O período de validade dos regulamentos de arranque na produção não é superior a três anos.

Regulamentação industrial. A produção em série de produtos comerciais é efectuada com base em regulamentos industriais, que são elaborados após a conclusão do período de domínio da produção industrial de um medicamento recentemente criado, em vez de regulamentos de arranque.

Os regulamentos industriais incluem:

- caraterização do produto acabado;
- nome do produto;

- a categoria e o número do documento regulamentar aplicável;

. número de registo;

• informações sobre a organização (pessoa colectiva ou singular) - fabricante ou fornecedor;
• o objetivo principal do produto e as suas propriedades de consumo;
• condições de segurança para a utilização, armazenagem, transporte e eliminação;
• requisitos de embalagem e rotulagem;
• prazo de validade;
• fluxograma de produção;
• fluxograma geral do processo;
• diagramas das fases e das operações;
• plano da oficina de produção (local);
• esquema de produção e especificação do equipamento (esta secção do regulamento é constituída por um desenho do esquema de produção e especificação do equipamento (quadro 5) atribuído a esta produção específica);
• caraterização das matérias-primas, dos produtos intermédios, dos materiais de base e de embalagem (requisitos de qualidade das matérias-primas, dos materiais e dos produtos intermédios desta produção);
• descrição pormenorizada das estirpes de produção de microrganismos (na produção de medicamentos imunobiológicos):
- nome e designação dos medicamentos;
-localização;
-excertos históricos;
-descrever a metodologia de atenuação;
- informações sobre imunogenicidade, patogenicidade e toxicidade;
- caraterização completa das propriedades morfológicas e outras;
- condições de propagação e de preparação das sementes,
- condições e modalidades de armazenagem' de transporte e de conservação _
.
. descrição do processo tecnológico (dados sobre tipos e quantidades de matérias-primas, materiais, produtos intermédios utilizados e obtidos na produção, resíduos, perdas admissíveis e produção do produto acabado);
• descrição dos trabalhos tecnológicos (preparação sanitária do pessoal, das instalações e do equipamento; inspeção e preparação do equipamento para o trabalho; preparação e carregamento das matérias-primas; condução e controlo dos trabalhos tecnológicos; descarregamento e transferência para processamento posterior dos produtos (produtos intermédios, resíduos); embalagem, rotulagem e expedição dos produtos acabados);
• balanço de materiais (informações completas sobre o rendimento teórico

em cada fase da produção, indicando os rendimentos máximo e mínimo acima dos QUAIS é necessária uma investigação em conformidade com os procedimentos da empresa). Os limites de aceitabilidade de 95 a [10]5 por cento da quantidade nominal para as substâncias activas e os limites de 90 a 110 por cento da quantidade nominal para os excipientes não necessitam de justificação adicional;

- informações sobre a reciclagem e a neutralização dos resíduos de produção:

- processos de tratamento de resíduos (ETA);

-Eliminação de resíduos (WD);

-es tecnológicas (ventilaçao) para a atmosfera,

... controlo da produção - uma lista de pontos de produção, cuja inspeção garante o cumprimento fiável do regime estabelecido para o processo tecnológico (inclui o local (código da fase ou operação do processo tecnológico), o objeto do controlo, o nome do parâmetro determinado e a sua norma, métodos e meios de controlo). Exemplos de pontos de controlo obrigatórios:

- requisitos aplicáveis ao equipamento e às instalações na preparação para o trabalho (esterilidade, estanquicidade, integridade do revestimento anticorrosão, etc.);
- controlo das matérias-primas antes de serem utilizadas no processo de produção;
- controlo dos principais parâmetros e requisitos para o carregamento de matérias-primas e a realização de operações tecnológicas individuais;
- controlo da qualidade dos produtos intermédios obtidos;
- controlo dos indicadores que regulam a descarga de efluentes industriais, etc;

. funcionamento seguro das instalações de produção. Os documentos fundamentais são as normas incluídas no *sistema de normas de segurança no trabalho. (SSSS).* É dada especial atenção ao cumprimento:

- regime sanitário e epidémico;
- regime veterinário e sanitário;
- normas de higiene industrial;
- requisitos de biossegurança.

Quadro 5

Símbolos de equipamento utilizados nos desenhos

Equipamento	Designação
Instrumentos de medição	SI
Sistemas de controlo	SR

Reactores, autoclaves, fermentadores, etc.	P
Equipamento de filtragem	Ф
Instalações de secagem	SU
Equipamento de trituração e moagem	M
Tanques (colectores, poços)	E
Compressores	К
Bombas	н
Unidades de refrigeração	X
Equipamento de enchimento e embalagem	У
Equipamento	Designação
Termóstatos	T
Centrifugadoras	ц

De acordo com os requisitos, é garantida a segurança do trabalho *quando se trabalha com objectos biológicos*:

. processos de produção;

- equipamento de produção;

. meios de defesa;

- um sistema de medidas preventivas especiais;

- proteção do ambiente (enumerar todas as emissões para o ambiente (poeiras, gases, líquidos, sólidos), sua designação, fonte de emissão (aparelho, fase), quantidade com desvios admissíveis, frequência, duração, composição química, parâmetros físicos). Indicar que o sistema de ventilação e de purificação do ar assegura a proteção contra as emissões, as matérias infecciosas e as substâncias nocivas para o ambiente. Indicar as medidas destinadas a assegurar uma proteção fiável dos recursos hídricos e da bacia atmosférica em caso de emergência e de paragem da produção para reparação. Indicar a existência de tanques de emergência e de drenagem, tabuleiros, fachos, adsorventes e soluções desinfectantes para evitar descargas voláteis no ambiente;

- lista de instruções de produção. Nesta secção dos regulamentos são atribuídas designações (códigos) e nomes de instruções obrigatórias para a condução do processo tecnológico, incluindo instruções:

- para todos os postos de trabalho, de acordo com o^{s} quadro^{s} de pessoal (descrições dos postos de trabalho);

- Os empregados da empresa são responsáveis pela segurança, saneamento industrial, veterinário, sanitário e de incêndio;

- Preparação do material para o trabalho, reparação e receção de re$^{montai;}$,

.... -

- funcionamento dos equipamentos, dos aparelhos de medição e de

automatização;
- resposta a catástrofes;
- prevenção da contaminação das matérias-primas e dos produtos acabados durante a armazenagem e a produção;
- embalagem e acondicionamento;
- Cuidados e manutenção dos animais de produção e de controlo;
- normas técnicas e económicas. Aqui pode encontrar *normas de custos* que caracterizam o nível técnico da produção e do processo tecnológico de acordo com os requisitos dos regulamentos, incluindo:
- normas de consumo de matérias-primas e fornecimentos de base,
- normas de custos tecnológicos (vapor, água, eletricidade, ar líquido, gás inerte);
- mão de obra por unidade de produto final;
. materiais de informação - informação:
- os criadores do medicamento e os seus regulamentos de produção, incluindo a data de desenvolvimento;
- trabalhos experimentais da empresa e da organização, confirmando a correção da escolha dos parâmetros óptimos dos processos tecnológicos;
- os perigos das substâncias utilizadas na produção e as precauções a tomar quando se trabalha com elas;
- a pureza patenteada do produto e o método de preparação adotado, enumerando as patentes que protegem o produto;
- indicadores de qualidade de análogos estrangeiros de produtos similares, que têm semelhanças no valor funcional e nas condições de aplicação;
- fontes bibliográficas e relatórios sobre trabalhos de investigação, desenvolvimento e conceção, referidos no texto do regulamento; para os manuscritos, são indicados os locais de armazenamento.

4.3 Artigo da farmacopeia

O artigo da farmacopeia (AF) é um documento técnico-normativo aprovado pela autoridade executiva competente e com carácter de norma estatal, que "inclui requisitos para a qualidade de um medicamento ou de uma matéria-prima de planta medicinal, a sua embalagem, condições e prazo de validade, métodos de controlo de qualidade.

O artigo da farmacopeia inclui o nome das matérias-primas das plantas medicinais tanto em russo como em latim (o nome latino desempenha a função de nome internacional).

Tipos de artigos da farmacopeia:

1. ***O artigo da farmacopeia da empresa (PPA)*** é um padrão de qualidade de um medicamento sob o nome comercial. Contém uma lista de métodos e indicadores de controlo da qualidade de um medicamento, tendo em conta a tecnologia específica da empresa, que foi examinada e registada numa determinada ordem, em conformidade com a Farmacopeia oficial, e os indicadores de qualidade não devem ser inferiores aos requisitos constantes da Farmacopeia oficial.

O prazo de validade do artigo da farmacopeia (artigo farmacêutico) da empresa é estabelecido aquando da sua aprovação *por um período não superior a cinco anos,* tendo em conta o nível do processo tecnológico de uma determinada produção de um medicamento.

*2. **Artigo geral da farmacopeia.** (GPC*) é uma norma de qualidade estatal para um medicamento que contém os requisitos básicos para a forma de dosagem, bem como uma descrição dos métodos normalizados de controlo da qualidade dos medicamentos.

OFSinclui:

• uma lista de indicadores e métodos de ensaio normalizados para uma determinada forma de dosagem;

• descrição dos métodos de análise química, física, físico-química, biológica, bioquímica e microbiológica dos medicamentos;

• requisitos para soluções tituladas, reagentes e indicadores utilizados

O artigo da farmacopeia, o artigo da farmacopeia geral e o artigo da farmacopeia da empresa são aprovados pelo *diretor da empresa* com atribuição obrigatória de designação.

*3. **Um artigo particular de farmacopeia (PPP***) é um documento normativo e técnico que regula a qualidade e a segurança de um medicamento. É criado para um medicamento com a denominação comum internacional (se disponível) ou com a denominação que a substitui no procedimento obrigatório estabelecido. Inclui igualmente uma lista de indicadores normativos e métodos de ensaio para o medicamento em causa, bem como referências a artigos gerais da farmacopeia.

*4. **Artigo temporário da farmacopeia*** é um documento técnico-normativo aprovado para o período de desenvolvimento da libertação industrial de um medicamento e para o desenvolvimento da tecnologia industrial de métodos de determinação da qualidade ou dos indicadores de um novo medicamento por um período não superior a três anos.

Estrutura do artigo da farmacopeia:

- parte introdutória :

- momento da recolha das matérias-primas (fase vegetativa, por vezes data de calendário), caraterização obrigatória das matérias-primas em função do seu modo de transformação tecnológica: secas, debulhadas, acabadas de colher, acabadas de congelar, etc;

- Uma planta selvagem ou cultivada;

-egojnzneinform;

- o nome da planta produtora e da família em russo;

- *sinais exteriores :*

-composição das matérias-primas;

- elementos de diagnóstico caraterísticos, odor e sabor (para espécies não venenosas), tamanho da matéria-prima;

-*microscopia* ■

- sinais de diagnóstico da estrutura anatómica das matérias-primas (a microscopia de luminescência é indicada para algumas espécies);

- o tipo de microdroga em que o estudo é efectuado;

. reacções qualitativasSprnrn são conduzidas^ reacções qualitativas.hi-stoquímicas e amostras de autenticidade cromatográfica para os principais grupos de substâncias activas, a metodologia do seu desempenho e resultados);

- *indicadores numéricos :*

para matérias-primas inteiras, cortadas ou em pó (os indicadores constituem uma norma para todos os tipos de matérias-primas de plantas medicinais e determinam a sua qualidade);

- teor de substâncias extractivas activas, cinzas totais e cinzas insolúveis numa solução de ácido clorídrico a 10%, impurezas e moabilidade;

- *Quantificação* (descreve a metodologia para quantificar o teor total de todas as substâncias activas em termos de qualquer substância contida na matéria-prima);
- *embalagem,* (são especificados os tipos de embalagem e o peso das matérias-primas por unidade de embalagem);
- *pureza microbiológica* (especificando o método de determinação dos microrganismos e os seus limites admissíveis);
- *rotulagem* (efectuada em conformidade com os requisitos de conceção gráfica dos medicamentos);
- *transporte* (se necessário, são especificadas as condições de carga, descarga e manuseamento dos produtos após o transporte);
- armazenamento (define as condições de armazenamento do produto, incluindo requisitos para a proteção do produto contra factores climáticos);
- prazo *de validade* (o tempo durante o qual a matéria-prima medicinal pode ser utilizada);
- *ação farmacológica* (grupo farmacológico em que se classifica a matéria-prima medicinal).

Capítulo 5

CARACTERIZAÇÃO GERAL PROCESSOS BIOTECNOLÓGICOS

A biotecnologia é a utilização de culturas celulares de bactérias, leveduras, animais e plantas, cujo metabolismo e capacidades biossintéticas asseguram a produção de substâncias específicas. A biotecnologia surgiu na junção de várias ciências biotecnológicas, como a genética, a bacteriologia, a virologia, a biologia molecular, a microbiologia, a bioquímica e a fitotecnia. Um papel importante foi desempenhado pela descoberta de formas de modificar o ADN e a sua transferência de um organismo para outro (Fig. 6).

Figura 6. Ligação da biotecnologia a outras ciências

Historicamente, a biotecnologia teve origem nas indústrias microbiológicas tradicionais, como o pão, o queijo, o vinho, a cerveja e os produtos lácteos. Estas tecnologias continuam a ser de grande importância e estão em constante evolução.

Os processos biotecnológicos são efectuados através da utilização de bactérias, leveduras, fungos, algas, culturas de células e tecidos de plantas e animais. Estes processos utilizam as particularidades metabólicas e as capacidades biossintéticas das células. O objetivo pode ser a produção de biomassa celular ou de produtos da atividade celular - metabolitos.

Atualmente, a biotecnologia divide-se em microbiologia industrial e aplicada, engenharia genética e celular. As principais direcções da microbiologia industrial são apresentadas no Quadro 6.

Quadro 6

Principais direcções da biotecnologia em várias indústrias

Indústria	Âmbito de aplicação
Agricultura	Produção de concentrados de proteínas e vitaminas. Reprodução, clonagem e engenharia genética de animais e plantas. Utilização de antibióticos para tratamento de animais e aves. Produção de vacinas. Produção de bioinsecticidas. Utilização de hormonas e outros estimulantes do crescimento
Produção de produtos	Produção de ácidos orgânicos. Produção de vitaminas,

químicos e compostos	antibióticos, etc. Utilização de enzimas na composição de detergentes sintéticos (SDS)
Monitorização ambiental	Melhoria dos métodos de análise e controlo dos contaminantes ambientais. Utilização de microrganismos para o tratamento de resíduos agrícolas, domésticos e industriais
Medicina	Aplicação de enzimas no diagnóstico e de microorganismos na criação e modificação de medicamentos complexos. Síntese de novos antibióticos, hormonas e interferões. Utilização de enzimas e de estirpes de microrganismos na prática médica
Energia	Produção de biogás e etanol
Ciência dos materiais	Lixiviação de minérios. Estudo e controlo da biodegradação
Indústria alimentar	Criação de novos métodos de transformação e armazenamento de produtos alimentares. Utilização de aditivos alimentares obtidos com a ajuda de microrganismos. Utilização de proteínas unicelulares. Aplicação de enzimas. Melhoria da fermentação alcoólica e ácido lático

A necessidade de biotecnologia é motivada pela escassez de alimentos, energia e recursos minerais e pela necessidade de melhorar a saúde e a proteção do ambiente.

A bioindústria inclui sectores em que a biotecnologia pode substituir métodos tradicionais amplamente utilizados e sectores em que sempre desempenhou um papel de liderança (ver Quadro 6).

^Os rendimentos rápidos ocorrem nos seguintes sectores biotecnológicos (corridas)yah:

1) melhorar a digestão;
2)produção de biogás;
3) produção de vacinas seguras e a preços acessíveis;
4) Bioenergética;
5) melhorar as técnicas de compostagem;
6) hidrólise da celulose;
7) aumento da fixação de azoto pelos simbiontes.

Apenas algumas centenas de espécies, de entre mais de 100.000 microrganismos conhecidos, são utilizadas na indústria, uma vez que uma estirpe industrial deve cumprir uma série de requisitos rigorosos:

. crescer em substratos baratos;

- têm uma taxa de crescimento elevada ou produzem um rendimento elevado num curto espaço de tempo;

- atividade sintética em relação ao produto desejado; a formação de subprodutos deve ser baixa;
- ser estáveis em termos de produtividade e às exigências das condições de cultivo;
- ser resistente ao fago e a outros tipos de infeção;
- ser inofensivo para as pessoas e o ambiente;
- As estirpes termofílicas, acidófilas (ou alcófilas) são desejáveis, uma vez que são mais fáceis de manter a esterilidade na produção;
- As estirpes anaeróbias são de interesse, uma vez que as estirpes aeróbias criam dificuldades no cultivo - requerem arejamento;
- o produto resultante deve ter valor económico e ser facilmente distinguível.

Na prática, são utilizadas estirpes de quatro grupos de microrganismos·

- fermento;
- fungos miceliais (bolores);
- bactérias;
- ascomicetes.

O termo levedura, em sentido estrito, não tem significado taxonómico. São eucariotas unicelulares pertencentes a três classes: *Ascomicetos, Basidiomicetos e Deuteromicetos.*

Os ascomicetes incluem principalmente *a Saccharomyces cerevisiae*, cujas estirpes são utilizadas na produção de cerveja, de vinho, de pão e de álcool ztyl.

O ascomicete *Saccharomyces lipolytica* metaboliza hidrocarbonetos neftil utilizados para a produção de proteínas.

O denteromiceto *Candida utdis*, como fonte de proteínas e vitaminas, é cultivado em matérias-primas não alimentares: licores de sulfito, hidrolisados de madeira e hidrocarbonetos líquidos.

O denteromiceto *Tnchosporon cutaneurn* oxida muitos compostos orgânicos, incluindo os tóxicos (por exemplo, fenol), e é utilizado no tratamento de águas residuais.

Utilização de fungos miceliais:

. em produção:

- ácidos orgânicos: ácido cítrico (*Aspergillus niger*), ácido glucónico (*Aspergillus niger*), ácido itacónico (*Aspergillus terreas*), ácido furmárico (*Rhlzopuschrysogenurn);*

-antibióticos (penicilina-falosporina);

- Queijos especiais: *camembert (Pemcillium camamberti), Roquefort*

(*PenicUUUumroqueforti);*

- processo de hidrólise em meio sólido: no amido de arroz para produzir saqué, no feijão de soja para produzir tempeh, miso.

As bactérias benéficas estão relacionadas com as bactérias denticelulares.

As bactérias do ácido lático dos géneros *Lactobacillus, Leuconostoc e Lactococcus* são utilizadas *industrialmente* desde a antiguidade.

As bactérias do ácido acético dos géneros *Acetobater e Gluconobacter* convertem o etanol em ácido acético.

As bactérias do género *Bacillus* são utilizadas na produção de toxinas nocivas para os insectos, bem como na síntese de antibióticos e aminoácidos.

As bactérias do género *Corynebacterium são utilizadas* para a produção de aminoácidos.

Entre os actinomicetos, os mais comuns são os géneros *Streptomyces* e *Micromonospora, que* são utilizados como produtores de antibióticos. Quando crescem em meios sólidos, os actinomicetos formam um micélio fino com hifas aéreas que se diferenciam em cadeias de coidiosporos.

Os seguintes compostos estão atualmente a ser sintetizados com recurso a microrganismos:

. alcalóides;

- aminoácidos;
- antibióticos;
- antimetabolitos;

antioxidantes;

proteínas;

vitaminas;

herbicidas;

inibidores de enzimas;

insecticidas;

ionóforos;

coenzimas;

lipnds;

ácidos nucleicos;

nucleótidos e nucleósidos;

agentes oxidantes;

ácidos orgânicos;

pigmentos;

tensioactivos;

polissacáridos;

anti-helmínticos;

agentes antitumorais;
solventes;
hormonas de crescimento das plantas;
açúcares;
esteróis e substâncias transformadas;
factores de transporte de ferro;
agentes farmacológicos;
enzimas;
emulsionantes.

5.1. Classificação dos produtos de fabrico de produtos farmacêuticos

A produção biotecnológica baseia-se na utilização de microrganismos. Para controlar o processo microbiológico, é necessário conhecer a fisiologia das culturas de microrganismos utilizadas. Isto permitirá controlar os processos que ocorrem na célula, as condições de cultivo e a influência dos principais factores ambientais na biossíntese dirigida.

Os produtos da produção biotecnológica são macromoléculas naturais - proteínas, enzimas, polissacarídeos, poliésteres, isolados de células de microrganismos, tecidos e órgãos de plantas e animais.

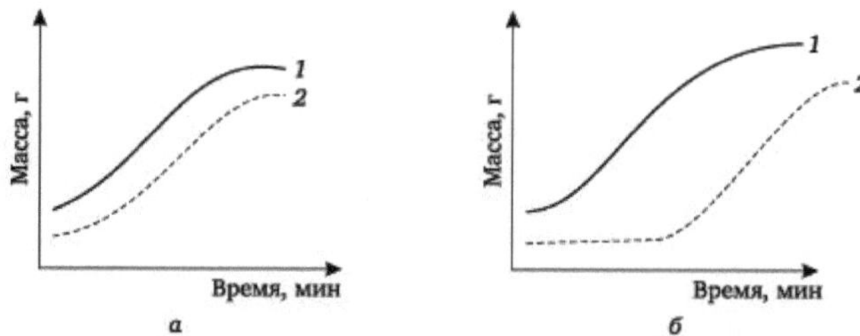

Figura 7. Dinâmica da alteração da biomassa e formação de metabolitos primários (*a*) e secundários (b) durante o crescimento do organismo:
1 - biomassa; *2* - produto

Em relação $_{\text{aos}}$ processos de crescimento, os produtos metabólicos de baixo peso molecular das células vivas dividem-se em metabolitos primários e secundários (Fig.7).

Os metabolitos primários são compostos de baixo peso molecular (peso molecular inferior a 1500 Da) necessários para o crescimento microbiano. Alguns deles são blocos de construção de macromoléculas, outros estão envolvidos na síntese de coenzimas. Entre os metabolitos mais importantes para a indústria encontram-se os aminoácidos, os ácidos orgânicos, os nucleótidos de purina e de pirimidina, os solventes e as vitaminas

Os metabolitos secundários são compostos de baixo peso molecular que não são necessários para o crescimento em cultura pura. Os metabolitos secundários incluem antibióticos, alcalóides, hormonas de crescimento vegetal e toxinas.

5.2. Esquema biotecnológico geral da produção farmacêutica

Os processos de produção biotecnológica^ são diversos, mas todos têm cinco etapas fundamentais:

- preparação de meios nutritivos;
- cultura microbiana;
- obtenção de sementes;
- isolamento do produto-alvo;

. purificação do produto alvo.

A preparação dos meios pitotélicos é uma etapa que preenche dois requisitos básicos que devem ser satisfeitos pelo meio Wo-nerve: deve ser nutricionalmente completo e pouco dispendioso. O carbono e o azoto, sob uma forma digerível, são necessários para a biossíntese das proteínas; o fósforo para a síntese do ácido trifosfórico DNAiadenosina. (ATP); oligoelementos. - Para a formação de enzimas, são também necessários factores de crescimento e vitaminas para a atividade normal da vida. Em segundo lugar, o meio deve ser estéril, o que é conseguido através de tratamentos de temperatura, ultravioleta, ultra-sons e ultra-sons.

O cultivo (fermentação) é um conjunto de operações sequenciais que vão desde a introdução do inóculo num meio nutritivo previamente preparado até ao fim dos processos de crescimento e biossíntese devido ao esgotamento dos nutrientes no meio. Existem dois tipos principais de fermentações: produção de biomassa de microrganismos e produção de metabolitos.

A semente (inóculo) é *obtida* de acordo com o esquema mostrado na Fig. 8:

Figura 8. Esquema de produção de sementes

A qualidade das sementes obtidas é controlada por microscopia.

Os produtos farmacêuticos requerem um *elevado grau de pureza.* O custo da purificação é tanto mais elevado quanto menor for a concentração da substância nas células. Etapas de purificação:

. separação;

- destruição das membranas celulares (desintegração da biomassa);

. separação da parede celular;

. separação e purificação do produto;

- purificação fina e separação das preparações.

5.3. Separação

Separação - separação da massa do produtor da fase líquida. Pode ser efectuada uma separação preliminar para aumentar a eficiência:

- Alteração do pH;
- aquecimento;
- adição de coagulantes proteicos ou floculantes.

Métodos.de.separação:

1. (literalmente, natação em águas de superfície) - secção-

introdução de pequenas partículas e introdução de gotículas de fase dispersa a partir do fluido - com base na diferente molhabilidade das partículas (gotículas) com o líquido (principalmente água) e na sua adesão selectiva à superfície da interface, geralmente "líquido-gás" (muito raramente "sólido-líquido").

Os principais tipos de flotação:

- _ espumação (o líquido de cultura com biomassa de microrganismos é continuamente espumado por ar fornecido de baixo para cima sob pressão, as células e os seus aglomerados "aderem" a bolhas de ar finamente dispersas e flutuam com elas, recolhendo-se num tanque de decantação especial);

. óleo;

. filme.

2. *A filtração é o* processo de percolação, a filtragem natural do líquido através de substâncias porosas. Os filtros são utilizados neste processo:

. de utilizações simples e múltiplas;

- funcionamento por lotes e contínuo (com remoção automática da camada de biomassa que obstrui os poros);
- tambores;

. discos;

. cintos;

. pratos;

. filtros de vácuo em carrossel;

- prensas de filtro de vários modelos;

. membrana.

3. *A sedimentação física é um* processo em que a biomassa é precipitada pela adição de cal ou de outros componentes sólidos que arrastam as células ou o micélio para o fundo.
4. *A centrifugação é um* método em que as partículas em suspensão são precipitadas por força centrífuga para formar duas fracções: biomassa (sólida) e líquido de cultura. Este método requer equipamento dispendioso, mas permite a libertação máxima de partículas do líquido de cultura.

A centrifugação e a filtração podem ser efectuadas simultaneamente nas centrifugadoras de filtração.

A centrifugação a alta velocidade separa os componentes celulares por tamanho (as partículas maiores deslocam-se mais rapidamente durante a centrifugação) e é utilizada se os produtos procurados se encontrarem no interior das células do produtor.

5.4. Destruição das membranas celulares (desintegração da biomassa)

Métodos de desintegração:

- mecânica (física);

. química;

-combinado

Métodos *físicos* - tratamento por ultra-sons, rotação de uma pá ou vibrador, agitação com esferas de vidro, compressão através de um orifício de pressão estreito, esmagamento da massa celular congelada, trituração num almofariz, choque osmótico, congelamento-descongelamento, descompressão (compressão seguida de uma libertação súbita de pressão). Estes métodos são económicos, mas a sua utilização pode reduzir a qualidade do produto.

Métodos químicos e químico-enzimáticos - as células são destruídas por tolueno ou butanol, antibióticos, enzimas, são mais selectivos.Exemplos:

- as células de bactérias Gram-negativas são tratadas com lisozima na presença de ácido etilenodiaminotetracético ou de outros determinantes.
- células de levedura - zimoliozoários de caracóis, enzimas de fungos, actinomicetas.

5.5. Separação e limpeza dos produtos

O isolamento do produto-alvo do fluido de cultura ou do homogenato de células destruídas é efectuado por precipitação (precipitação), extração ou adsorção.

Precipitação :

- físicas (aquecimento, arrefecimento, diluição, concentração).
- química (utilizando substâncias inorgânicas e orgânicas - etanol, metanol,

acetona, isopropanol).
Mecanismo de deposição. por substâncias orgânicas, redução da constante dieléctrica do meio, destruição da camada de hidratos de moléculas.
Os iões que se dissociam dos sais inorgânicos são hidratados durante a *salga*.
Reagentes: sulfato de amónio, sulfato de sódio, sulfato de magnésio, fosfato (kalyl)-.
A extração é o processo de extração selectiva de um ou mais componentes solúveis de sólidos e soluções por meio de um solvente líquido, o extrator.
Tipos de extração:
. sólido-líquido (uma substância da fase sólida passa para a fase líquida: por exemplo, a clorofila de um extrato de álcool para a gasolina.
. líquido-líquido (a substância passa de um líquido para outro: extração de antibióticos, vitaminas, carotenóides, lípidos.
Extragentes: fenol, álcool benzílico, clorofórmio, propanilibutanidr líquido.
Formas de melhorar a eficiência da extração:

- re-extração com um extrato fresco;

. seleção do solvente ótimo;

- aquecimento do agente de extração ou do líquido a extrair.

. redução da pressão no aparelho de extração.
A extração com clorofórmio em condições laboratoriais é efectuada num aparelho "Soxhlet", que permite utilizar repetidamente o destilador.
A adsorção, um caso especial de extração (quando o agente de extração é um sólido), segue o método de permuta iónica.
Os adsorventes são ionites à base de celulose:
. cationite - carboximetilcelulose (CMC)

- anionite - dietilaminoetilcelulose (DEAE);
- sephadexes à base de dextrano, etc.

5.6. Métodos de purificação fina de produtos farmacêuticos

Cromatografia, (grego *chroma*, caso genitivo de
cromatos - cor, corante) - método físico-químico de separação e análise de misturas, baseado na distribuição dos seus componentes entre duas fases - estacionária e móvel (eluente), fluindo através da fase estacionária.
Tipos de cromatografia de acordo com as técnicas de cromatografia:

- *Coluna - a* separação de substâncias é efectuada em *colunas* especiais;
-
- camada fina (*TLC)* - a separação tem lugar numa camada fina de sorbenta;

. .
. papel - em papel especial.

São aplicáveis à separação e purificação em grande escala de produtos de processos biotecnológicos:
A precipitação por afinidade *é um* processo em que um ligando é ligado a um transportador solúvel e, após a adição de uma mistura contendo a proteína correspondente, forma-se um complexo com o ligando, que precipita imediatamente após a sua formação ou após a adição de eletrólito à solução;

- *A separação por afinidade é o* mais eficiente dos métodos de purificação por afinidade, baseado na utilização de um sistema que contém dois polímeros solúveis em água;
- *A cromatografia* hidrofóbica *é uma* técnica que envolve a ligação de uma proteína através da interação entre a cadeia alifática de um adsorvente e o local hidrofóbico correspondente na superfície da proteína (1b|;).
- *A eletroforese é um* método de separação de proteínas e ácidos nucleicos em água livre, solução e matriz porosa, que pode ser polissacáridos como o amido ou a agarose. De acordo com o princípio da separação, a eletroforese pode ser:

-natnwy;
- SDS (na presença de dodecil sulfato de sódio);
- bidimensionais, etc.

Capítulo 6

PRINCÍPIOS BÁSICOS DA PRODUÇÃO DE PROTEÍNAS NA INDÚSTRIA FARMACÊUTICA

6.1. Utilização de microrganismos para a produção de proteínas

De acordo com as normas nutricionais, uma pessoa deve receber diariamente 60 a 120 g de proteínas completas.

A síntese constante de vários compostos proteicos é necessária para manter as funções vitais do organismo, para construir células e tecidos. Enquanto a maioria das plantas e dos microrganismos é capaz de sintetizar todos os aminoácidos a partir do dióxido de carbono, da água, do amoníaco e dos sais minerais, os seres humanos e os animais não conseguem sintetizar alguns aminoácidos (valina, leucina, isoleucina, lisina, metio-NII, treonina, triptofano e fenilalanina). Estes aminoácidos são chamados essenciais e devem ser fornecidos através da alimentação. A sua carência provoca doenças graves nos seres humanos e reduz a produtividade dos animais de criação.

Atualmente, o défice mundial de proteínas é de cerca de 15 milhões de toneladas. A síntese microbiológica é a mais prometedora. Enquanto para os bovinos são necessários 2 meses para duplicar a massa proteica, para os suínos - 1,5 meses, para os frangos - 1 mês, para as bactérias e leveduras - de 1 a 6 horas. A produção mundial de produtos proteicos alimentares devido à síntese microbiana é superior a 15 mil toneladas por ano.

Vejamos um exemplo: o tempo de duplicação da Escherichia coli é de 20 min, ou seja, em 20 min formar-se-ão duas células filhas a partir de uma única célula, em 40 min - quatro "netas", em 60 min - oito "bisnetas", em 80 min - 16 "bisnetas". Em 10 h 40 min de uma bactéria formar-se-ão mais de 6 biliões, e em 44 h de uma bactéria com uma massa de 1 - 10^{-12} g formar-se-á uma biomassa de -stvub - Yu^g.

A utilização de vários microrganismos como fontes de proteínas e vitaminas deve-se aos seguintes factores:

... a possibilidade de utilizar uma variedade de compostos químicos, incluindo resíduos industriais, para a cultura de microrganismos.

. tecnologia de produção microbiana relativamente simples que pode ser efectuada durante todo o ano e automatizada.

- elevado teor de proteínas (até 60-70 %) e vitaminas, bem como de hidratos de carbono e lípidos nas preparações microbianas;
- A proteína tem um teor mais elevado de aminoácidos essenciais em

comparação com as proteínas vegetais;
. a possibilidade de influência genética dirigida sobre a composição química dos microrganismos, a fim de melhorar o valor proteico e vitamínico do produto.
A produção industrial de produtos alimentares à base de microrganismos exige uma investigação biomédica aprofundada. Esses produtos devem ser submetidos a testes exaustivos para detetar efeitos carcinogénicos, mutagénicos e embriotrópicos nos organismos humanos e animais. Os estudos toxicológicos e a digestibilidade dos produtos de síntese microbiana são os principais critérios para a viabilidade da sua tecnologia de produção
As proteínas são produzidas por leveduras, bactérias, algas e fungos não celulares
A vantagem das leveduras em relação a outros microrganismos reside na sua capacidade de processamento: resistência à infeção, facilidade de separação do meio devido ao grande tamanho das células. São capazes de acumular até 60 % de proteínas ricas em lisina, treonina, valina e leucina (estes aminoácidos são escassos na alimentação das plantas). A fração mássica de ácidos nucleicos é de até 10%, o que é prejudicial para o organismo.^ Como resultado da sua hidrólise são formadas bases purinas mio-go, que são depois transformadas em ácido úrico e seus sais, que são a causa de urolitíase, osteo-ochoidrose e outras doenças..A taxa óptima de adições de levedura à alimentação dos animais de criação é de 5 a 10% da matéria seca. A levedura é utilizada para fins de alimentação humana e animal.
As vantagens da bactéria são a sua elevada taxa de crescimento e a capacidade de sintetizar até 80% das proteínas, que contêm muitos aminoácidos deficientes: metionina e cisteína. As desvantagens são o pequeno tamanho das células e a baixa concentração no meio de cultura, o que dificulta o isolamento. Alguns lípidos bacterianos podem conter toxinas. A fração mássica de ácidos nucleicos é de até 16%. São utilizados apenas como alimento para animais.
As vantagens das algas são o teor significativo de proteínas de composição completa de aminoácidos, que se acumulam na quantidade de 65%, o fácil isolamento das algas do meio de cultura, o baixo teor de ácidos nucleicos - 4% (para comparação: nas plantas superiores 1-2%). As algas são utilizadas para fins de alimentação humana e animal.
Os cogumelos miceliais são tradicionalmente utilizados como produto alimentar em países africanos, na Índia, na Indonésia, na China, etc. Acumulam até 50 % de proteínas, com uma composição de aminoácidos próxima da das proteínas animais, e são ricos em vitaminas B. As paredes

celulares são finas e facilmente digeridas no trato gastrointestinal dos animais. A fração mássica de ácidos nucleicos é de 2,5 %.

Desde 1985, a proteína microbiológica é utilizada na indústria alimentar para o fabrico de diversos produtos e de produtos semi-acabados.

Na produção alimentar são utilizadas três formas principais de proteínas microbianas:

. toda a massa (sem quebrar as paredes celulares);

- biomassa parcialmente purificada (envolve a quebra das paredes celulares e a remoção de componentes indesejáveis);

.proteínas isoladas da isobiomassa (isoladas)

A Organização Mundial de Saúde (OMS) concluiu que a proteína microbiana pode ser utilizada nos alimentos, mas a quantidade permitida de ácidos nucleicos introduzidos juntamente com ela na dieta de um adulto não deve exceder 2 g por dia. A introdução de proteína microbiana não causa consequências negativas, mas existem reacções alérgicas, doenças gástricas, etc.

6.2. Utilização de leveduras para a produção de proteínas

A tecnologia de produção de levedura de padeiro foi desenvolvida na Alemanha no século XIX, durante a Primeira Guerra Mundial a levedura foi utilizada como aditivo alimentar na produção de sopas e salsichas, e a tecnologia de produção de levedura forrageira começou a desenvolver-se.

Até à data, a cultura da levedura de cerveja *Saccharomyces serene (carlsbergensis*) continua a ser uma importante reserva de proteínas e vitaminas alimentares. O organismo humano assimila mais de 90 % de todos os nutrientes que contém. Esta levedura contém 14 vitaminas, sendo particularmente rica em vitaminas B.

No processamento da biomassa em alimentos, o bolo branco é cuidadosamente purificado. Em primeiro lugar, as paredes celulares da levedura são destruídas por tratamento mecânico, alcalino, ácido ou enzimático, seguido de extração da massa homogénea de levedura com um solvente orgânico adequado. As proteínas são então dissolvidas com uma solução alcalina e a solução proteica é separada da massa celular por diálise. As proteínas purificadas das impurezas de baixo peso molecular são precipitadas e utilizadas como aditivos proteicos em diversos produtos alimentares - salsichas, enchidos, patés, recheios de carne. A proteína seca também pode ser texturizada.

Algumas células de levedura (géneros *Candida, Rhoäotorula, Torulops*, Tnchosporon*) são capazes de utilizar hidrocarbonetos não ramificados com um número de 10 a 30 átomos de carbono na molécula como fonte de carbono para o crescimento. São representados principalmente por fracções líquidas de hidrocarbonetos de petróleo com um ponto de ebulição de 200...320 ^{O}C. Inicialmente, o projeto teve origem na necessidade de utilizar parafinas remanescentes na quantidade de 10 a 15 % após a refinação do gasóleo. Ao meio nutritivo são adicionados macro e microelementos, vitaminas e aminoácidos. Na Rússia e na RSSF foi construída em 1971 uma fábrica para a produção de levedura forrageira a partir de parafinas de petróleo (a sua produtividade era de cerca de 1 milhão de toneladas por ano). A massa proteica seca é peletizada e utilizada como concentrado proteico-vitamínico na produção de forragens.

O soro de leite é um bom substrato para a cultura de leveduras forrageiras dos géneros *Torula e Kluyveromyces*. Cerca de 10 kg de proteínas e 50 kg de lactose estão contidos em 1 tonelada de soro de leite. A proteína é separada por ultrafiltração e a solução de lactose é utilizada para a cultura de leveduras.

As células de levedura podem também utilizar álcoois inferiores (metanol e etanol) obtidos a partir de gás natural ou de resíduos vegetais como fontes de carbono. Neste caso, a massa de levedura contém mais proteínas (56-62 % da massa seca) e menos impurezas nocivas (derivados de benzeno, D-aminoácidos, lípidos anormais, toxinas, carcinogéneos) do que a levedura forrageira cultivada em parafinas de petróleo.

As leveduras cultivadas em hidrolisados vegetais de *Candida arborea* e *Candida utilis* são utilizadas para fins alimentares e como suplementos proteicos de vários produtos. Por exemplo, nos Estados Unidos, *a Candida utilis* é utilizada para produzir torutei, que é adicionado aos alimentos e é então considerado um alimento dietético rico em proteínas.

6.3. Utilização de bactérias

São conhecidas mais de 30 espécies de bactérias que podem ser utilizadas como fontes de proteínas completas para a alimentação animal.

Os gases naturais e associados, o hidrogénio e os álcoois como o metanol, o etanol e o propanol podem servir de fonte de carbono para a cultura de bactérias.

As bactérias do género *Methylococcus* mais frequentemente cultivadas, *que* podem utilizar 85 a 90 % do metano em fermentadores especiais, são cultivadas em meios gasosos. No entanto, a produção de proteínas alimentares em meios gasosos é bastante dispendiosa. A tecnologia de cultivo de bactérias em metanol, que é facilmente obtido pela oxidação do metano, é mais amplamente utilizada. Na maioria dos casos, são utilizadas bactérias *dos* géneros *Methylomonas, Methylophilus e Pseudomonas*. Várias empresas produzem uma preparação de forragem que contém até 74% de proteínas (de matéria seca), até 5% de lípidos, 10% de substâncias minerais, 10 a 13% de ácidos nucleicos.

As bactérias com elevada intensidade de síntese proteica incluem bactérias oxidantes de hidrogénio capazes de acumular até 80 % de proteínas (por matéria seca). Para o seu cultivo, o ambiente gasoso deve conter 70 a 80 % de hidrogénio, 20 a 30 % de oxigénio e 3 a 5 % de dióxido de carbono. A produção pode ser organizada perto de fábricas de produtos químicos.

6.4. Utilização de algas

Já em 1521, após a conquista do México, foi relatado que os Aztecas comiam bolos semelhantes a queijo. No Lago Chade (África), os nativos da tribo Kanembu comem bolas de algas verde-azuladas.

O teor proteico das células de Chlorella e Sceiidesmus é de cerca de 55% (em termos de matéria seca) e o das células de Spirulina é de 65%. As algas têm uma composição de aminoácidos bem equilibrada (exceto a metiotina), contêm uma grande quantidade de ácidos gordos polinsaturados e ß-caroteno. Não foram detectados efeitos patológicos anormais ao alimentar os animais com Ispirulina, e a taxa de crescimento foi normal.

A massa proteica das células de algas é comercializada sob a forma de suspensão, pó seco ou preparação em pasta. O processo de separação das células de algas da massa de água é a fase mais trabalhosa.

6.5. Utilização de cogumelos

Os fungos do género *Rhizopus* sp. são utilizados para a fermentação em fase sólida de sementes de soja. Ao fim de três dias, o micélio do fungo cresce e aglutina as sementes numa crosta que contém até 40% de proteínas. Na Indonésia, esta crosta é frita e adicionada às sopas como substituto da carne. Este produto é designado por tempeh. Em África e no Oriente, várias leguminosas de grão são fermentadas de forma semelhante.

A vantagem da fermentação em fase sólida é a redução dos custos de energia, mas a desvantagem é a baixa produtividade.

Vários fungos miceliais são cultivados em materiais de amido (grão), cascas de citrinos, palha, farelo e cascas. São utilizados quer para o enriquecimento proteico das forragens, quer para o isolamento de enzimas da biomassa resultante.

O fungo *Fusarium graminearum* é cultivado para produzir o produto alimentar micoproteína. É cultivado em xarope de glucose barato, obtido por hidrólise de amido de trigo ou de milho. A micoproteína é bem digerida. É-lhe conferido um sabor a coney e um aroma a carne, fiambre e peixe. O produto conserva o seu sabor durante muito tempo e não encolhe durante a cozedura. Produzido industrialmente na Grã-Bretanha.

6.6. Métodos de purificação de proteínas

6.6.1. Preparação do extrato

Material de base. A escolha dos organismos de uma ou outra espécie utilizados para o isolamento de proteínas e enzimas baseia-se principalmente na facilidade do seu cultivo. De entre os animais, o mais utilizado é o rato (especialmente no trabalho com o fígado)
e coelho (quando se trabalha com músculos esqueléticos). Se o trabalho for efectuado com órgãos demasiado pequenos em animais de laboratório (coração, cérebro, rins, timo), estes são retirados principalmente de bovinos e suínos, uma vez que o estudo de enzimas de tecidos humanos é limitado por razões óbvias. Por outro lado, o sangue humano está facilmente disponível e existem muitos métodos para isolar enzimas dos glóbulos vermelhos e de outras células sanguíneas. O plasma sanguíneo é pobre em enzimas mas contém quantidades significativas de proteínas não enzimáticas. Recentemente, o estudo de enzimas de várias espécies tornou-se mais rotineiro. Isto deve-se, em parte, à constatação de que muitos aspectos importantes do controlo metabólico, da localização das enzimas e de outras caraterísticas variam consideravelmente nas espécies de vertebrados.

É dada pouca atenção às proteínas de exploração de invertebrados, principalmente porque a maioria dos animais invertebrados é muito pequena e é necessário utilizar muitos indivíduos para obter a quantidade necessária de material de partida. Se o órgão desejado não for extraído de cada indivíduo (uma tarefa difícil quando se trabalha com insectos), a purificação do homogenato preparado a partir de um corpo inteiro é complicada pelo facto de conter uma grande quantidade de suco digestivo com enzimas proteolíticas, que também são libertadas no extrato. A maior parte das enzimas de invertebrados bem conhecidas são derivadas de grandes crustáceos, como o lagostim e o caranguejo.

Durante muito tempo, a bioquímica vegetal teve muito pouca relação com a bioquímica animal, principalmente devido à orientação médica desta última, mas também porque o enzimologista enfrenta certas dificuldades quando trabalha com plantas. As diferenças qualitativas devidas à sazonalidade podem ser ultrapassadas se as plantas forem cultivadas em câmaras especiais; caso contrário, há que tolerar a variabilidade do material ao ar livre. Por razões óbvias, de entre a grande variedade de espécies, são utilizadas para estudo as de importância económica, mas do ponto de vista do bioquímico, esta nem sempre é a melhor escolha. No entanto, uma ou duas espécies de plantas são predominantemente utilizadas porque os extractos podem ser preparados a partir das folhas sem grande dificuldade e os cloroplastos podem ser facilmente isolados a partir delas. *Os espinafres Spmacia olerácea* e a beterraba *Beta vulgaris*, que crescem bem numa variedade de climas, são as mais utilizadas. As células vegetais têm muitos compartimentos; na maioria dos casos, a maior parte da célula é ocupada por um vacúolo cheio de soluções altamente ácidas, proteases e uma variedade de outras substâncias prejudiciais ao citoplasma. Uma parte significativa do citoplasma é ocupada por cloroplastos, grânulos de amido e outros organelos; a célula também possui uma volumosa parede celular (celulose). O citoplasma (que, juntamente com os cloroplastos, contém a maior parte das enzimas) pode muitas vezes não compreender mais do que 1-2 % do volume total da célula vegetal. Por conseguinte, os extractos de plantas contêm muito poucas proteínas, mesmo que seja adicionada uma quantidade mínima de líquido durante a sua preparação

Quando se trabalha com microrganismos, surgem outros problemas. O material animal pode ser obtido no matadouro local ou no viveiro de um instituto, o material vegetal pode ser obtido no mercado e os microrganismos (com exceção das leveduras) precisam de ser especialmente cultivados em condições específicas e em quantidades bastante grandes. Cada grupo de microrganismos, como algas, fungos, leveduras e bactérias, requer condições especiais de cultivo, recolha e extração de células. Um problema particular que requer um estudo cuidadoso é a alteração significativa da composição enzimática durante as diferentes fases do crescimento celular. É desejável recolher células bacterianas e outros microrganismos unicelulares durante a fase logarítmica de crescimento, embora a atividade da enzima a estudar possa não ser máxima durante este período. Devem ser efectuados estudos preliminares do organismo para determinar o estado fisiológico em que a enzima desejada é mais abundante

A levedura de padeiro (*Saccharomyces cerere*) está disponível em grandes quantidades, pelo que, se puder ser utilizada, o problema da matéria-prima fica resolvido. A levedura prensada disponível comercialmente consiste em quase 100 % de células de levedura no final da fase de crescimento. A levedura é cultivada com vários nutrientes. A principal fonte de carbono para elas é o melaço ou outra fonte de sacarose. A 0 C, a levedura permanece viável (e, portanto, as proteínas mantêm a sua natividade) durante várias semanas e, quando armazenada congelada, pode ser utilizada após vários meses. A levedura seca, cuja viabilidade é restaurada pela adição de água, é muito popular na indústria de panificação e entre os bioquímicos. Servem como uma fonte muito conveniente de muitas enzimas, embora a atividade de algumas das enzimas mais sensíveis possa ser ligeiramente reduzida durante a secagem. Quando armazenados em vácuo ou em atmosfera de azoto a 0...4 ^{O}C, podem ser utilizados mesmo após vários anos.

É muito importante assegurar que a proteína ou enzima desejada presente no material de partida seja completamente extraída do mesmo, de modo a que o seu conteúdo no tecido possa ser determinado de forma fiável. Se a rutura celular for incompleta, o objeto pode ser subestimado como fonte de enzimas, uma vez que grande parte da atividade enzimática não é libertada para a solução, sendo removida com o precipitado durante a extração. Se a enzima for isolada a partir de material bacteriano, o experimentador deve considerar a possibilidade de selecionar estirpes com níveis anormalmente elevados de atividade enzimática. Isto pode ser feito quer através da seleção convencional de mutantes, quer através de uma técnica de clonagem mais sofisticada, em que várias cópias do gene da enzima são incorporadas no genoma bacteriano utilizando plasmídeos. A expressão do gene pode ainda ser melhorada através da sua fusão com um promotor forte. Este trabalho é moroso e só pode ser efectuado por um técnico experiente; não vale a pena tentar estes métodos se houver pouco tempo disponível para a cura da enzima.

Frescura da matéria-prima e seu armazenamento. Normalmente, quanto mais cedo a matéria-prima for utilizada, melhor, ou seja, a preparação é mais consistente com o estado fisiológico normal, porque se o tecido tiver sido armazenado durante muito tempo, começam os processos naturais de degradação. No entanto, há casos em que a frescura absoluta pode ser um obstáculo. Por exemplo, os músculos esqueléticos contêm uma grande quantidade de ATP na presença de fosfocreatina e de glicogénio, sendo mantida uma elevada concentração de ATP durante várias horas e após a morte. As proteínas estruturais miosina e actina são normalmente insolúveis em forças iónicas inferiores a 0,25, mas na presença de ATP, as miofibrilas rompidas incham e parte das proteínas passa para a solução. Mesmo com uma força iónica fisiológica (-0,16), alguma quantidade de miosina pode passar para o estado solúvel. Subsequentemente, isto pode afetar a qualidade das preparações enzimáticas, uma vez que a miosina precipita e se mistura com fracções nas quais não deveria estar presente. Um exemplo de um tipo especial é a preparação da adenosina monofosfato-desaza-minase. Quando se extrai músculo muito fresco com um tampão com uma força iónica recomendada de 0,26, muita actina e miosina são transferidas para a solução, o que impede o passo seguinte - adsorção na fosfocelulose. Pode obter-se uma preparação de melhor qualidade se o músculo entrar primeiro num

estado de rigor mortis, que é acompanhado por uma perda de ATP. Trata-se de um fenómeno raro. É habitual trabalhar com material fresco.
A oportunidade de obter material fresco é sempre acompanhada pela oportunidade de o utilizar. Tanto o material obtido como o extrato devem ser armazenados congelados. Durante o processo de congelação ocorrem muitos fenómenos. Em primeiro lugar, a água livre congela e formam-se cristais de gelo. Estes destroem as membranas e as opra- nelas, mas não danificam diretamente as proteínas e as enzimas. À medida que a temperatura se aproxima do ponto eutéctico para os vários sais presentes na solução, estes sais cristalizam. O sal menos solúvel é o primeiro a precipitar do par de tampões, pelo que o valor do pH pode mudar drasticamente antes de a solução estar completamente congelada. Se for armazenada entre -15 e -25 ^{O}C (a temperatura habitual dos evaporadores dos frigoríficos domésticos e dos congeladores simples), o valor do pH da solução concentrada que permanece descongelada será diferente do da solução original. Numa solução proteica tão concentrada, as proteases libertadas dos lisossomas durante o processo de congelação podem começar a funcionar (embora lentamente a temperaturas tão baixas), e o armazenamento do material durante várias semanas pode comprometer gravemente a sua qualidade. Assim, ao congelar, a temperatura deve ser reduzida muito rapidamente para -25 ^{O}C e o material deve ser armazenado, se possível, mesmo a uma temperatura mais baixa. Os congeladores comerciais permitem temperaturas até -80 °C.
Por vezes, é preferível congelar o extrato, uma vez que este pode ser alterado para obter condições de conservação óptimas. Uma vez obtido o extrato, podem ser adicionados inibidores de enzimas proteolíticas e o seu pH pode ser ajustado com um tampão adequado para um valor em que as biomoléculas sejam estáveis. Além disso, o extrato pode ser obtido a partir de grandes quantidades de material, de modo a que as amostras retiradas posteriormente do congelador difiram apenas no tempo de armazenamento, não sendo as suas propriedades, neste caso, devidas a diferenças biológicas no material congelado.

6.6.2. Desorganização e extração de células

A maior parte das proteínas e enzimas estudadas no início da história da química das proteínas foram isoladas de fluidos extracelulares. A razão para tal não é apenas a facilidade de obtenção do material, mas também o facto de as proteínas extracelulares serem geralmente mais estáveis, muitas vezes devido à presença de pontes dissulfureto, bem como à pequena dimensão das moléculas. Os primeiros estudos sobre a estrutura das proteínas centraram-se naturalmente nestas pequenas proteínas. Assim, a lisozima, a ribonuclease e a quimotrnpsina foram as primeiras proteínas a serem estudadas em pormenor, e todas elas eram derivadas de fontes extracelulares. No entanto, a maioria das enzimas estão localizadas no interior das células. Estas proteínas são frequentemente menos estáveis - normalmente não possuem ligações dissulfureto devido ao facto de o ambiente intracelular ter propriedades redutoras. O objetivo desta secção é descrever métodos de rutura celular e isolamento de enzimas num extrato aquoso, que é o primeiro passo na purificação de enzimas.

Existem muitos métodos de destruição celular devido à diversidade de tipos de células. A maioria tem caraterísticas inerentes que devem ser tidas em conta aquando da sua destruição. Os tecidos vivos variam muito em termos de resistência: para além dos glóbulos vermelhos, que são facilmente destruídos, existe o material resistente que contém colagénio, que se encontra nos vasos sanguíneos e noutros tecidos que contêm músculo liso. As células vegetais são geralmente mais difíceis de quebrar do que as células animais, porque têm uma casca de celulose. Entre as bactérias, existem também organismos bastante frágeis, que podem ser destruídos por enzimas digestivas ou simplesmente por choque osmótico, e organismos mais resistentes, com paredes celulares espessas. Para destruir estas últimas, é necessário um forte impacto mecânico, que, no entanto, não deve ser excessivo, pois pode inativar enzimas lábeis.

Se a enzima estiver localizada em organelos, o método só pode ser aplicado se os organelos também forem rompidos. Por outro lado, pode ser necessário pré-extrair os próprios organelos, eliminando assim a contaminação enzimática citoplasmática antes de extrair a enzima dos organelos. A pré-dissolução das estruturas superficiais de colagénio e celulose através de preparações de enzimas hidrolíticas permite a continuação da rutura celular por métodos mais suaves, preservando a integridade dos organelos. Um exemplo de tal técnica é a preparação de mitocôndrias de tecidos como o músculo esquelético ou cardíaco sob a ação de enzimas proteolíticas. No entanto, esta técnica só é aplicável para a obtenção de preparações em pequenas quantidades e é mais adequada para estudos metabólicos de organelos do que para a purificação de enzimas. O rendimento dos organelos purificados pode ser muito baixo, pelo que, em muitos casos, é preferível destruir primeiro todo o tecido e depois isolar a enzima desejada da mistura complexa de proteínas do extrato. Assim, as enzimas mitocondriais e cloroplásticas são frequentemente obtidas a partir de homogenato de tecido e não de organelos isolados.

Quadro 7

Métodos de destruição celular

Método	Exemplo	Princípio
	Impacto suave	
Lise celular	Eritrócitos	Rutura osmótica da membrana celular
Degradação mediada por enzimas	Tratamento de bactérias com lisozima	A rutura da parede celular leva à rutura osmótica da membrana celular
Solubilização química e autólise	Extração de leveduras com tolueno	A parede celular (membrana) é parcialmente dissolvida pela ação de substâncias químicas, as enzimas líticas libertadas neste processo completam o processo
Homogeneização manual	Tecido hepático	As células são espremidas através do espaço estreito, resultando na destruição da membrana celular
Esmerilhar (esfregar)	Tecido muscular, etc.	As células são destruídas no processo de esmagamento do tecido por força de cisalhamento
	Impacto da força média	
Homogeneizador de pás (tipo Warringah)	Tecido muscular, a maioria dos tecidos animais, tecido vegetal	Há uma destruição mecânica das células grandes e uma separação das células pequenas umas das outras
Esfregar com um abrasivo (por exemplo, areia ou óxido de alumínio)	Tecido vegetal, bactérias	As paredes celulares são destruídas pela presença de micro-rugosidades nas partículas abrasivas
Método	Exemplo	Princípio
	Forte impacto	
Prensa francesa	Bactérias, células vegetais	As células são forçadas a passar por um pequeno orifício sob pressão muito elevada; colapsam sob força de cisalhamento
Ultrassom	Suspensões celulares	As ondas de ultrassom criam um tra- dente de pressão local elevado; como resultado, as células são destruídas por tensão de cisalhamento e cavitação
Moinho de bolas	Suspensões celulares	A parede celular é destruída pela rápida vibração das esferas de

		vidro
Homogeneizador Manton para Gowlin	Suspensões celulares	Funciona da mesma forma que uma prensa francesa, mas permite-lhe processar mais material

Finalmente, a enzima pode ser insolúvel no tampão utilizado para a extração. Após a rutura das células e a precipitação do material insolúvel, obtém-se um extrato por centrifugação. A mistura antes da centrifugação é normalmente designada por homogenato. Após a centrifugação, a fase líquida deve conter a maior quantidade possível da enzima presente no material de partida. Uma parte do líquido é retida pelo precipitado e a perda total será proporcional ao rácio entre o volume do precipitado e o volume da fase líquida. No caso dos extractos, as perdas devidas à retenção de líquido pelo precipitado não devem exceder 20%, a menos que a matéria-prima esteja muito facilmente disponível e que uma concentração elevada de enzima num pequeno volume de extrato seja mais importante do que o isolamento completo da enzima do homogenato. Se o volume de líquido retido pelo precipitado for metade do volume do precipitado, pode calcular-se que, para extrair 80 % da enzima, o volume do sobrenadante deve ser o dobro do volume do precipitado.
volume de sedimentos. A maior parte dos tecidos animais contém uma quantidade significativa de material celular insolúvel, que se liga a um grande volume de água. Ao lidar com eles, o volume do precipitado é quase igual ao volume original do tecido (dependendo, em certa medida, das condições de centrifugação). Assim, quando se obtém um homogenato, por exemplo, de fígado, devem ser adicionados pelo menos dois volumes de um tampão de extração adequado. Quanto mais tampão for adicionado, mais da fração solúvel será extraída, mas o extrato será mais diluído; o seu grande volume pode causar dificuldades em trabalhos posteriores. Para a preparação de homogeatos de fígado, coração e músculo esquelético, adicionam-se geralmente 2,5 volumes de tampão de extração.
Os tecidos vegetais diferem significativamente dos tecidos animais. Como já foi referido, o conteúdo intracelular é apenas uma pequena parte do volume do tecido vegetal. A presença de grandes vacúolos (considerados aqui como formações extracelulares) e espaços intercelulares é a razão para a libertação de grandes quantidades de fluido durante a destruição do tecido. O volume do precipitado após a centrifugação pode ser apenas 20-40 % do volume do tecido vegetal original. No entanto, a utilização de uma solução de extração adicional pode ser muito importante para controlar processos indesejáveis

que ocorrem durante a homogeneização. Esses processos podem ser a acidificação do meio ou a oxidação de compostos instáveis. Um problema particular é colocado pelas plantas que contêm compostos fenólicos, que são oxidados principalmente por fenoloxidases endógenas para formar pigmentos escuros. Estes pigmentos combinam-se fortemente com as proteínas e inactivam muitas enzimas. Existem duas formas adequadas de resolver este problema. Em primeiro lugar, a adição de um composto de tiol, como o ß-mercaptoetanol, minimiza a ação das fenoloxidases. Em segundo lugar, a adição de polivinilpirrolidona em pó que adsorve compostos fenólicos é frequentemente útil.
Os microrganismos são mais semelhantes aos tecidos animais em termos do volume de sedimento obtido após a centrifugação. As leveduras e fungos semelhantes com paredes celulares espessas produzem sedimentos com um volume quase igual ao volume original do material celular. O mesmo acontece com as bactérias. Se forem aplicadas forças de cisalhamento significativas durante o processo de extração, uma grande quantidade de material da parede celular pode ser transferida para a solução.
Os fragmentos celulares podem ser centrifugados facilmente, especialmente os grandes resíduos de tecidos animais e vegetais. No entanto, após a centrifugação, por exemplo, a 10.000 g durante 15 minutos, as partículas intracelulares permanecem em suspensão. A turvação da solução resultante não é importante, uma vez que pode ser removida durante as etapas de fracionamento. A utilização de dispositivos de rutura celular mais potentes, como um moinho de bolas, torna possível quebrar as paredes celulares em partículas minúsculas de densidade relativamente baixa, devido ao facto de conterem normalmente lípidos. Estas partículas são difíceis de precipitar com os valores g disponíveis para grandes volumes e o extrato pode permanecer muito turvo. Os métodos de clarificação do extrato são descritos a seguir.
Tecido animal. O tecido é cortado em pedaços, removendo-se, tanto quanto possível, o tecido conjuntivo e a gordura. Colocar o tecido cortado num homogeneizador de pás, adicionar 2-3 volumes de tampão de extração frio por 1 g de tecido. A mistura é homogeneizada durante 30 s; a homogeneização é repetida se restarem pedaços de tecido não destruído. Quando o homogeneizado atinge o valor requerido, é agitado durante 10-15 minutos e depois transferido para uma centrifugadora ^{1Sh1}'.$T^{(JAP1rY1}$)-$C^{ents}P^{i}FU^{(gi)}RU^{(ie}$) a 5000-10 000 g 5 000-10 000 g durante bO min (2 - 10($^{5)}$-3 -$10^{(5)}$g min). O extrato é escorrido através de um filtro *Miracloth* ou através de uma almarca ou lã de vidro para remover as partículas de gordura.
Eritrócitos. O extrato pode ser facilmente obtido a partir de eritrócitos

centrifugados após lavagem com solução isotónica de NaCl (0,9 %, 0,15 M) e re-centrifugação. As células são destruídas por choque osmótico em água (2 volumes de água por 1 volume de células centrifugadas). No entanto, cerca de 90% da proteína que passa para a solução é hemoglobina, e se estiver a desnaturar outra proteína, um método para a remoção selectiva da hemoglobina é muito útil. Uma mistura de etanol e clorofórmio foi utilizada com sucesso para desnaturar a hemoglobina.

Tecidos vegetais moles. Ao tecido com crosta é adicionado apenas 0,5-1 volume de tampão frio contendo 20-30 mM de mercaptoetanol e homogeneizado durante 30 s ou passado através de um espremedor doméstico previamente lavado com tampão. O homogenato deve ser centrifugado o mais rapidamente possível para reduzir o escurecimento devido à oxidação (2 - 10^5-3 - IO^5 g - min). O líquido é cuidadosamente drenado da superfície do precipitado. A adição de polivinilpirrolidona em pó é útil para a adsorção de fenóis.

Levedura ! As células podem ser completamente destruídas com *um homogeneizador Manton-Haulin,* utilizando cerca de dois volumes de tampão por 1g de massa bruta.

2. *Autólise com tolueno.* São utilizados vários métodos com tolueno; no entanto, nem todos são adequados para utilização com leveduras comerciais. Estes métodos baseiam-se no tratamento da levedura com tolueno, geralmente a uma temperatura de 35...40C. Após 20-30 minutos, a levedura "liquefaz-se" devido à extração dos componentes da parede celular. Depois disso, adiciona-se tampão à levedura e esta é agitada durante várias horas ou deixada durante a noite no frio. Uma vez que o método é autolítico e as estruturas da parede celular são quebradas por enzimas, algumas enzimas celulares podem ser degradadas durante o processamento. O acetato de etilo pode ser utilizado em vez do tolueno, mas não é adequado para estirpes de leveduras com paredes celulares mieloprotésicas.

3. *Citólise do amoníaco.* O método de Eutmeyud é mais adequado para trabalhar com leveduras secas. É simples, mas algumas enzimas que não são estáveis a pH 10 podem perder-se completamente. A levedura seca ativa é agitada numa solução de 0,5 M NH_4OH (2 volumes de solução por 1g de matéria seca) durante 16-20 h à temperatura ambiente. A adição de uma pequena quantidade de tolueno (5-10 % do volume total) ajuda por vezes a dissolver as proteínas. 1-2 volumes de água e a quantidade necessária de ácido acético são então adicionados para baixar o pH para o valor desejado. Em seguida, os resíduos das células destruídas são removidos por centrifugação.

Bactérias. As células bacterianas podem ser destruídas por ultra-sons, com um moinho de bolas ou com uma prensa francesa, embora nem todos estes métodos sejam convenientes para preparar grandes volumes de extrato. No caso de pequenos volumes, as células podem ser esfregadas com óxido de alumínio. As bactérias Gram-positivas são geralmente sensíveis à lisozima. A agitação da suspensão de células em tampão contendo 0,2 mg/ml de lisozima de clara de ovo a 37 °C durante 15 minutos é suficiente para libertar componentes citoplasmáticos. O tratamento do extrato com desoxirribonuclease I (10 µg/ml) melhora a sua qualidade, uma vez que a viscosidade do líquido diminui.

As bactérias Gram-negativas são menos sensíveis à lisozima se não forem pré-tratadas. Foi recentemente descrito um método de tratamento combinado de células com um detergente não-iónico, choque osmótico e lisozima. É utilizada uma modificação deste método.

são utilizados na extração dos microrganismos Gram-negativos *Zym.om.onas mobilis* e *Photobacterium phosphoreum.* Neste caso, consegue-se uma extração exaustiva das enzimas, embora não se verifique uma dispersão completa da parede celular.

A 10 .- massa celular seca, adicionar 0,1 ml de solução a 10% (em volume) de Triton X-100, 10 µl de mercaptoetanol e 2,5 ml de glicerol. As células são dispersas e agitadas vigorosamente durante 30 minutos. +Em seguida, adicionam-se rapidamente 30 ml de tampão de extração (por exemplo, 20 mM KP pH 7,0, 1 mM etilenodiaminotetraacetato ODTA) com 0,2 mg/ml de lisozima e 10 µg/ml de desoxirribonuclease, continuando a agitação durante 30 minutos. À mistura foram adicionados 5 mg de fluoreto de fenilmetilsulfonilo dissolvidos em 0,5 ml de acetona e 0,1 mg de pepstatina A, após o que a suspensão foi centrifugada (15 000 g durante 20 min).

Estes são apenas alguns exemplos de procedimentos para extractos de várias origens. Na prática, é mais frequente utilizar o procedimento publicado, mas convém ter em conta que as matérias-primas e o equipamento utilizados podem diferir consideravelmente dos descritos no procedimento, pelo que, por vezes, é necessário adaptar o método a condições específicas.

Assim, os métodos de extração baseiam-se na trituração do material num tampão adequado, seguida de centrifugação da mistura para remover os resíduos insolúveis.

6.6.3. Otimização e clarificação do extrato

O comportamento da frequência das proteínas durante o fracionamento depende não só das suas caraterísticas, mas também da composição da solução, que inclui igualmente outras proteínas. As falhas podem ser devidas a condições de homogeneização insuficientes (baixa pressão na célula de prensagem, desgaste das esferas do moinho de bolas, amortecimento das lâminas do homogeneizador), o que leva a uma rutura incompleta das células, pelo que o extrato pode ser mais diluído e a sua composição pode ser diferente, uma vez que nem todos os componentes são transferidos para a solução quando as células são incompletamente rompidas. Para avaliar este extrato, é importante conhecer o teor exato de enzimas por grama de material de partida. É provavelmente melhor começar por obter um extrato a partir de uma pequena quantidade de material de partida, utilizando um grande volume de tampão de extração (digamos 10 ml/g), e determinar sequencialmente a atividade enzimática em diferentes intervalos de tempo. medida que o tempo de processamento aumenta, é provável que a atividade enzimática diminua gradualmente, uma vez que o próprio processamento desnatura as proteínas, quer por aquecimento quer por forças de cisalhamento durante a trituração do material. É frequentemente necessário arrefecer o sistema durante o processo de desintegração celular. Para o efeito, utiliza-se um tampão refrigerado e alternam-se curtos períodos de processamento do material com o arrefecimento pernodamnocular. Como já foi referido, é muito importante ter em conta o volume de tampão de extração por grama de material. Quando se utilizam grandes quantidades de material de partida, é necessário estabelecer um compromisso entre o desejo de maximizar a extração e o desejo de obter um volume mínimo de extrato.

Para determinados fins, o tampão de extração deve conter substâncias como o ß-mercaptoetanol. A água também pode ser utilizada para a extração, mas não extrai todas as proteínas. Seria ótimo se a enzima desejada fosse completamente extraída pela água. As células contêm diferentes sóis e muito material insolúvel e portador de carga - proteínas, fosfolípidos, ácidos nucleicos. A força iónica no citoplasma de uma célula típica varia de 0,15-0,2 M. Nestas condições, as proteínas citoplasmáticas são solúveis, no sentido em que podem mover-se na célula. Quando as células são homogeneizadas com 2-3 volumes de água, a força iónica do homogenato pode diminuir para 0,05 ou menos. Nestas condições, as partículas carregadas em solução podem atuar como permutadores de iões e adsorver proteínas, especialmente proteínas básicas.

Se o homogenato for preparado com tampão diluído, quanto mais tampão for adicionado, maior será a fração de proteínas que passa para a fração insolúvel. Nem sempre são tidas em conta as propriedades de adsorção por troca iónica (por oposição a interações específicas fisiologicamente importantes) dos componentes celulares. Para se ter a certeza de que todos os

conteúdos celulares solúveis foram transferidos para o extrato, deve ser utilizado um tampão com uma força iónica próxima da força fisiológica e, evidentemente, um valor de pH adequado. Se forem extraídos demasiados componentes indesejáveis, é preferível recorrer a um com- promisso. Normalmente, são utilizados os seguintes tampões: 20-50 mM fosfato, pH 7-7,5, 0,1M Tris-HCl, pH 7,5 e 0,1 M KC1 com uma pequena quantidade de tampão; para a extração de organelos, são utilizadas misturas de tampões isoosmóticos contendo sacarose, manitol ou sorbitol, juntamente com sais e iões ß-mercaptoetanol do tampão. O tampão pode também conter EDTA ou cisteína (5-20 mM) e η específico.
agentes estabilizadores para certas proteínas, por exemplo, Zn para as proteínas que contêm zinco ou fosfato de piridoxal para as enzimas que o utilizam como cofator.
Após a rutura das células no tampão adequado, é aconselhável verificar o pH do homogenato. Embora após a homogeneização de material realmente fresco no tampão, o homogenato tem o mesmo pH que o tampão. Este valor pode alterar-se devido a processos metabólicos que conduzam à acidificação do meio. Um bom exemplo é o músculo esquelético, onde o glicogénio é rapidamente convertido em ácido lático e o pH do homogenato pode descer de 7,0 para 6,0 em 30-60 minutos (incluindo o tempo de centrifugação). Nestes casos, o valor do pH pode ser aumentado acima do valor desejado antes da centrifugação (por exemplo, com 1 M de tampão Tris). Além disso, a adição de um inibidor da glicólise pode parar o processo. O flúor (10- 30 mM) é por vezes utilizado para este fim.
Estas observações dizem respeito à melhoria das condições de extração de todos os componentes solúveis. A extração de uma única enzima ou proteína é melhor realizada num meio em que todos os componentes não estejam completamente solubilizados e o objeto desejado seja extraído.
O extrato é frequentemente turvo. Após a centrifugação, as partículas de gordura podem flutuar à superfície. A gordura pode ser removida por filtração grosseira através de lã de vidro ou de um pano de filtro denso. As partículas insolúveis da suspensão contêm organelos e fragmentos de membrana que só são completamente precipitados a 100.000 g, um procedimento muito inconveniente para grandes volumes de extrato. Nestes casos, a filtração é geralmente inútil, pois se o filtro for suficientemente denso para reter as partículas, fica rapidamente obstruído. No entanto, se a turvação for negligenciável, mas se for necessário obter um extrato límpido, por exemplo para passar por uma coluna de adsorção, a filtração pode ser efectuada com a ajuda de celite.

Diferentes tipos de extractos. Em alguns tecidos animais, as partículas constituem uma parte menor do extrato e podem ser negligenciadas. Agregam-se no primeiro fracionamento com sulfato de amónio e são depois removidas. Por outro lado, há tecidos animais que contêm mais gordura e estruturas membranares; ao extrair esses tecidos, formam-se suspensões. A acidificação do meio para pH 6,0-5,0 resulta normalmente na agregação do material, que pode então ser centrifugado a uma velocidade relativamente baixa. Os ribossomas e outras nucleoproteínas são geralmente removidos por acidificação, que pode ser considerada como uma forma de precipitação isoeléctrica, sendo os grupos fosfato protonados e neutralizando ou, pelo menos, reduzindo a carga das partículas da suspensão. Este método dá resultados muito bons, desde que a proteína desejada: a) não precipite isoelectricamente a um determinado valor de pH; b) não esteja adsorvida no precipitado resultante; e c) permaneça estável a valores de pH não fisiológicos. O extrato é arrefecido e o pH é reduzido com um ácido adequado (por exemplo, ácido acético a 1 M). Após agitação durante 10-20 min, o precipitado é separado por centrifugação e o pH do sobrenadante é ajustado, se necessário, para o valor desejado antes de prosseguir para a primeira etapa de fracionamento. Os tecidos vegetais diferem principalmente pelo facto de a reação do meio ser mais ácida e de as partículas que contêm, como os fragmentos de cloroplastos, serem muito mais difíceis de agregar. Além disso, os extractos vegetais contêm muito pouco material corpuscular, com exceção de partículas grosseiras, como os grãos de amido, que precipitam facilmente após a preparação do extrato.

A preparação de extractos de microrganismos levanta uma série de problemas. Em primeiro lugar, muitos ácidos nucleicos são extraídos de células em rápida proliferação. Em segundo lugar, no processo de destruição celular, o material da parede celular é altamente disperso, resultando numa solução turva, ou parcialmente dissolvido, e a solução contém muitos polissacáridos semelhantes a goma, juntamente com proteínas e ácidos nucleicos. Isto cria algumas dificuldades nas primeiras fases do fracionamento.

Os extractos preparados a partir de material bacteriano por prensa francesa, ultra-sons ou tratamento com lisozima são viscosos devido à presença de ADN e contêm quantidades significativas de material ribossómico. Todos os ácidos nucleicos precipitam em resultado da sua agregação com policatóides macromoleculares. A protamina do salmão e a clupeína do leite de arenque são bons reagentes para este fim, uma vez que a ligação ao ADN é uma função natural destas substâncias. O sulfato de protamina, vulgarmente utilizado, deve ser utilizado com muito cuidado: tem propriedades fortemente ácidas e deve ser dissolvido em água e neutralizado antes de ser utilizado. Deve ser estabelecida a quantidade de sulfato de protamina necessária. Esta pode atingir 5 mg por 1g de material a tratar. O sulfato de protamina precipita o ADN, os ácidos nucleicos ribossómicos, o ARN da matriz (ARNm), o ARN de transporte (ARNt) e outros ácidos nucleicos. Algumas proteínas podem também adsorver-se no precipitado resultante. A adsorção no precipitado de protamina é mesmo utilizada como uma etapa no processo de purificação de enzimas. Se a utilização de protamina não for possível ou desejável, a viscosidade da solução de ADN pode ser reduzida através da utilização de DNAase. Os ribossomas podem ser precipitados com estreptomicina. Embora a estreptomicina seja um precipitador de ácidos nucleicos menos eficaz do que a protamina, perde-se menos proteína por adsorção ao precipitado em formação.

Após a remoção dos ácidos nucleicos, os hidratos de carbono em forma de cápsula podem permanecer em solução. Este facto cria dificuldades na utilização dos métodos convencionais de precipitação de proteínas. O sulfato de amónio e outros métodos de precipitação fraccionada não podem ser utilizados na presença destas substâncias. É preferível precipitar a proteína completamente, de modo a que as substâncias semelhantes a goma permaneçam em solução. Praticamente toda a proteína pode ser precipitada a 80% de saturação com sulfato de amónio e 55% de concentração de acetona. Se for utilizado sulfato de amónio para a precipitação das proteínas, pode ser necessária uma centrifugação a alta velocidade. Mesmo assim, o precipitado proteico dissolvido contém substâncias que reduzem a reprodutibilidade dos resultados na coluna ou noutros métodos de fracionamento. Recentemente, foram encontradas duas formas de ultrapassar estas dificuldades. A primeira é a adsorção anfifílica num gel de agarose, em que todas as proteínas são adsorvidas em pellets de agarose numa solução saturada de sulfato de amónio a 70-80 %, enquanto o material não proteico é lavado. Quando os pellets de agarose são extraídos com tampão, as proteínas passam para a solução, que é depois fraccionada da forma habitual. A segunda forma consiste em utilizar um método de extração adequado. Ao tratar as células com lisozima, normalmente não se formam demasiadas cápsulas de substâncias semelhantes a goma - a lisozima dissolve-as, mas não destrói as células bacterianas Para obter um extrato suficientemente transparente de bactérias, a utilização de lisozima juntamente com um detergente não iónico foi bem sucedida. Uma vez removidos os ácidos nucleicos, o extrato pode ser utilizado diretamente para o fracionamento. Estes problemas não se colocam em todas as bactérias.

Foram publicados muitos estudos sobre o isolamento de enzimas a partir de material bacteriano, nos quais o fracionamento convencional após tratamento do extrato com protamina ou estreptomicina foi efectuado com êxito.
Existem vários problemas associados à preparação de extractos de levedura. O principal é que as paredes celulares dos fungos são muito espessas e difíceis de quebrar, pelo que são necessários métodos mais eficientes para obter o extrato. Se o extrato tiver de ser obtido rapidamente, o único método fiável consiste em utilizar um moinho de bolas vibratório ou um homogeneizador Mznton-Haulin. Estes métodos produzem um grande número de partículas de baixa densidade que não são completamente removidas por centrifugação. A turvação pode reduzir a eficácia da precipitação das proteínas pelo sulfato de amónio. No entanto, pode ser eliminada através da agregação das partículas num solvente orgânico (acetona, 20-25 % em volume a 0 °C). A maior parte das enzimas permanece na solução límpida e é precipitada aumentando a concentração de acetona. Também se obtêm extractos transparentes por autólise com tolueno, mas nestas condições pode ocorrer clivagem proteolítica das proteínas.
A citólise sob amoníaco concentrado é utilizada para isolar a enzima muito estável fosfoglucomutase. Este procedimento foi desenvolvido e é amplamente utilizado em leveduras "activas secas". É utilizado para obter extractos claros que contêm a maior parte das enzimas glicolíticas. Algumas enzimas são completamente destruídas a valores de pH elevados. Neste método, a proteólise não constitui um problema grave porque a atividade das proteases é bastante baixa a pH 9,5-10. A eficácia da extração pode variar consideravelmente em função do lote de levedura.

6.6.4. Métodos de purificação de proteínas e enzimas associadas a partículas

São amplamente utilizados vários métodos específicos para o isolamento de proteínas e enzimas estruturalmente associadas a componentes celulares insolúveis, tais como mitocôndrias, cloroplastos, plasmalema, retículo endoplasmático e membranas nucleares. Estes métodos não se aplicam a proteínas solúveis em água encerradas em organelos, como as proteínas da matriz mitocondrial, mas apenas a moléculas ligadas covalentemente ou firmemente associadas a partículas. Pode obter-se um grau de purificação significativo em relação ao material de partida lavando repetidamente o homogenato com um tampão em que a proteína em questão não seja solúvel. A partir daí, são possíveis duas abordagens: uma consiste em fracionar o precipitado por centrifugação diferencial (por exemplo, sedimentação ou gradiente de densidade), por eletroforese ou por "sedimentação molecular". ,

Outro método consiste em solubilizar as proteínas (o subfraccionamento pode preceder a solubilização). Nem todas as enzimas são capazes de existir num estado solubilizado isolado do seu ambiente celular normal; por conseguinte, o sucesso da purificação de tais compostos depende da medida em que os fragmentos de partículas que contêm a enzima podem ser separados de outro material particulado.

As proteínas ligadas a partículas podem ser solubilizadas por várias p$_{(U)ções·?}$o

Muitas proteínas solubilizadas comportam-se subsequentemente como todas as proteínas solúveis em água e podem ser fraccionadas utilizando os procedimentos descritos nas Secções. 3-5. Por outro lado, é por vezes necessário solubilizar uma substância utilizando detergentes. Neste caso, o detergente ligado à proteína substitui a membrana lipídica. Se o detergente for posteriormente removido, a proteína pode desnaturar, agregar-se e sair da solução.

A maior parte das proteínas e enzimas ligadas à membrana estudadas em pormenor pertencem à primeira categoria: podem ser isoladas por métodos físicos, químicos ou enzimáticos; a solução resultante é posteriormente fraccionada da forma habitual. Muitas destas enzimas encontram-se nas mitocôndrias, incluindo as associadas ao sistema de transferência de electrões. São isoladas por métodos como:

1) rutura mitocondrial para isolamento das proteínas da matriz, seguida de separação das proteínas de membrana dos fragmentos mitocondriais por meio de: a) ultra-sons, nomeadamente a pH e temperatura elevados b) álcali (pH 8-11) na presença ou ausência de agentes quelantes de metais (EDTA); c) solubilização por detergentes; d) solventes orgânicos (por exemplo, acetona em pó, extração com n-butanol, etanol, etc.); e) fosfato (por exemplo, acetona em pó, extração com n-butanol, etanol, etc.). etc.); e) fosfolipase A para a clivagem dos lípidos da membrana;

2) extração de lípidos e produção de pó de acetona. A suspensão de partículas é tratada com vários volumes de acetona a uma temperatura muito baixa (por exemplo, -20 C ou inferior). O pó desidratado assim obtido pode ser armazenado durante muito tempo. As proteínas são dissolvidas por dispersão numa solução tampão aquosa. Trata-se de um método clássico que continua a ser utilizado atualmente.

A maioria das proteínas ligadas à membrana pode ser extraída das membranas na presença de detergentes, que incluem cadeias lipofílicas que interagem com as partes superiores hidrofóbicas da proteína e a deslocam do complexo com a membrana normal. Os detergentes mais utilizados são o desoxicolato de sódio e o Triton. Triton é o nome comercial de toda uma série de detergentes, na sua maioria não iónicos, à base de polietilenoglicol. O Triton X-100 é mais frequentemente utilizado para uma variedade de fins, embora outros tipos de detergentes tenham alguma utilidade. Os detergentes são capazes de deslocar as proteínas que estão firmemente ligadas à membrana por interações hidrofóbicas, dissolvendo, em primeiro lugar, a membrana e, em segundo lugar, substituindo os componentes da membrana por cadeias alifáticas ou aromáticas que formam a parte lipofílica do detergente.

Se a proteína for solubilizada e a sua integridade for considerada intacta, pode ser efectuado o fracionamento. Na maioria dos casos, isto não constitui um problema. A atividade biológica da proteína deve ser preservada; isto depende da escolha de um detergente adequado. Os detergentes não iónicos, como o Triton X-100, são muito suaves na sua ação e a maioria das proteínas, tanto ligadas à membrana como livres, podem tolerar concentrações de Triton X-100 tão baixas como 1-3 % (w/w). Em contrapartida, alguns detergentes aniónicos (por exemplo, o sulfato de dodecilo) têm, para além das propriedades solubilizantes, uma ação desnaturante muito forte. Não são susceptíveis de serem amplamente utilizados no isolamento de enzimas.

As lipoproteínas contêm lípidos ligados de forma covalente ou não covalente, que, por sua vez, estão incorporados na membrana e servem de ligação entre a proteína e a partícula. A extração na presença de um detergente pode resultar na remoção do lípido e na sua substituição pelo detergente. Isto pode causar a perda da atividade enzimática, que é restaurada pela adição de um lípido natural, geralmente fosfatido. Estas proteínas são particularmente difíceis de trabalhar, pois são muito sensíveis à relação entre o detergente e o lípido em solução. A remoção do detergente conduz invariavelmente à agregação e, mais frequentemente, à desiaturação.

O excesso de detergente pode interferir com o fracionamento. Por exemplo, a salga com sulfato de amónio leva ao aparecimento de uma camada de Triton X-100 na superfície da solução, que frequentemente contém as proteínas desejadas. No entanto, não ocorre uma separação efectiva. É possível efetuar a cromatografia em coluna ou separar as proteínas por filtração em gel, mas é possível que as micelas de detergente se desloquem na mesma zona que a proteína e, por conseguinte, acabem na mesma fração. A cromatografia de permuta iónica foi realizada com êxito na presença de detergentes não iónicos. De facto, o Triton X-100, numa concentração até 1%, tem um efeito negligenciável nas propriedades de permuta iónica das proteínas normais solúveis em água. Mas as proteínas de membrana solubilizadas só podem estar na composição de micelas de detergente, o que afecta significativamente o processo de permuta iónica. Se a proteína em estudo puder ser adsorvida no permutador de iões, o excesso de detergente passa livremente através da coluna, o que permite a eluição da proteína livre (quase) do detergente. Por outro lado, se a remoção completa do detergente resultar na "desnaturação da proteína, é adicionada uma pequena quantidade de detergente (< 0,1 %) ao tampão para o evitar. A fração recolhida conterá também, naturalmente, algum detergente. No entanto, uma vez que uma determinada enzima é normalmente isolada da mistura de proteínas, a presença de uma pequena concentração de detergente puro, não contaminado por gordura, na preparação final não causará grandes danos.

As proteínas ligadas à membrana diferem em solubilidade das típicas enzimas citoplasmáticas éticas, e alguns métodos invulgares encontrados empiricamente são por vezes utilizados (e com bastante sucesso) para as purificar.

6.7. Biotecnologia da produção de interferão

Em 1957, E. Isaacs e A. Lindeman descobriram que as células dos animais infectados com vírus segregam na esfera um fator capaz de provocar a resistência à infeção viral nas células hentáceas (não tratadas com vírus). Este fator foi designado por *interferão.*

O interferão é uma proteína ou glncoproteína com 146-166 resíduos de aminoácidos. O peso molecular é de 20-80 kDa.

Efeitos do interferão:

1) tem ação *antiviral* - estimula a formação de interleucina-2, aumenta a síntese de enzimas (as endonucleases são capazes de "cortar" as moléculas de ácido nucleico dos vírus ao nível da tradução);

2) provoca a *inibição do crescimento celular* (utilizado como *agente antitumoral*), é capaz de suprimir a divisão das células oncogénicas, mantendo a função de ativação de todas as partes do sistema imunitário;

3) tem um *efeito estimulante sobre a fagocitose,* as células *assassinas* naturais *e os macrófagos; aumenta a resistência celular não específica;*

4) tem *atividade antimicrobiana;*

5) tem um efeito radioprotector, -

6) é um *imunomodulador,* ou seja, regula as reacções imunológicas e estimula o sistema imunitário do organismo.

O interferão é produzido pelas células dos vertebrados.

Os produtores de interferão mais activos são os *linfócitos* e *os macrófagos*

Os *indutores* mais activos, *entre os vírus, são o* vírus da doença de Newcastle, o vírus Sendai e o vírus da peste suína.

Classes de interferão:

D) leucocitária, ou "*-IFN,* é obtida a partir de uma cultura de leucócitos isolados do sangue de dadores. Existem 20 variantes recombinantes que diferem na sequência de aminoácidos da cadeia polipeptídica e na sua atividade biológica;

2) *O fibroblasto,* ou *ß-IFN, é* isolado de uma cultura de fibroblasto;

3) *imune*, ou *u-IFN*, sintetizada por *linfócitos T* sensibilizados após contacto repetido com mutagénios, bem como com antigénios bacterianos e virais (AG).

As três classes de interferões têm propriedades físico-químicas diferentes e diferem serologicamente.

Existem os seguintes tipos de interferonização:

- *exógena* - introdução de interferão pronto no organismo, utilização de pomadas contendo interferão;
- *endógeno* - introdução de indutores de interferão no organismo, que estimulam o processo de formação de interferão.

Os indutores mais activos do interferão são *os ARN de cadeia dupla sintéticos e naturais.*

O mecanismo de ação dos indutores.gRA é o seguinte:

- estimulam a fagocitose e a biossíntese de anticorpos;
- inibem o crescimento tumoral e as metástases;
- têm atividade anti-celular;
- têm um efeito radioprotector;

- aumentam a sensibilidade das células à ação do interferão;
- estão envolvidos na regulação da biossíntese de proteínas na célula.

Biotecnologia passo a passo para a produção de GRA:

. isolamento do ARN informativo (ARNn), que contém informações sobre a estrutura da molécula de interferão (o ARN é isolado após a indução da síntese de interferão);

. produção de ADN complementar (cDNA) em matrixiRNA;

- Inserção do cDNA no plasmídeo vetor utilizando enzimas de restrição e ligases e produção de ADN recombinante (rDNA) contendo ADN vetorial com marcadores genéticos e ADN que codifica a síntese do produto-alvo;
- transformação do rDNA num micróbio recetor (permissivo) NuYuCellCu;
- obtenção de clones de produtores recombinantes capazes de sintetizar interferão (em meio nutritivo denso);
- propagação de uma cultura clonal - produtor em meio nutritivo líquido;
- separação das células do líquido de cultura por centrifugação ,
- isolamento das proteínas-alvo da solução nativa ou do lisado da biomassa do produtor, por exemplo, por precipitação com sulfato de amónio;

. purificação. do interferão após dissolução do precipitado por cromatografia de afinidade utilizando um sorvente ligado a anticorpos monoclonais de interferão.

Quando uma solução contendo o produto-alvo e substâncias de lastro é passada através de uma coluna com um imunossorvente, ocorre uma ligação altamente específica do antigénio (interferão). O interferão é então eluído com um ácido fraco e o complexo antigénio-anticorpo dissocia-se.

Para obter o interferão de bomctleucócitos, são necessários 100 litros de sangue ou 1 litro de fluido de cultura do microrganismo recombinante.

Existem outras formas de produzir interferão:

- com base em *ADN recombinantes modificados* expressos em células *E. coli* (ß-, α-IFN);
- na *síntese química de* ß- e "-interferão;
- ao *introduzir numa célula eucariótica de levedura um vetor com base no qual foi concebida uma molécula de ADN recombinante com iões* ß e ".interferão;
- *utilizando anticorpos monoclonais* para o IFN correspondente.

De acordo com a natureza da ação e o significado clínico, os medicamentos IFN dividem-se em quatro grupos principais;

- *etiotrópica,* actuando sobre o agente causador da doença;
- *imunomoduladores,* que corrigem as perturbações do sistema imunitário que surgem e se desenvolvem no decurso da doença;
- *patogénico,* destinado a combater a intoxicação, a desidratação, as lesões vasculares, as perturbações dos órgãos, as reacções alérgicas, bem como a prevenção das complicações bacterianas;
- *sintomático,* tratando os sintomas associados à doença (dores de cabeça, insónias, tosse, etc.).

As ferramentas antivírus estão divididas em quatro grupos:

- medicamentos de quimioterapia;
- interferões;
- Indutores de IFN;

-imunomoduladores.

Os agentes quimiopreventivos são principalmente agentes etiotrópicos. Os interferões (INF) e os seus indutores têm um efeito combinado (etiotrópico e imunomodulador). Os imunomoduladores são utilizados para a imunoterapia e a imunocorrecção.

Benefícios da utilização do interferão:

- Amplo espetro de ação, o que é muito importante no tratamento da enterite pneumónica viral dos animais jovens;

- o efeito do interferão deve-se à ativação dos mecanismos naturais de defesa do organismo nas fases iniciais do processo infecioso;
- o efeito aparece imediatamente após a administração do medicamento.

A utilização de interferão tem uma *série de desvantagens*

- curto período de retenção no organismo (até 12 h);
- o medicamento é principalmente utilizado por via parentérica;
- 2-3 dias após a utilização do interferão, observa-se uma diminuição das funções protectoras do sistema imunitário, o que pode levar a uma rápida multiplicação da microflora oportunista no organismo;
- são possíveis reacções alérgicas em caso de utilização prolongada.

6.8. Biotecnologia para a produção de interleucinas

As interleucinas (IL) são substâncias de natureza proteica ou glicoproteica sintetizadas principalmente por células imunocompetentes.

Atualmente, foram isoladas e caracterizadas 15 interleucinas.

As interleucinas que desempenham um papel essencial nas interações cooperativas das células imunocompetentes durante o desenvolvimento da resposta imunitária incluem a IL1, IL2, IL4, IL5 e IL6.

A IL 1 é uma citocina segregada pelos macrófagos que estimula as funções dos linfócitos T e B. A IL 1 ativa as células T-helper que sintetizam *IL 2,* bem como os linfócitos B que se transformam em plasmócitos - células produtoras de anticorpos. Medeia a interação de diferentes mecanismos de defesa ao nível do organismo.

A IL 3, uma citocina sintetizada pelos linfócitos T, estimula os linfócitos B na resposta imunitária humoral e a maturação dos efectores T na resposta imunitária celular. A IL 3 é um fator-chave no desenvolvimento da resposta imunitária.

A IL 4 é um fator de estimulação das células B e de parte dos linfócitos T. Regula as reacções alérgicas do organismo. Com a ajuda da IL 4, as células T-helper influenciam a produção de imunoglobulina E (Ig E) no processo de desenvolvimento da resposta imunitária. Os principais produtores de IL 4 são os linfócitos T normais e os hibridomas de células T.

A IL 5 é uma citocina multifuncional que ativa os linfócitos T e B e os eosinófilos, um produto dos linfócitos T activados.

A IL_ é uma das primeiras citocinas produzidas pelas células mioquimáticas (fator de crescimento de hibridoma/plasmócitos, fator de ativação dos linfócitos T); está envolvida na regulação das funções dos linfócitos e tem um efeito antiviral.

As interleucinas são utilizadas como *produtores de interleucinas*:

- culturas de linfócitos ou macrófagos normais;

. clones de células transformadas (tumorais);

- Os hibridomas de células T são produtos da hibridação de linfócitos tumorais capazes de crescimento normal e de células T que sintetizam uma IL específica;
- células microbianas recombinantes obtidas por métodos de engenharia genética.

Os produtores são cultivados em *vUro* em recipientes de um determinado volume, depois os IL são isolados do meio de cultura, concentrados e purificados.

Para aumentar a produção de IL, as culturas celulares são estimuladas com mitogénios (substâncias que induzem a divisão celular mitótica). As proteínas vegetais globulares (fitohemaglutinina, etc.), bem como o componente da parede celular bacteriana, o dipeptídeo muramílico, são utilizados como mitogénios.

Criar microrganismos produtores de IL recombinante:

- Os genes que controlam a sua síntese são inseridos na célula microbiana como parte do vetor;
- estão a multiplicar um clone de recombinantes;

. cultivar o progenitor resultante a fim de acumular ILs.

As células *E. coli* (IL1, IL 2) e *as leveduras-saccharomycetes* (IL. 2) são utilizadas como organismos recombinantes, sendo as leveduras mais convenientes, uma vez que as células *E. coli* acumulam IL intracelularmente, enquanto as leveduras a libertam no ambiente, pelo que o produto resultante é mais facilmente separado das células e purificado.

Capítulo 7

PRODUÇÃO DE AMINOÁCIDOS

Na indústria, os aminoácidos são produzidos pelos seguintes métodos:

. por hidrólise de matérias-primas naturais que contêm proteínas;

. por síntese química;

. por síntese microbiológica,

- biotransformação de precursores de aminoácidos por meio de microrganismos ou de enzimas deles isoladas (método quimio-micro-biológico).

Para a hidrólise podem ser utilizados resíduos da indústria de transformação de carne (produtos residuais da transformação de matérias-primas animais, sangue, etc.), clara de ovo, caseína do leite, glúten de trigo, farinha de soja, etc. Durante a hidrólise, as matérias-primas que contêm proteínas são aquecidas com soluções de ácidos e álcalis a uma temperatura de 100...105 ^{O}C durante 20-48 horas. Neste caso, os aminoácidos são transferidos para o hidrolisado e é necessária uma purificação complexa, em várias fases, para isolar os aminoácidos individuais. Além disso, a matéria-prima em si é considerada escassa e dispendiosa, pelo que os aminoácidos têm um custo de produção elevado. Além disso, alguns aminoácidos, como o triptofano, a cisteína, a metionina e a tirosina, podem ser destruídos e pode ocorrer racemização.

A síntese química de aminoácidos é bastante eficiente, mas tem a desvantagem de, durante o processo de síntese, se formar uma *forma L* biologicamente ativa e um *isómero D de* um aminoácido. *A* forma D é um lastro, uma vez que não é digerida por animais e seres humanos, e algumas *formas D* de aminoácidos têm propriedades tóxicas. A separação dos isómeros é um processo dispendioso e moroso. O aminoácido essencial metionina é produzido sinteticamente (Fig. 9).

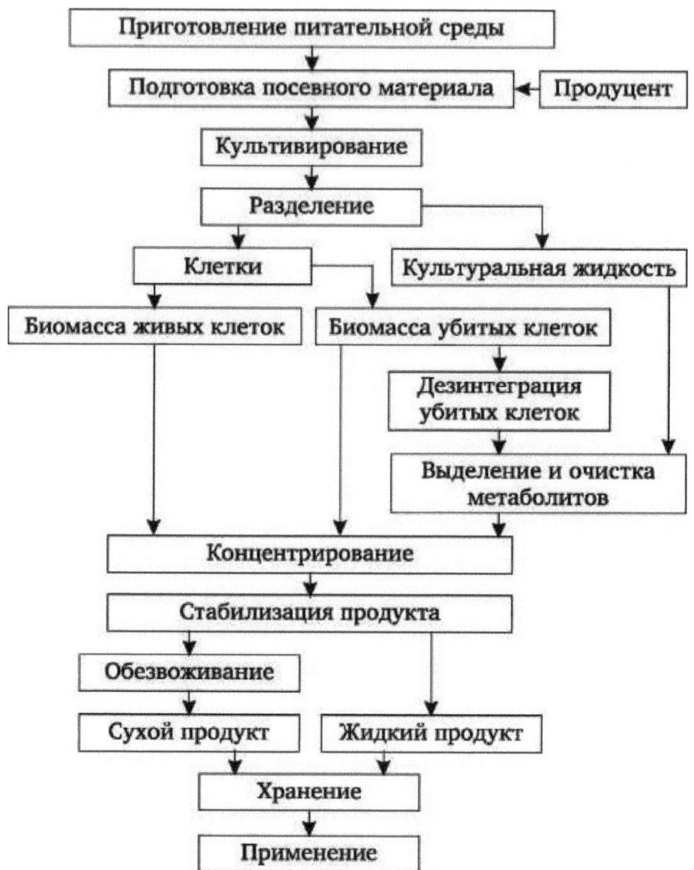

Fig. 9. Esquema biotecnológico principal da produção de produtos de síntese microbiana

A síntese microbiológica de aminoácidos é a mais promissora e economicamente favorável; este método permite obter preparações de aminoácidos de alta precisão. A sua vantagem é a possibilidade de obter *L-aminoácidos* a partir de matérias-primas renováveis.

Nos últimos anos, a biotransformação de precursores de aminoácidos sintetizados quimicamente utilizando células microbianas ou enzimas imobilizadas tem sido amplamente utilizada.

Entre os produtores de aminoácidos, são utilizadas leveduras (30%), actinomicetos (30%) e bactérias (20%).

Brevibactenum flavum e *Corynebactenum glutamicum* convertem mais de um terço dos açúcares em lisina.

Para a seleção dos produtores, são utilizados microrganismos pertencentes

aos géneros *Micrococcus, Brevibactenum, Corynebactenum e Arthrobacter.*
O ácido glutâmico é o primeiro aminoácido produzido por síntese microbiana. Pertence aos ácidos substituíveis, tem certas propriedades organolépticas e é muito utilizado. Os seus produtores são as bactérias *Connebactenum glutamicum, Brevibacterium flavurnum* .
A lisina é produzida por muitos microrganismos: bactérias, actinomicetos, algas azuis-verdes, algumas espécies de tribos microscópicas. As bactérias dos géneros *Connebactenum* (C. *glutamicum), Micrococcus, Brevibactenum* são utilizadas como produtoras de lisina no nosso país.
O triptofano é formado por microrganismos de origem bacteriana e fúngica: géneros *Micrococcus* sp., *Candida utilis, Bacillus subtilis.*
Os principais consumidores de aminoácidos são a agricultura e a indústria alimentar. Os aminoácidos, mais frequentemente a lisina, são utilizados como enriquecimento de rações e produtos alimentares de origem vegetal para aumentar o seu valor nutricional e equilibrar a alimentação em aminoácidos essenciais. Na produção de forragens mistas, uma tonelada de lisina permite poupar 40 a 50 toneladas de cereais forrageiros.
Alguns aminoácidos são utilizados como condimentos porque possuem certas propriedades aromatizantes e podem conferir um aroma e um sabor agradáveis aos alimentos. Por exemplo, o cns-lota glutâmico e o seu sal de sódio (glutamato monossódico) são intensificadores de sabor eficazes para pratos de carne e vegetais. Este aminoácido é adicionado a muitos alimentos durante o enlatamento, congelamento e armazenamento a longo prazo.
A cistina, a lisina e a histidina são utilizadas para melhorar as caraterísticas organolépticas dos produtos à base de carne, conferindo-lhes um sabor e um aroma específicos e agradáveis. A cisteína e a cistina com glutamato monossódico criam uma imitação do cheiro e do sabor da carne, que é utilizada na preparação de condimentos.
Muitos aminoácidos (lisina, alanina, prolina, valina e outros) podem aliviar os odores desagradáveis dos alimentos.
Os aminoácidos têm um sabor original e participam na formação das caraterísticas de sabor dos produtos alimentares. Por exemplo, os ácidos aspárico e glutâmico, sendo ácidos, em soluções neutras têm um sabor original muito agradável, a glicina tem um sabor caraterístico de doçura "refrescante", de intensidade intensa.
O edulcorante aspartame é particularmente interessante, cuja molécula é formada por dois aminoácidos, a fenilalanina e o ácido aspártico. Estes aminoácidos são sintetizados por via microbiológica e o aspartame é sintetizado a partir destes monómeros por enzimas. A doçura do aspartame é

200 vezes superior à da sacarose.

7.1. Biotecnologia da síntese e purificação de aminoácidos

Nos últimos anos, vários aminoácidos têm sido amplamente utilizados na agricultura e na medicina. Estes são particularmente importantes para equilibrar a nutrição proteica. Alguns géneros alimentícios e alimentos para animais não contêm as quantidades necessárias de aminoácidos essenciais, em especial de lisina. Estes produtos incluem o trigo, o milho, a aveia, o arroz e vários outros. Para eliminar o possível desequilíbrio, os aminoácidos são utilizados na forma pura ou introduzidos na composição de alimentos combinados produzidos pela indústria. Assim, a principal área de aplicação dos aminoácidos deve ser considerada a criação de dietas que permitam reduzir o teor de proteínas vegetais nos alimentos. Está demonstrado que as misturas artificiais de aminoácidos permitem poupar o consumo de forragens naturais. Para além dos aditivos para a alimentação animal agrícola, os aminoácidos são utilizados na indústria alimentar. São também utilizados no fabrico de uma série de materiais poliméricos, como o couro sintético, algumas fibras especiais e películas para embalagem de alimentos. Alguns aminoácidos ou os seus derivados têm ação pesticida A metionina e o ácido γ-aminobutírico são amplamente utilizados como medicamentos. A proporção de aminoácidos utilizados em diferentes sectores da economia pode ser ilustrada pelo exemplo do Japão, onde a indústria alimentar representa 65% de todos os aminoácidos produzidos no país, a pecuária - 18%, para fins médicos - 15% e outras necessidades - 2%.

A produção mundial de amnnoxlot atinge atualmente vários milhões de toneladas por ano. As maiores quantidades de ácido i-glutâmico, *L-lisina*, *DL-metionina*, ácido L-aspártico e glicina são produzidas no mundo. Os principais métodos de obtenção de aminoácidos são os seguintes: extração a partir de hidrolisados proteicos de matérias-primas vegetais, síntese química, síntese microbiológica por células em crescimento, utilizando células microbianas imobilizadas ou enzimas isoladas de microrganismos.

A síntese microbiológica é atualmente uma forma muito promissora e rentável de produzir muitos aminoácidos. No processo de cultivo de produtores de aminoácidos, *os L-aminoácidos* são sintetizados diretamente. Uma das tarefas importantes da síntese microbiológica de aminoácidos é a obtenção de estirpes de produtores altamente activos, em particular, utilizando métodos de engenharia genética. Uma estirpe *produtora de L-treonina* altamente ativa foi obtida por este método.

Para além da síntese microbiológica, os aminoácidos podem ser obtidos por hidrólise de matérias-primas naturais de origem animal e vegetal que contenham proteínas. Este é o método mais eficaz. A sua principal desvantagem é a utilização irracional de matérias-primas, que podem ser utilizadas com grande vantagem como alimentos proteicos e produtos de deslizamento. Por exemplo, nos países do Sudeste Asiático, o monoglutamato de sódio é obtido a partir de farinha de soja (farinha de soja desengordurada). Nos EUA, é descrito um método de obtenção de aminoácidos a partir do glúten de trigo e do glúten de milho, que permanece após a lavagem do amido. Podem também ser referidas outras proteínas, mas a sua utilização para a obtenção de aminoácidos é economicamente desfavorável.

A síntese química de aminoácidos é bastante eficiente, permite obter compostos de qualquer estrutura e organizar a produção contínua com elevada automatização. Utiliza principalmente matérias-primas não alimentares e atinge uma elevada concentração de produto. No entanto, em regra, este processo é multifásico e requer aparelhos complexos. A principal desvantagem da síntese química é a obtenção da forma racémica dos aminoácidos. Ainda não foram desenvolvidas formas suficientemente eficientes e baratas de separar os compostos em isómeros ópticos. A síntese química é utilizada para obter apenas lotes de tehamniokis, que podem ser utilizados como produtos racémicos. A química da *metionina ID*, cujo principal consumidor é a indústria avícola; *os isómeros L* e *D da* metionina são igualmente bem assimilados pelos organismos.

Nos últimos anos, os avanços na síntese assimétrica de aminoácidos permitiram evitar a separação ótica dos aminoácidos racémicos. A descoberta da hidrogenação catalítica homogénea de olefinas por complexos de ródio com ligandos fosfínicos e o desenvolvimento de métodos de síntese de fosfinas quirais permitiram uma nova abordagem deste problema. A utilização de complexos de ródio com fosfinas quirais como catalisadores homogéneos para a hidrogenação de ácidos N-acilaminoacrílicos permitiu a síntese assimétrica de α-aminoácidos com um elevado grau de estereoespecificidade e bons rendimentos.

A utilização de aminoácidos obtidos por síntese química na alimentação humana e animal e para fins medicinais coloca mais um problema tecnológico essencial - a libertação completa do produto acabado de eventuais produtos intermédios tóxicos da síntese.

Desde 2000, o método combinado de síntese química-mn-biológica, no qual o composto inicial é obtido como resultado de reacções químicas e a fase inicial é realizada devido à atividade dos sistemas enzimáticos das estirpes de microrganismos correspondentes, assumiu uma posição forte.

O método microbiológico de síntese de aminoácidos baseia-se na capacidade de muitos microrganismos acumularem quantidades significativas desses produtos no meio. Entre os microrganismos que são potenciais produtores de ácido glutâmico, foram encontradas muitas bactérias, várias leveduras e outros fungos. A maioria das estirpes microbianas examinadas, independentemente da sua posição sistemática, acumulam principalmente α-alanni e ácido glutâmico. Um número significativamente menor de estirpes e em quantidades menores excretam ácido aspártico, leucina, valina, isoleucina e lisina. Não existe uma correlação rigorosa entre as espécies de microrganismos e a sua capacidade de acumular aminoácidos.

Apesar da ampla distribuição de microrganismos que acumulam aminoácidos no processo de crescimento, não existem muitos produtores que forneçam rendimentos economicamente favoráveis destes produtos. Estes são geralmente obtidos através da aplicação de vários factores mutagénicos. O produtor deve acumular predominantemente um aminoácido. A presença simultânea de vários aminoácidos, especialmente se as suas propriedades físicas e químicas forem próximas, dificulta o seu isolamento e purificação.

Os mutantes auxotróficos de microrganismos, privados de um certo número de sistemas enzimáticos em consequência de mutagénicos, são reconhecidos como os produtores mais valiosos. Nestes mutantes, o bloqueio das reacções correspondentes na cadeia metabólica conduz à supersíntese de um dos metabolitos.

Os produtores comuns de aminoácidos são bactérias gram-positivas sem esporos pertencentes aos géneros *Corynebactenum, Micrococcus, Arthrobacter,* Brevibacterium e alguns outros, mas é difícil determinar a posição taxonómica exacta da maioria deles, uma vez que a informação contida nas publicações é obviamente insuficiente para este fim.

Uma das posições científicas mais importantes da síntese microbiológica de aminoácidos é a questão da sua origem: os aminoácidos presentes no meio são produtos da degradação enzimática das proteínas, como resultado de um processo autolítico, ou são o resultado da síntese a partir de outros compostos? Quando se utilizam meios sintéticos para a cultura de produtores, foi demonstrado de forma inequívoca que os aminoácidos presentes no meio são produtos de síntese de novo.

As reacções enzimáticas da síntese de aminoácidos têm lugar no interior das células. Inicialmente, os aminoácidos acumulam-se no interior das células sob a forma dos chamados aminoácidos livres. Nas primeiras fases de crescimento da cultura, os aminoácidos livres são incorporados no metabolismo construtivo do microrganismo. A acumulação ativa de aminoácidos no meio de uma cultura periódica ocorre geralmente a partir do meio da fase exponencial do seu crescimento, atingindo um máximo no final.

7.2. Produção de aminoácidos utilizando células e enzimas imobilizadas

Desde o ano 2000, os investigadores têm vindo a interessar-se pelos métodos de produção de aminoácidos por meio de enzimas imobilizadas, que apresentam várias vantagens: o produto final é altamente concentrado e puro, não há perigo de contaminação por microrganismos estranhos durante a reação, apenas se formam isómeros naturais como resultado da síntese e podem ser realizados processos tecnológicos contínuos.

Microorganismos. -são as principais fontes de enzimas convertidas para a forma imobilizada. Embora as enzimas imobilizadas sejam sempre mais caras do que as enzimas solúveis, justificam-se economicamente se for satisfeita pelo menos uma das seguintes condições: aumento da estabilidade da enzima, garantindo a sua utilização repetida e reduzindo assim o custo da preparação; melhoria da qualidade do produto devido à ausência de vestígios de enzima no produto; prevenção de reacções secundárias indesejáveis.

Entre os métodos de produção de aminoácidos já enumerados, pode referir-se a conversão de DL-α-amino-e-caprolactama em lisina. As enzimas envolvidas nas reacções de hidrólise e racemização podem ser imobilizadas em polissacáridos de permuta iónica por ligação covalente. Uma das principais dificuldades tecnológicas na realização de reacções enzimáticas em transportadores é a possibilidade de regeneração dos cofactores (se a reação os envolver).

O método enzimático para a produção de ácido aspárico a partir do ácido fumárico e do amónio está muito difundido devido à estnaspartase ativa que catalisa esta reação.

Uma vez que a aspartase encapsulada num gel de meia-nacrilamida perde a sua atividade inicial com relativa rapidez, as células microbianas que possuem atividade de aspartase são imobilizadas. Algumas estirpes de *Escherichia coli*, cujas células são fixadas num gel de poliacrilamida, revelaram-se boas produtoras de aspartase. Em condições óptimas, o rendimento de ácido aspártico por este método atinge 12-16 mil μM/h - g de células secas. Foi observado um aumento significativo na atividade da aspartase *das* células *E. coli* após a sua imobilização.

São também utilizados métodos enzimáticos na síntese de L-alanina por descarboxilação do ácido *L-aspártico* utilizando *Pseudomonas dacunhae.*

7.3. Produção de isómeros ópticos de aminoácidos por

acilases microbianas

Uma forma de separar os aminoácidos racematos em *isómeros L* e *D é* através de uma via enzimática que utiliza microrganismos com atividade específica *de L-acilase.* As acilases quebram a ligação peptídica de derivados acílicos de aminoácidos ou péptidos, resultando na formação dos correspondentes aminoácidos e péptidos livres, bem como de um ácido orgânico.

Ao cultivar microrganismos que contêm acilases, devem ser observadas várias condições. Em particular, é necessário introduzir no meio substâncias de natureza próxima do substrato de ação da acilase, por exemplo, no caso da conversão da *DL-lisina - ε-acetil-L-lisina.* As acilases dos fungos estão localizadas no interior das células, pelo que as suas células devem ser previamente desintegradas, por exemplo, por ultra-sons. A utilização de acilases microbianas para a hidrólise de derivados acílicos de aminoácidos baseia-se na especificidade da sua ação em relação à configuração ótica e à estrutura do substrato. Dependendo da natureza da desacetilação assimétrica do substrato, distinguem-se *as L-acilases* e *as D-acilases*, sendo as *L-acilases* as mais comuns nos microrganismos. De acordo com a natureza do radical acilo a ser clivado, distinguem-se os derivados de acetilo, benzoílo, cloroacetilo, succinilo e outros aminoácidos. Uma vez que as acetil- e beisoilacilases são as mais comuns, são estes derivados de aminoácidos que são preferencialmente utilizados nas reacções. A especificidade da acilase para um resíduo de aminoácido deve ser tida em conta. Estas caraterísticas das acilases permitem a sua utilização para o isolamento do aminoácido pretendido a partir de misturas de derivados amino-hiacílicos.

O restante racemato de acilo e o *acil-D-aminoácido* são facilmente separados do aminoácido opticamente ativo devido a diferenças nas propriedades físico-químicas, como a solubilidade em solventes orgânicos e em água e a capacidade de sorver iões. A utilização de *isómeros D é* teoricamente possível se forem utilizadas racemases ou métodos químicos. Por exemplo, alguns N-acetil-D-aminoácidos podem ser facilmente convertidos em N-acetil-I-aminoácidos por aquecimento na presença de anidrido acético. O processo de racemização pode também ser efectuado através da utilização de enzimas imobilizadas.

Capítulo 8

PRODUÇÃO DE ANTI-SORO IMUNE

A imunogenicidade de um antigénio é a capacidade do antigénio para induzir a formação de anticorpos no corpo de um animal imunizado.

A imunogenicidade das substâncias deve-se a uma série de factores:

1) peso molecular: quanto maior for o peso molecular, maior será a imunogenicidade. *As ligações cruzadas dos biopolímeros entre si e outras proteínas aumentam a imunogenicidade:*

- à medida que o peso molecular do antigénio aumenta, o seu tempo de permanência no organismo aumenta;
- A capacidade dos antigénios de elevado peso molecular para interagir com os macrófagos aumenta significativamente;

. no antigénio aumenta tanto o número total de determinantes antigénicos como a sua diversidade, o que aumenta a eficiência da interação do antigénio com os linfócitos B e T;

2) a densidade, a localização e o número de determinantes antigénicos na superfície dos antigénios: à medida que estes parâmetros aumentam, a imunogenicidade aumenta inicialmente e depois começa a diminuir (por exemplo, dos conjugados que contêm 3, 16 e 28 grupos por molécula de albumina bovina, o conjugado que contém 16 moléculas de hapteno tem a antigenicidade máxima). Apenas os linfócitos B participam na resposta imunitária contra antigénios que têm determinantes antigénicos repetidos; estes antigénios são designados antigénios *independentes;*

3) estranheza do imunogénio: quanto mais o antigénio diferir na sua estrutura do antigénio homólogo do animal imunizado, maior será a sua imunogenicidade (*estranheza genética do antigénio*). Quanto menos estranho for o antigénio, maior será o número de animais a imunizar. Uma mistura de anti-soros contra um determinado antigénio de diferentes animais do mesmo grupo é designada por *pool.* Entre os animais de laboratório, os coelhos, as cobaias ou os ratos são os mais frequentemente utilizados para a imunização, dependendo da quantidade de antigénio disponível, da disponibilidade do animal, etc. É mais conveniente imunizar os machos, uma vez que a sua resposta imunogénica é menos afetada pelos ciclos hormonais. As galinhas, nas quais os anticorpos são acumulados nos ovos, demonstraram ser eficazes na produção de anticorpos contra os vírus. Obtêm-se grandes volumes de antissoro através da imunização de animais de grande porte: cabras, carneiros, burros, cavalos;

4) homogeneidade do antigénio (as impurezas do antigénio estranho podem ser mais imunogénicas do que o antigénio principal), uma vez que esta

propriedade é de grande importância para a produção de anti-soros específicos;

5) A extensão da resposta imunitária depende da quantidade de antigénio administrado. Em certas concentrações de antigénio, tanto altas como baixas, há uma inibição da resposta imunitária humoral, chamada tolerância, que é a razão para a escolha da *dose.* A dose de imunogénio para uma injeção única num coelho ou numa cobaia é, em média, de 100-300 μg por 2 kgm.

A dose para ovinos é de 0,25-5 mg de imunogénio por injeção, para burros 0,5-10 mg;

6) o método e a frequência de administração do antigénio, que afectam a atividade imunológica do antissoro (a resposta imunitária forma-se gradualmente no organismo - resposta primária e resposta secundária). Normalmente, os anti-soros altamente activos são obtidos após vários ciclos de imunização. No entanto, imunizações muito longas podem levar a uma diminuição da especificidade devido a um aumento do título de impureza anti-telk mantigeiame

Os adjuvantes são compostos que, quando administrados ao organismo, provocam um reforço não específico da resposta imunitária, aumentando assim a capacidade do organismo para responder a qualquer imunogénio. As propriedades adjuvantes incluem *óleos, lipossomas, células bacterianas, polímeros* e outros. Os adjuvantes introduzidos no organismo juntamente com um imunogénio desempenham duas funções. Em primeiro lugar, promovem uma libertação mais lenta do imunogénio a partir dos locais de injeção, o que resulta numa maior probabilidade de o imunogénio ser encontrado por células simuno-competentes, bem como numa diminuição acentuada da sua toxicidade. Em segundo lugar, os adjuvantes provocam uma inflamação grave no local de injeção do imunogénio, activando a fagocitose e estimulando a circulação local de linfócitos, bem como a estimulação não específica do sistema imunitário

células imunocompetentes (para aumentar a estimulação imunitária não específica, os adjuvantes incluem adicionalmente uma preparação bacteriana).

História dos adjuvantes. Em 1916, Le Monge publicou provas de que as emulsões de óleo mineral podem melhorar a resposta imunitária ao antigénio (AG)

O termo "AD imunológico" foi utilizado pela primeira vez na década de 1920 por G. Raymond para descrever uma substância que, quando administrada em combinação com um AG específico, produzia uma resposta imunitária mais pronunciada do que o AG puro.

A atividade adjuvante dos compostos de alumínio foi demonstrada pela primeira vez em 1926 com a anatoxina da difteria adsorvida em hidróxido de alumínio, o que permitiu uma redução significativa das doses de antigénio durante a imunização, aumentando assim a segurança. Desde então, o hidróxido de alumínio ou o fosfato de alumínio têm sido amplamente utilizados no desenvolvimento de anti-soros e vacinas para imunização humana.

A preparação *adjuvante completa de Freund* é atualmente muito utilizada para fins de imunização e inclui:

- uma mistura de óleos minerais;

. emulsionante;

-micobactérias mortas

A preparação do adjuvante pode ser preparada no laboratório (por mistura).

. trnpartículas e óleo mineral;

. uma parte de lanolina anidra;

- tampão fosfato O,15MK de quatro partes;
- preparação de micobactérias para uma concentração final de 10 mg/ml, de modo a que as partículas de micobactérias se distribuam uniformemente pelo volume.

A AD é misturada com uma solução aquosa de imunogénio na proporção de 2:1 para formar uma emulsão não dispersível na qual a solução aquosa de imunogénio se encontra em micelas.

A utilização de adjuvantes na imunização;

- reduz a possibilidade de tolerância; _
- permite alargar a gama de imunogénio administrado de 50 a 200 MCG por injeção.

É frequente a formação de granulomas após a administração do adjuvante. Em caso de deterioração, deve saltar-se a injeção seguinte e só se deve continuar a imunização depois de o animal ter recuperado.

8.1. Métodos de imunização

É mais eficaz injetar o imunogénio em pequenas porções num grande número de pontos.

Injeção intradérmica. São feitos vários arranhões com um bisturi na pele do animal limpa de pêlos e, em seguida, o imunogénio solúvel é esfregado nesta área.

A vantagem deste método é que se observa uma resposta imunitária elevada após uma única injeção, o que resulta numa redução significativa do consumo de imunogénio, e a desvantagem é a execução trabalhosa e as fortes sensações dolorosas no animal devido às extensas áreas de ulceração nos locais de injeção do imunogénio.

Imunização subcutânea. São injectadas 5-6 porções de aproximadamente 2 ml de solução imunogénica em pontos ao longo da coluna vertebral do animal

Injeção intramuscular. Ao mesmo tempo, uma parte do imunogénio é injectada no músculo das patas traseiras do animal em pequenas porções.

Administração intraperitoneal. Este método é utilizado para a imunização de pequenos animais de laboratório, como ratos ou porquinhos-da-índia.

Injeção direta de imunogénio nos gânglios linfáticos. O imunogénio é injetado nos gânglios linfáticos localizados na fossa isquiática das patas traseiras do coelho. Assim, a quantidade de imunogénio é reduzida para 10-50 μg e o volume da solução injectada para 25 μl. O método é tecnicamente complicado (incisão na pele, procura do gânglio linfático e injeção do imunogénio sem o danificar).

Injeção intravenosa. Normalmente utilizada para injecções repetidas seguidas de colheita de sangue do animal. A solução de imunogénio é injectada diretamente na corrente sanguínea. O adjuvante não é utilizado neste método de administração de antigénio, uma vez que o animal pode morrer.

Injeção de imunogénio nas almofadas ou na conjuntiva do olho. A imunização é iniciada com o imunogénio misturado com adjuvante completo de Freund e o adjuvante parcial de Freund é utilizado para injecções repetidas. Antes da colheita de sangue, são administradas 1-3 injecções intravenosas com 7-9 dias de antecedência para aumentar os níveis de anticorpos. Provoca dores fortes no animal.

Durante a imunização, são colhidas pequenas amostras de sangue dos animais para avaliar a quantidade de anticorpos.

O nível máximo de resposta imunitária à administração de um grande número de antigénios solúveis é atingido 40-60 dias após a primeira injeção.

Quando o imunogénio são células microbianas, os níveis mais elevados possíveis de anticorpos são observados mais cedo.

Após o final do primeiro ciclo de imunização, o animal é deixado a recuperar durante 30 dias e reimunizado (1-3 injecções intravenosas).

8.2. Produção de antissoro de cobaia para insulina porcina

As injecções multiponto de insulina por via subcutânea, intramuscular e intraperitoneal são realizadas de acordo com o seguinte esquema.

1)1, 8, 15 dias - 200 mcg de insulina em 0,5 ml de solução fisiológica misturada com 0,5 ml de adjuvante completo de Freund e administrada ao animal, seguida de 30 dias de repouso;

2) Dia 45, 46, 47 - 150 mcg de insulina em 0,7 ml de solução fisiológica;)

3) A colheita de sangue é efectuada após 7-9 dias a partir do coração.

O segundo ciclo de imunização é efectuado após 30 dias de repouso dos animais, de acordo com os esquemas45, 46 e 47 dias.

Para obter anti-soros com títulos satisfatórios para o ensaio de imunoabsorção enzimática (ELISA), são frequentemente necessários ciclos de imunização 4 a 5 vezes repetidos.

A colheita de sangue é efectuada de cada vez nos dias 7-9 após a última injeção.

Imunização de coelhos com conjugado de tiroxina com albumina de soro bovino (BSA). As injecções multiponto são efectuadas ao longo da coluna vertebral e por via intramuscular na zona dos micro-nódulos das patas traseiras, de acordo com o seguinte esquema:

D.l- dia- 1-2 mg de conjugado T4-BSA em 0,7 ml de solução fisiológica são misturados com 0,7 ml de adjuvante de Freund e a emulsão resultante é administrada ao animal;

4) 31, 32, 33° ou 45, 46, 47° dias - administrar por via intravenosa 0,7-1 ml de solução fisiológica contendo 1-2 mg de T4-BSA.

É colhido sangue do coração nos dias 7-9 após a última injeção.

Após um mês, o ciclo de imunização intravenosa é repetido.

Recolha de sangue e produção de antissoro. O animal imunizado é utilizado como dador de soro imune durante 5-7 meses (5-6 ciclos de imunização).

Os animais que foram submetidos a vários ciclos de imunização são designados por hipoimunizados.

O sangue é retirado da veia auricular, do coração (por punção cardíaca), num volume de 50-70 ml num coelho e de 5-10 ml numa cobaia, para tubos estéreis lavados com solução tampão estéril.

O sangue desprovido de elementos celulares é designado por *plasma.* Contém fibrinogénio, o que resulta na formação de um *coágulo de fibrina* em todo o tubo, que é cuidadosamente removido por centrifugação a 1000-2000 rpm durante 15 minutos. O plasma desprovido de fibrina é designado por *soro.*

Para remover as proteínas do sistema de complemento, o soro é aquecido durante 30 minutos a 56 °C’ período durante o qual os anticorpos permanecem activos.

O processamento do sangue e a obtenção do soro devem ser efectuados com o máximo cuidado, evitando a destruição dos eritrócitos.

A presença de proteínas e enzimas intracelulares no soro pode resultar em antecedentes adicionais em algumas modificações do imunoensaio.

8.3. Armazenamento do antissoro

O soro imune nativo pode ser armazenado durante 3-6 meses sem perda de atividade imunológica num estado congelado a -20 °C, previamente enchido em frascos de 0,5-1 ml. A congelação/congelação conduz a uma diminuição da atividade imunológica do soro.

O antissoro é convenientemente armazenado liofilizado em ampolas sob vácuo. Na forma seca, mantém a sua atividade imunológica à temperatura ambiente durante 1-2 anos.

O soro seco descongelado ou diluído em solução pode ser armazenado a +4 ^{O}C durante uma semana, tendo previamente adicionado um conservante - clorofórmio, azida de sódio a 0,1% ou mertnolato a 0,01%.

Os conservantes podem ser inibidores de enzimas marcadoras em ensaios imunoenzimáticos.

Os compostos de alumínio são atualmente os *adjuvantes* mais utilizados nas vacinas. Para além destes, outras substâncias como emulsões, lipossomas e nanosomas são também utilizadas como adjuvantes na produção de vacinas

As emulsões são "óleo em água" e "*água em óleo*", como a AD incompleta de Freund.

Os lipossomas são partículas esféricas sintéticas constituídas por uma camada bimolecular de lípidos que retêm o antigénio na cápsula e desempenham uma dupla ação, actuando como transportador da vacina AG e imunomodulador.

Virosomas - lipossomas que incluem, para além do *viróide* (capsídeo viral), mais proteínas que promovem a fusão do lipossoma com as membranas celulares.

As novas moléculas imunomoduladoras incluem:

- Oligonucleótidos contendo CpG (CpG)l;

. monofosforil lípido A (MPA);

. extrato de casca de árvore de sabão (QS21).

Os CpGs (*CpG-oligodeoxinucleótidos*), moléculas curtas de ADN sintético de cadeia simples que contêm citosina C, guanina G e o componente P-fosfodiéster do ADN, actuam como sinais de perigo para as células do sistema imunitário dos vertebrados e activam a resposta imunitária inata e adquirida. Os oligodesoxinucleótidos que contêm CpG são significativamente mais activos do que o adjuvante-Freunda.

O QS-21 é um extrato vegetal purificado que aumenta a capacidade de resposta do sistema imunitário aos antigénios. É extraído da casca da árvore do sabão (*Quillaja saponaria*). O extrato contém compostos triterpénicos glucosídeos solúveis em água relacionados com os xaxaponenos.

O sistema adjuvante AS04 consiste no imunomodulador MI.-monofosforil lípido A, um *estimulante do sistema imunitário adsorvido em compostos a-w.* A vacina que contém o adjuvante AS04, autorizada para uso humano, é uma vacina AG de superfície do vírus da hepatite B. Produz um elevado título de anticorpos específicos e níveis aumentados de seroprotectina com menos doses do que a vacina clássica contra a hepatite B em combinação com compostos de alumínio.

Com a vacina com adjuvante AS04, os níveis de anticorpos protectores são mantidos durante mais tempo com menos doses não circunvizinhas.

A vacina contra o cancro do colo do útero, papilomavírus humano (HPV) tipos 16 e 18, também contém o sistema adjuvante AS04.

8.4. Isolamento e purificação de anticorpos

As fracções de γ-globulina ou imunoglobulina (Ig G) do soro imune são normalmente utilizadas para aumentar a quantidade relativa de anticorpos. O isolamento mais completo da fração de γ-globulina sem reduzir a sua atividade imunológica é conseguido através da precipitação com sulfato de amónio, após o que o precipitado é dialisado durante um longo período de tempo com mudanças frequentes de soluções tampão.

Outro método generalizado é a precipitação com polietilenoglicol com MM = 4000-6000. Numa solução de polietilenoglicol a 10%, todas as proteínas com MM = 150 000 agregam-se, resultando na precipitação de proteínas da fração γ-globulina, enquanto as proteínas de peso molecular inferior permanecem em solução. Este método permite obter muito rapidamente a preparação da fração de γ-globulina do antissoro. O método é bastante eficaz se a preparação não for armazenada a baixas temperaturas. A conservação prolongada da preparação com preservação da atividade imunológica é possível após uma diálise cuidadosa.

Os anticorpos na maioria dos antigénios pertencem à fração KlgG do soro mune. A fim de aumentar a sensibilidade e a especificidade do ensaio, em muitos casos é útil utilizar a fração IgG do soro nativo para sorção em fase sólida e para a preparação de conjugados. O método mais simples e mais facilmente disponível para o isolamento de IgG é a cromatografia de permuta iónica em DEAE-Sephadex ou DEAE-celulose.

Isolamento da fração G de Ig do antissoro de coelho:

1) 10 ml de antissoro de coelho foram diluídos 2 vezes com NaCl 0,15M, foram adicionados 6,26 g de Na_2SO_4, misturados e incubados durante 12-16 h a (4

2) O precipitado é removido por centrifugação, dissolvido em 10 ml de tampão fosfato e depois dialisado contra o mesmo tampão durante 24 horas à temperatura ambiente;

[3] Após remoção do precipitado por trifugação, a solução é transferida para uma coluna com DEAE-celulose equilibrada com tampão fosfato;

[4] é determinado medindo a densidade ótica do elu
a 280 nm, a concentração é calculada utilizando o coeficiente de absorção molar e = 1,5 g/L cm*.

Para isolar a Ig G de coelho, é necessário utilizar um tampão fosfato 50 mM contendo 20 mM de tetraacetato de etilenodiamina, 8 g de Na_2HPO_4 - H_2O e 7,4 g de EDTA-Na dissolvidos em 900 ml de água, levar o pH a IM NaOH e depois adicionar água até 1 litro.

Deteção de anticorpos por imunosorção. A especificidade do soro é testada em reacções com a preparação de antigénio utilizada para a imunização e com uma seleção de compostos químicos com uma estrutura próxima. No caso de um antigénio insuficientemente purificado, são possíveis reacções não específicas devido à presença de anticorpos contra os antigénios utilizados. Podem ser observadas reacções cruzadas com outros compostos na presença de estruturas químicas próximas da estrutura dos determinantes antigénicos do imunogénio.

A remoção de anticorpos inespecíficos do antissoro é normalmente realizada por adsorção no antigénio inespecífico apropriado. A adsorção de anticorpos não específicos na reação de precipitação com uma fração solúvel por centrifugação pode resultar no aparecimento no antissoro de complexos solúveis adjuvante-anticorpo (AD-AT) ou de um excesso de AD adicionado, cuja presença afecta a capacidade do antissoro para reagir com o antigénio específico em ELISA. É mais conveniente utilizar o antigénio imobilizado numa fase sólida para adsorção do antissoro. Adicionando um tal imunossorvente ao antissoro ou passando o antissoro através de uma coluna de imunossorvente, os anticorpos de reação cruzada podem ser rapidamente libertados. O método de cromatografia de afinidade em imunossorventes é utilizado para obter preparações de anticorpos purificados. Os imunossorventes baseados em Sepharose activada com CNBr são os mais difundidos. A agarose activada com CNBr produzida no nosso país não é inferior ao seu análogo estrangeiro nos seus parâmetros principais.

As principais operações utilizadas para obter antigénios ou anticorpos imobilizados em CNBr-agarose são apresentadas no quadro 8.

Quadro 8

Ligação covalente à sefarose activada por CNBr

Funcionamento	Termos e condições
1. Pesar a quantidade necessária de Sepharose activada com	1 g de preparação seca dá cerca de 4,5 ml de gel

CNBr	
2. Lavar num filtro de vidro e deixar inchar até formar um gel	Tomar uma solução de HCl 1 mM para a lavagem e, em seguida, um tampão de borato ou de hidrogenocarbonato para o equilíbrio e o inchaço

Funcionamento	Termos e condições
3. Dissolver a proteína no tampão	Utilizar carbonato de hidrogénio (0,1 M $NaHCO_3$ contendo 0,5 M NaCl) ou tampão inverso
4. Misturar a solução proteica com a suspensão de gel	A solução deve conter 5-10 mg de antigénio
5. Bloquear os restantes grupos activos	Duas horas à temperatura ambiente a +4 °C durante 12 h, o gel foi lavado com tampão contendo compostos bloqueadores, por exemplo, 1 M de etanolamina ou 0,2 M de glicina, pH 8,0
6. Lavar o antigénio não ligado	É utilizado o tampão em que foi efectuada a ligação covalente, seguido de 0,1 M de tampão acetato, pH 4, contendo 0,5 M de NaCl, após o que o gel é novamente equilibrado com tampão borato ou hidrocarbonato

É de notar que, ao trabalhar com imunossorventes baseados em sefarose activada com CNBr, não devem ser utilizados tampões que contenham grupos amino

Obtenção de fragmentos de anticorpos. Ao desenvolver algumas modificações do ELISA, pode ser necessário utilizar conjugados enzimáticos não com a molécula inteira de imunoglobulina, mas com o seu fragmento, que se liga especificamente à molécula de anticorpo - fragmento Fab. Isto deve-se principalmente ao facto de o fragmento Fc da molécula, responsável pelas funções efectoras da imunoglobulina, ter a capacidade de interagir de forma não específica com outras proteínas sorvidas nos transportadores durante o ELISA em fase sólida. A eficiência da sorção específica é determinada pela natureza do antigénio, pela concentração da proteína sorvida no transportador e por uma série de outros factores.

Obtenção de fragmentos Fab

1) prepara-se uma solução que contém 0,1-3 mg de fragmento P_2 em 0,45 ml de tampão de fosfato de sódio 0,1 M 0,1 M, pH 6,0;

2) Adiciona-se 0,05 ml de 0,1 M 2-mercaptoetanol no mesmo tampão contendo EDTA 5 mM;

3) a mistura é incubada a 37 ^{O}C durante 1,5 h;

4) testes de antissoro.

Os anti-soros obtidos até do mesmo animal variam consideravelmente na sua capacidade de ligação ao antigénio. Para a caraterização comparativa e a avaliação da qualidade dos antissoros, estes são testados, o que permite resolver duas tarefas importantes: em primeiro lugar, selecionar apenas os soros que satisfazem os requisitos do imunoensaio pelas suas propriedades; em segundo lugar, normalizar os antissoros durante a sua produção industrial em kits de imunoensaio longos.

A seleção primária do antissoro baseia-se na determinação do seu título, que é um parâmetro integral que caracteriza a interação com o antigénio. Obtêm-se informações mais pormenorizadas sobre o soro através da determinação da afinidade e da concentração dos anticorpos. O passo seguinte consiste em determinar a especificidade antigénica dos anticorpos, ou seja, a sua capacidade de interagir com antigénios estruturalmente semelhantes.

A diferença fundamental entre estas etapas é que, na determinação do título, é analisada a ligação de uma concentração selecionada de antigénio a diferentes diluições de antissoro. Na determinação da afinidade e da concentração de anticorpos, é analisada a ligação do antissoro a diferentes concentrações de antigénio marcado. Ao estudar a especificidade do antissoro, são adicionadas diferentes concentrações de antigénio de reação cruzada na diluição adequada e a uma concentração constante de antigénio marcado.

Em todos os casos, são utilizadas concentrações de antigénio próximas das concentrações mínimas detectáveis no ensaio ou no intervalo que corresponde à sua concentração na amostra.

Determinação do título do antissoro. O título é um valor efetivo que caracteriza a capacidade de ligação dos anticorpos, dependendo da sua concentração e afinidade. O valor absoluto do título depende também do método e das condições da experiência e da concentração inicial de antigénio livre.

Quantitativamente, o título é encontrado como a diluição limite do soro na qual o efeito positivo da interação do antissoro com o antigénio registado por este método ainda é observado (por exemplo, se o título for estabelecido pelo método de precipitação do antigénio livre num gel, e se para o primeiro soro a formação de um precipitado for observada a uma diluição de 2 vezes, e para o segundo - 4 vezes). Por vezes, é utilizado o termo "título de 50%", o que implica uma diluição do soro que provoca 50% de ligação do antigénio. O título de trabalho é a diluição inicial do soro utilizada diretamente na experiência (Quadro 9).

Esquema da análise do soro

Quadro 9

Fase de investigação	Objetivo
Título	Seleção de anti-soros imunes altamente activos, determinação dos títulos finais e de trabalho
Afinidade	Avaliação da afinidade e concentração de fracções de anticorpos de elevada afinidade
Especificidade	Determinação da especificidade dos anticorpos

O título do antissoro depende fortemente da concentração do antigénio utilizado para o teste e do método de determinação. Por exemplo, o mesmo soro pode ter um título de 100 num teste de imunoprecipitação e um título de 200.000 num ensaio de imunoabsorção enzimática. Por conseguinte, ao testar o soro e determinar o título, é melhor utilizar o mesmo método que o ensaio e a concentração de antigénio deve estar próxima do "mínimo na gama escolhida para o ensaio". Além disso, deve ter-se em conta que, nos imunoensaios, são utilizados métodos homogéneos e heterogéneos de determinação da concentração de antigénio, que podem diferir muito na estrutura dos complexos imunes formados. Em particular, nos métodos de fase sólida, a probabilidade de formação de complexos cíclicos antigénio-anticorpo é muito menor do que nos métodos homogéneos e, consequentemente, a afinidade observada dos anticorpos em ambos os sistemas é muito menor.

No desenvolvimento de métodos ELISA, utiliza-se geralmente o valor do título do antissoro determinado no método indireto, em que o antigénio é inicialmente sorvido nas paredes dos poços das microplacas, estudando-se depois a ligação do soro imune ao mesmo em diluições seriadas. A ligação do anticorpo em estudo ao antigénio imobilizado é registada utilizando um conjugado anti-espécie com a fração de imunoglobulina do soro do animal utilizado para a imunização.

Neste caso, os resultados são geralmente avaliados utilizando o conceito de "título a 50%". O sinal máximo registado a partir da densidade ótica do produto da reação de oxidação pelo peróxido de hidrogénio do ácido 5-amnos-licílico é de -1,4 unidades ópticas. O título do soro é a diluição para a qual a densidade ótica registada por ELISA tem um valor próximo de 0,7.

Esta abordagem é normalmente utilizada na primeira fase de avaliação da qualidade dos soros imunes obtidos e permite a seleção de soros imunes altamente activos. No entanto, para uma avaliação mais aprofundada dos anticorpos obtidos, é determinada a sua afinidade. Ao desenvolver métodos

ELISA para uma série de antigénios presentes em fluidos biológicos em baixas concentrações da ordem de M, devem utilizados antissoros que tenham não só um título elevado, mas também um conteúdo suficiente de anticorpos com uma constante de ligação elevada.

Afinidade de anticorpos. Nestas experiências, são utilizados principalmente anticorpos imobilizados e antigénios marcados radioactivamente.

Titulação do antissoro à insulina por ELISA indireto em fase sólida: no eixo das abcissas está a diluição do soro diluído a SOO vezes, no eixo das ordenadas está a densidade ótica a 430 nm do produto da oxidação da peroxidase do ácido 5-aminosalicílico pelo peróxido de hidrogénio. O soro sanguíneo de um animal não imunizado foi utilizado como controlo.

Quando são utilizados marcadores enzimáticos, a estrutura química do antigénio marcado pode diferir significativamente da do antigénio não marcado. Nestes casos, as constantes de ligação obtidas caracterizam geralmente as interações neste sistema específico, de modo que um soro imune que tenha uma elevada afinidade em reação com um conjugado de uma estrutura pode ter uma constante de ligação significativamente inferior com um conjugado obtido por um método diferente.

Se um investigador estiver a lidar com o desenvolvimento de métodos ELISA competitivos, ou seja, se tiver um conjunto de soros imunes e um conjugado antigénio-enzima, um passo importante no desenvolvimento de um sistema de teste é a seleção de um par anticorpo-conjugado caracterizado pela constante de interação necessária. Para o rastreio, a fração de γ-glo-bulina de cada antissoro é imobilizada na superfície de uma microplaca e é estudada a sua ligação ao conjunto de conjugados disponíveis. O valor de ligação efetivo é o inverso da concentração de conjugado à qual estão ligados 50% dos centros activos no transportador.

A obtenção de um conjugado deste tipo para uma vasta gama de antigénios não é uma tarefa fácil. Os anticorpos marcados com enzimas são um reagente mais universal, pelo que nos concentraremos numa abordagem geral para determinar a afinidade dos anticorpos no soro ou na ascite com base em ELISA em fase sólida. Este método, proposto por B. Frite, permite-nos determinar a constante de ligação dos anticorpos ao antigénio durante a sua interação em solução.

A formulação do método inclui duas fases de visualização axial.

1) realizar a reação antigénio-anticorpo em solução;

2) Determinação da concentração de anticorpos após o equilíbrio por ELISA em fase sólida.

Capítulo 9

PRODUÇÃO DE VACINAS BIOTECNOLÓGICAS

O desenvolvimento da biotecnologia imunológica foi impulsionado pela necessidade de obter um grande número de produtos biológicos para a prevenção, diagnóstico e tratamento de doenças infecciosas e invasivas. Utilizando as conquistas da imunologia, microbiologia, biotecnologia e engenharia genética, a moderna bioindústria veterinária e médica obtém e produz uma vasta gama de biopreparações, incluindo vacinas, diagnósticos, antagonistas microbianos (probióticos), antibióticos, soros imunitários e seus derivados. A parte da vacinação animal no sistema de medidas anti-epizootológicas é determinada por muitos factores, incluindo "a disponibilidade de biopreparações eficazes e inofensivas". As estatísticas veterinárias mostram que há uma tendência para aumentar a utilização de meios específicos de defesa animal para muitas doenças infecciosas. Por esta razão, o desenvolvimento da bio-indústria moderna de imunopreparações é causado pela necessidade prática de obter um grande número de imunopreparações (em termos de volume e de lista) para a profilaxia, o diagnóstico e o tratamento dos animais.

O atual arsenal de imunoprofilaxia inclui uma série de vacinas que diferem entre si:

- por tipo e natureza da tecnologia de produção, método de aplicação e eficácia, nomeadamente: *anatoxinas vivas, inactivadas, corpusculares e químicas;*

. número de antigénios: *monovacinas e associados.*

A maioria destas vacinas continua a ser produzida por métodos clássicos comprovados e apenas algumas são concebidas de acordo com princípios novos e não convencionais - *trata-se de vacinas com antigénios artificiais, subcelulares (ribossómicas), de subunidades e geneticamente modificadas.*

A produção de vacinas divide-se em várias etapas tecnológicas, incluindo a *acumulação de biomassa* de organismos ou dos seus produtos, *a concentração e purificação de antigénios,* em alguns casos *a* sua *inativação, a adição de substâncias sorventes e adjuvantes, a liofilização, a embalagem,* etc.

Em todos os casos, é utilizado um *esquema* universal *de* princípio para a produção, teste e introdução de novas vacinas. Este esquema consiste nas seguintes fases:

. O autor obteve uma estirpe vacinal (atenuada) ou de produção (virulenta);

. Preparação da vacina pelo autor em condições laboratoriais e estudo experimental da esterilidade, toxicidade, inocuidade, reactogenicidade e imunogenicidade *in vitro* e em animais;

. produção experimental e produção da série experimental da preparação, avaliação da inocuidade das propriedades antigénicas e imunogénicas em condições laboratoriais e em condições epizootológicas de produção limitadas;

- Teste por uma comissão estatal de uma nova biopreparação, a fim de determinar a sua inocuidade, reatividade, imunogenicidade e eficácia epizootológica numa vasta experiência de produção. Aprovação de documentos normativos (condições técnicas) para o fabrico e controlo de vacinas e instruções para a sua utilização.

9.1 Vacinas vivas

As vacinas vivas são imunopreparações que contêm formas hereditárias modificadas de agentes infecciosos (estirpes vacinais) que perderam as suas propriedades virulentas mas mantiveram a capacidade de induzir imunidade.

Regra geral, as vacinas vivas são preparadas a partir de estirpes atenuadas (elavirulentas) de micróbios patogénicos, que não são capazes de provocar doenças, mas que conservam a propriedade de se multiplicarem no organismo do animal inoculado, provocando assim uma reação vacinal - um processo vacinal benigno sob a forma de inflamação local específica ou de infeção geral assintomática. Esta reação, em ambos os casos de exposição local ou geral, deve provocar uma reestruturação específica da imunorreactividade do organismo e a formação de imunidade.

Estirpes de vacinas propostas para a produção de vacinas vivas.must:

- *ser* estirpes *avirulentas* ou fracamente avirulentas, independentemente do método de produção. Estas propriedades devem ser suficientemente robustas na produção e utilização da vacina. Por conseguinte, a vacina viva deve ser inofensiva, o que, por sua vez, depende da virulência e da estabilidade genética da estirpe vacinal, bem como do estado imunológico geral dos animais vacinados;
- ter *elevada antigenicidade e imunogenicidade.* No caso das vacinas vivas, o critério de imunogenicidade é a capacidade de induzir uma imunidade intensa em pelo menos 70% dos animais vacinados uma vez;
- têm *a capacidade de se multiplicar em órgãos específicos*, bem como de persistir a curto prazo no animal inoculado;
- são portadores de *estabilidade genética das propriedades fenotípicas,* especialmente baixa virulência e elevada antigenicidade, mesmo em passagens rápidas e sucessivas em espécies animais naturalmente susceptíveis;

- possuem *marcadores genéticos* que os distinguem das estirpes epizoóticas

(de campo) dos agentes patogénicos (mais de duas e independentes entre si);
. caraterizar-se pela *ausência de infecciosidade* (contagiosidade) em caso de excreção da estirpe vacinal do corpo do animal vacinado e ser inofensiva para outras espécies animais;
- têm *estabilidade durante o armazenamento* e uma vasta gama de dosagem entre as doses imunogénicas mínima e máxima. A dose de vacinação (óptima) de uma vacina é o número de microrganismos vivos contidos num volume unitário. O volume da dose de vacinação não deve ser nem demasiado grande nem demasiado pequeno para assegurar uma administração conveniente ao animal e uma dosagem exacta.

As estirpes de vírus da vacina devem ter determinados *títulos de atividade* (infecciosidade) num sistema biológico específico (macroorganismos, embriões de aves, culturas de células, etc.). Para determinar a imunogenicidade e o grau de imunidade em animais vacinados, utilizam-se estirpes de controlo (virulentas) dos agentes patogénicos relevantes, cuidadosamente estudadas e com propriedades estáveis, contra as quais se utilizam vacinas vivas e inactivadas. As estirpes de vacinas que cumprem os requisitos acima referidos já não são patogénicas. A preservação de tais estirpes e a manutenção das suas propriedades são da responsabilidade das agências governamentais competentes.

Os microrganismos atenuados com elevada virulência e infecciosidade residual que não preenchem os critérios acima referidos para estirpes vacinais são "pseudovacinas" e a sua "afinidade vacinal" é muito condicional.

Princípios de atenuação de bactérias e vírus. O termo "*atenuação*" (do latim *attenuatio* - redução) significa enfraquecimento artificial persistente, redução da virulência de agentes patogénicos de doenças infecciosas.

O fenómeno da atenuação foi descoberto em 1880 por L. Pasteur. A atenuação de vírus e bactérias é amplamente utilizada na preparação de vacinas vivas ou, mais precisamente, na seleção de estirpes destinadas à produção de vacinas vivas. A atenuação dos microrganismos é efectuada por vários métodos baseados na adaptação do agente patogénico ao organismo não suscetível ou pouco suscetível em condições naturais dos animais ou na adaptação do microrganismo a condições desfavoráveis de cultivo em que é exposto a factores químicos, físicos, biológicos e outros. Qualquer método de atenuação reduz a virulência do microrganismo para animais naturalmente susceptíveis, e esta propriedade recém-adquirida do agente patogénico deve ser hereditária.

Exemplos de estirpes de vacinas que são atenuadas através da exposição de microrganismos a factores físicos ou químicos incluem:

- A virulência de L. Pasteur e L. S. Cenkovskii enfraqueceu com o cultivo de culturas do agente patogénico a altas temperaturas (42,5 °C);
- estirpes isentas de cápsulas de vacinas contra a sibireia (STI) (N. NGinsburg) ou GNKI (S. G. Kolesov), obtidas por exposição direta às condiço
- A estirpe da vacina STI, obtida por inoculação de cultura de vírus em placas, é um mutante imunogénico avirulento sem cápsulas STI-1;
- Uma estirpe para a vacina HNCI produzida por cruzamentos alternados em soro de cavalo normal coagulado e ágar sem peptona, resultando num mutante sem cápsula fracamente virulento, Shchuya-15;
- Os cientistas franceses A. Calmette e C. Guerenoslabnlibn a virulência do bacilo da tuberculose através do cultivo a longo prazo (230 passagens ao longo de 18 anos) em batatas com bílis, resultando numa estirpe vacinal BCG avirulenta;
- A estirpe vacinal *de Br. abortus* foi obtida pelos cientistas americanos D. Beck e W. E. Cotton através do cultivo a longo prazo da estirpe virulenta em batatas.

As estirpes vacinais de vírus são obtidas, regra geral, através da sua passagem no corpo da mesma espécie animal que não é o hospedeiro natural do vírus. Neste caso, a virulência do vírus para a outra espécie animal é reforçada, enquanto que para o hospedeiro é enfraquecida e torna-se suficientemente constante e baixa, o que permite utilizar esta estirpe como estirpe vacinal. Assim, L. Pasteur obteve uma vacina anti-rábica fazendo passar repetidamente o vírus da raiva de rua através do cérebro de um coelho, o que fez com que a virulência do vírus para o coelho aumentasse acentuadamente e a sua virulência para outras espécies animais, bem como para o homem, se perdesse. Os cientistas ingleses S. Iyer e N. Lobson obtiveram uma estirpe atenuada do vírus da pseudopeste aviária (vírus de Newcastle - estirpe H), a partir da qual prepararam uma vacina viva contra esta doença, através de passagens sucessivas em embriões de galinha. G. Hudson conseguiu um enfraquecimento significativo do vírus virulento da peste suína através de passagens em coelhos; esta estirpe fracamente virulenta é utilizada como vacina de vírus vivo. Os investigadores americanos H. Kaprowski e J. Bey atenuaram de forma semelhante o vírus da peste suína. Kaprowski e J. Baker.

O método de passagem de microrganismos através de espécies que não são hospedeiras naturais do agente patogénico é também aplicável às bactérias. Por exemplo, D. F. Konev enfraqueceu a cultura do agente patogénico do centeio suíno fazendo-a passar pelo organismo de coelhos e testando depois a sua virulência em pombos. O Instituto Veterinário de Kazan propôs como vacina a estirpe *Br. melitensis* n.º 89, que foi atenuada por uma passagem de

25 vezes pelo organismo de um embrião de galinha.

A atenuação pode ser induzida pela exposição a bacteriófagos, antibióticos e energia radiante. As estirpes atenuadas podem ser obtidas por seleção de culturas dissociadas. A atenuação natural de agentes infecciosos é possível na natureza e em condições laboratoriais durante o armazenamento de uma coleção de microrganismos. São preparadas fichas de dados pormenorizadas para todas as estirpes de microrganismos aplicáveis ao fabrico e controlo de bioprodutos (vacinas, anatoxinas, diatostikums). As fichas de dados contêm: limites de virulência, para além dos quais estas estirpes são inadequadas para o fabrico destas preparações; tipos de animais agrícolas, comerciais e de laboratório susceptíveis a estas estirpes em condições naturais; principais formas e métodos de infeção destes animais; informações sobre a duração do período de incubação, bem como sobre o grau de perigo para os seres humanos; uma descrição pormenorizada das propriedades serológicas das estirpes, que indica o momento da formação de anticorpos específicos em animais vacinados e os seus títulos

As vacinas vivas são consideradas uma das preparações de vacinação mais eficazes devido à elevada taxa de sobrevivência das estirpes vacinais e à preservação mais completa de um conjunto de antigénios protectores nas mesmas. A imunização com vacinas vivas não é difícil e, na maioria dos casos, consiste numa única injeção. No entanto, as vacinas vivas podem causar complicações pós-vacinais e são difíceis de padronizar e armazenar.

9.2. Vacinas corpusculares inactivadas

As vacinas corpusculares inactivadas, ao contrário das *vacinas* vivas, são produzidas a partir de estirpes virulentas e imunogénicas pré-selecionadas ou recentemente isoladas.

O Serviço Estatal de Controlo de Medicamentos Veterinários tem determinados requisitos para as estirpes de microrganismos que podem ser utilizadas no fabrico de produtos específicos de imunoprofilaxia, incluindo vacinas corpusculares inactivadas. Estas estirpes são designadas por estirpes *de produção*. Juntamente com elas, as instituições bioindustriais dispõem das mesmas estirpes de microrganismos utilizadas apenas para infetar animais experimentais para controlar a atividade das vacinas e dos soros imunitários. Estas estirpes são designadas por estirpes *de controlo.* As estirpes de microrganismos de produção e de controlo devem ser classificadas, ou seja, deve ser estabelecida a sua afiliação a uma espécie. A sua afiliação à espécie deve ser estabelecida, a clonagem deve ser estabelecida, devem representar uma população homogénea originária de uma única célula ou placa contendo vírus, com caraterísticas geneticamente fixas que lhe são próprias:

morfológicas (tamanho, forma, pigmentação da colónia; tamanho e forma das células ou dos viriões; presença ou ausência de flagelos, cápsulas, esporos); bioquímicas (aquisição ou perda da capacidade das células para utilizar certos aminoácidos, factores de crescimento, capacidade para utilizar hidratos de carbono); antigénicas (perda de certos antigénios ou a sua presença); outras caraterísticas (por exemplo, grau de sensibilidade a factores físicos e químicos que afectam a célula bacteriana ou o virião).

O aparecimento de dissociantes na descendência de uma única célula microbiana ou virião é considerado uma lei biológica geral. Por conseguinte, são permitidas formas dissociadas de microrganismos na população de estirpes de microrganismos de produção e de controlo numa quantidade não superior a 5% do número total de células (viriões), desde que não afectem negativamente as propriedades fenotípicas da estirpe.

As estirpes destinadas à produção de vacinas inactivadas, anatoxinas ou diagósticos devem representar uma cultura de um determinado género e espécie de microrganismos e devem possuir um conjunto claramente definido de propriedades que permitam que a estirpe seja atribuída a esse género e espécie. In vivo, essas estirpes devem manter uma elevada virulência (uma medida da patogenicidade). A virulência é determinada em cada caso em grandes animais e animais de laboratório susceptíveis específicos, em embriões de aves em desenvolvimento ou em culturas celulares. A virulência é expressa em dose letal (DL) 50, dose infecciosa (DI) 50, dose citopatogénica tecidular (TOD) 50.

As estirpes de produção utilizadas para a preparação de vacinas inactivadas, anatoxinas e diagósticos devem ser idênticas, em termos de antigenicidade e outras propriedades, à maioria das culturas que circulam em condições naturais e que causam doenças infecciosas (estirpes epizoóticas). Além disso, essas estirpes de microrganismos devem ter propriedades imunogénicas elevadas, ou seja, provocar um estado de imunidade à infeção com culturas virulentas vivas da espécie ou variante serológica dos animais de criação e de laboratório correspondentes. A informação mais fiável sobre as propriedades imunogénicas da estirpe é obtida através da infeção direta de animais de laboratório ou de animais de criação e domésticos naturalmente susceptíveis, previamente vacinados com esta estirpe. Estes requisitos devem ser comuns a todas as estirpes de produção e de controlo, independentemente da preparação que nelas se baseia. Para além destes requisitos básicos, existem requisitos adicionais para as estirpes utilizadas no fabrico de vacinas vivas e inactivadas.

Dependendo dos métodos de inativação das estirpes de produção de microrganismos, é feita uma distinção:

. wpkupny aquecido obtido por aquecimento diário de caldo de cultura de micróbios a uma temperatura de 56...60 ^{O}C durante 0,5-2,0 h;

- *anavacinas* obtidas por exposição da cultura a formalina (0,3-0,5 %) e calor (39...40 °C) durante 28-30 dias.

Além disso, dependendo do produto químico utilizado para inativar as células, existem vacinas de *álcool, acetona, CHLorophorMoene, Karbo(L)oene* e *KarboLoene*

Para obter vacinas inactivadas (mortas), é necessário preservar as propriedades antigénicas da cultura original, o que requer meios nutritivos complexos e métodos suaves de inativação microbiana.

As vacinas corpusculares mortas são menos eficazes do que as vacinas vivas e devem ser administradas várias vezes para se obter uma imunidade robusta. Este facto prolonga a imunização durante muito tempo, o que é particularmente indesejável em condições epizoóticas desfavoráveis.

As vacinas inactivadas têm uma grande quantidade de substâncias de lastro que causam reacções alérgicas e outras reacções adversas e anomalias durante a administração.

9.3. Vacinas químicas

As vacinas químicas são preparadas a partir de antigénios moleculares extraídos da célula microbiana por via télica (mais frequentemente por meios químicos ou ultra-sons), sendo por isso "designadas por vacinas moleculares". Incluem as vacinas derivadas de derivados solúveis da célula microbiana, como as toxinas, mas são descritas como canatoxinas.

As vacinas *químicas* (moleculares) podem ser produzidas quer por biossíntese quer por síntese química. Até à data, apenas o método biossintético tem sido utilizado na prática desde a década de 1940. No entanto, as experiências efectuadas nos últimos anos mostram que as vacinas de síntese química podem ser utilizadas muito em breve. Sem dúvida, as vacinas químicas modernas, obtidas através da utilização de antigénios químicos, são ainda inferiores às vacinas vivas em termos de imunogenicidade, mas, ao mesmo tempo, a sua utilização reduz o risco de complicações pós-vacinais e são menos reactivas, mais padronizadas, é possível concentrar antigénios em pequenos volumes, adsorvê-los em várias substâncias, utilizar adjuvantes e, assim, aumentar as propriedades antigénicas das biopreparações.

Além disso, *as vacinas químicas* podem ser utilizadas em preparações associadas, ou seja, é possível conceber preparações multicomponentes contra muitos agentes patogénicos.

Para criar vacinas químicas, é necessário, antes de mais, decifrar a estrutura da célula microbiana, especialmente a especificidade das estruturas anti-hepáticas. Os antigénios imunológicos são substâncias imunologicamente activas de natureza química diferente, capazes de gerar imunidade específica quando introduzidas no organismo. Os antigénios protectores consistem nos elementos estruturais que garantem a patogenicidade do microrganismo, mas que, ao mesmo tempo, determinam a antigenicidade e a imunogenicidade específica. Estão localizados na superfície da célula microbiana, na membrana citoplasmática (MCP) ou na parede celular, podendo também ser produtos extracelulares de células microbianas.

Quimicamente, os antigénios protectores são macromoléculas. São polímeros de elevado peso molecular - glicoproteínas, complexos proteína-palissacarídeo-lípido. Todos os microrganismos - bactérias, vírus, rickettsias - partilham a mesma natureza de antigénios proteicos. Sabe-se que a antigenicidade de uma substância é largamente determinada pela sua macromolecularidade. Esta, por sua vez, depende do peso molecular do antigénio. Ao conceber vacinas químicas, existe a possibilidade de aumentar as moléculas de antigénio por agregação e formação de ligações químicas covalentes. É geralmente aceite que a polimerização do antigénio é uma das formas práticas de aumentar a sua imunogenicidade.

A obtenção de uma vacina química por meios biossintéticos representa:

- seleção de um microrganismo adequado que maximize a produção de antigénio protetor;
- seleção de um meio nutritivo que assegure o crescimento da biomassa e a libertação do antigénio protetor. Os meios sintéticos e semi-sintéticos (sem lastro) são os mais adequados;
- desenvolvimento de condições de cultivo, incluindo o cultivo em profundidade, em bioreactores de alta velocidade;

. desenvolvimento de métodos de extração industrial do antigénio da biomassa e da sua purificação, que permitam preservar a estrutura antigénica original da preparação e assegurar um grau de pureza suficiente da preparação com um teor satisfatório de antigénio (extração da biomassa de células inteiras "lisadas": lise enzimática, congelação prolongada e descongelação rápida, sonorização, processamento mecânico, lise alcalina).

A purificação do antigénio é efectuada em função das suas propriedades e utiliza-se a precipitação isoeléctrica com ácidos e álcalis, a salga com sais neutros, a precipitação com álcool, a sorção e a eluição, a ultrafiltração, os métodos cromatográficos, etc.

Os antigénios são isolados a partir de culturas animais e inactivados. Para a inativação, são utilizados os mesmos métodos físicos e químicos que para as vacinas mortas (formaldeído, fenol, glutaraldeído, ácido clorídrico, hidroxilamina, peróxido de hidrogénio, hidróxido de sódio e azoto).

O princípio fundamental da produção de antigénios é a utilização de métodos físicos e químicos suaves, a possível redução do número de etapas na cadeia tecnológica e o aumento da imunogenicidade da preparação. É de importância fundamental garantir a inocuidade da vacina, a sua esterilidade (filtração, formalina a 0,3% a 40 ^{O}C durante 5 dias, ß-propiolactona, etc.). Para a sorção do antigénio, é mais frequentemente utilizado o gel de hidróxido de alumínio, que também tem um efeito adjuvante. As vacinas sorvidas criam um depósito no corpo, a partir do qual os antigénios são gradualmente absorvidos, assegurando o efeito pró-localizado da preparação. Isto torna possível reduzir a frequência da vacinação, mantendo um elevado efeito profilático.

9.4. Anatoxinas e vacinas associadas

As vacinas químicas incluem também *as anatoxinas, que são* preparações derivadas de exotoxinas bacilares. São completamente desprovidas de propriedades tóxicas, mas conservam propriedades antigénicas e imunogénicas.

O método de produção *de* anatoxinas *foi desenvolvido* e proposto pelo cientista francês A. Ramon em 1923. A primeira fase da produção de anatoxinas consiste no cultivo de culturas toxigénicas de bactérias que causam infecções toxémicas nos animais afectados (tétano, botulismo, infecções cancerosas anaeróbias, estafilococos, etc.). Os microrganismos são cultivados em meios nutritivos líquidos sob um regime específico para a acumulação máxima de exotoxina, sendo depois a exotoxina separada das bactérias e neutralizada (inactivada). Para obter anatoxina (de acordo com Ramon), a toxina é combinada com formalina (0,3-0,5%) a 39...40 ^{O}C durante 28-30 dias. A eficácia e a inocuidade da anatoxina dependem do grau de purificação. A presença na preparação de proteínas bacterianas e de proteínas do meio nutriente aumenta a sua reatividade e as suas propriedades sensibilizantes. As anatoxinas purificadas são em grande parte desprovidas destas propriedades negativas. Além disso, podem ser concentradas num pequeno volume de líquido e adsorvidas. Atualmente, a ß-propio-lactona é amplamente utilizada como agente desintoxicante com formaldeído. Foi também proposto o tratamento da toxina com enzimas proteolíticas como a pepsina, a tripsina, a prolase e a papaína, seguido de filtração em colunas Sephadex Y-100 e Y-200. A eficácia das anatoxinas depende não só da qualidade do antigénio, mas também da forma da preparação e do método de administração.

As anatoxinas podem ser preparadas sob a forma de *preparações líquidas, secas, emulsionadas ou sorvidas.*

As vacinas de associação são preparações que contêm vários antigénios sinérgicos e equilibrados. A sua vantagem em relação às monovacinas é a possibilidade de assegurar a produção simultânea de imunidade contra várias infecções através da administração de uma única preparação complexa. A condição para a construção e produção de vacinas associadas é a existência de indicadores epizootológicos para a imunização simultânea contra as doenças correspondentes, a possibilidade de eliminar o efeito competitivo dos antigénios em associação, dados sobre a ausência de aumento da reactogenicidade e da atividade sensibilizante de uma vacina complexa em comparação com uma mono-medicamento. A utilização de vacinas associadas facilita a organização da imunoprofilaxia, reduz o número de injecções e, em alguns casos, aumenta a sua imunogenicidade e eficácia epizootológica.

9.5. Novos princípios de conceção de vacinas

Desde a década de 1970, surgiram novas tendências no domínio da conceção de vacinas. Juntamente com a melhoria das tecnologias clássicas de fabrico de vacinas tradicionais (antigas), a criação de vacinas artificiais, ou vacinas de antigénios artificiais, foi intensamente desenvolvida. Ao mesmo tempo, foram produzidos dois tipos fundamentalmente novos de vacinas - a partir de estruturas individuais de microrganismos, ou vacinas subcelulares de bactérias, e vacinas virais de subunidades, bem como vacinas geneticamente modificadas de antigénios artificiais.

O desenvolvimento de vacinas com antigénios artificiais envolve a síntese de análogos de determinantes antigénicos naturais responsáveis pela indução de imunidade. As propriedades imunogénicas dos determinantes antigénicos artificiais são determinadas por dois factores: a sua localização na superfície da molécula e a sua estrutura conformacional.

Na prática, o processo de obtenção de antigénios artificiais é desdobrado:

- do isolamento do antigénio biologicamente ativo;

. decifrar a estrutura homomolecular;

- ressíntese artificial por meios químicos ou geneticamente modificados.

Este método é promissor para o desenvolvimento de vacinas contra agentes patogénicos cujos antigénios têm propriedades imunogénicas e protectoras.

Existe *um tipo de vacinas artificiais modernas:*

- de moléculas imunizantes artificiais sintetizadas segundo o princípio dos análogos naturais:

- antigénios conjugados (portador de hapteno);
- proteínas sintéticas;
- antigénios sintéticos de poliaminoácidos;
- Conjugados de antigénios sintéticos de poliaminoácidos com adjuvantes sintéticos;
- Sintético;
- de moléculas imunizantes artificiais que não têm análogos na natureza: complexos artificiais ou conjugados de determinantes antigénicos com uma molécula sintética não natural com ação imunomoduladora.

A principal novidade da fase moderna da conceção de vacinas não reside apenas no facto de se ter iniciado a criação de macromoléculas artificiais que possuem os determinantes antigénicos necessários.

Os genes de resposta imunitária (genes Ir) foram agora descobertos e foi demonstrado que a sua ação ocorre ao nível dos linfócitos do sistema T. linfócitos do sistema T. O principal é encontrar formas de corrigir fenotipicamente o controlo da imunogénese. Deste modo, é possível obter uma resposta imunitária mesmo que o organismo não reaja a um determinado antigénio. Por esta razão, a forma mais promissora no domínio da criação de novas vacinas é reconhecida como a conceção de tais complexos micromoleculares, que incluem tanto os determinantes antigénicos necessários como a estrutura de suporte que proporciona a correção fenotípica. Por outras palavras, a *imunogenicidade das vacinas pode ser aumentada através da utilização de adjuvantes especializados.*

Atualmente, foram criados compostos sintéticos de baixo peso molecular - análogos químicos de estruturas bacterianas com atividade imunoreguladora.

O primeiro composto deste tipo a ser sintetizado foi o *muramshdi-peptídeo* (TIR). Sabe-se que a mureína, um composto macromolecular complexo com um efeito imunomodulador pronunciado, constitui a base da parede celular bacteriana. O TIR provoca uma redução da resposta humoral à administração da vacina. Isto sugere que as vacinas mais promissoras são as que apresentam um antigénio ligado a um imunomodulador sintético.

Como transportador de determinante antigénico com propriedades de adjuvante, podem ser utilizadas associações poliméricas não naturais, como, por exemplo, poltzvcnylpcrtsds (uma classe de electrólitos sintéticos), que melhoram a função das células T-helper e promovem a interação dos linfócitos B e T, aumentando o número de células que produzem anticorpos.

Até à data, foram também decifrados os efeitos de outros *adjuvantes,* como o *adjuvante de Freund, o lipopolissacárido (LPS*), que, tal como o TIR, estimulam a atividade dos linfócitos T; *o BCG e o LPS*, que activam os macrófagos.

As primeiras vacinas totalmente sintéticas contra a toxina da difteria, os estreptococos, o vírus da gripe e o vírus da hepatite B foram criadas com base na conjugação de determinantes antigénicos (bacterianos e virais) com transportadores sintéticos (TIR). Foram produzidos antigénios sintéticos do vírus da febre aftosa e vacinas subcelulares (ribossómicas). Nos últimos anos, iniciou-se o desenvolvimento de um novo tipo de preparações vacinais constituídas por ribossomas do agente patogénico correspondente. Estas vacinas são designadas vacinas ribossómicas ou subcelulares. Apresentam algumas vantagens em relação às vacinas vivas ou aos antigénios celulares microbianos isolados.

A imunogenicidade dos ribossomas bacterianos foi descoberta em 1965. Ao investigar a atividade protetora das fracções subcelulares de micobactérias, E. Doumans e outros cientistas isolaram ribossomas contendo ARNr e provaram experimentalmente a sua imunogenicidade. Estes resultados serviram de impulso para a continuação da investigação e desenvolvimento de vacinas ribossómicas em vários países (vacinas contra a salmonelose, escherichia, estreptococos, haemophillus, francisella, brucella, leptospira, etc.). São utilizadas as seguintes técnicas para desintegrar a célula bacteriana: prensa líquida, destruição mecânica, tratamento por ultra-sons. Os ribossomas são isolados e purificados por diferentes modos de ultracentrifugação diferencial ou de precipitação com sulfureto de amónio. Utiliza-se igualmente o tratamento dos ribossomas com detergentes e polietilenoglicol.

As vantagens das vacinas ribossómicas incluem as seguintes caraterísticas:

• os ribossomas bacterianos não são tóxicos para os animais e são pouco reactivos;

• têm uma imunogenicidade mais pronunciada do que as vacinas escorpusculares;

. as vacinas ribossómicas são capazes de induzir imunidade cruzada a diferentes serotipos e serogrupos dentro da espécie patogénica.

O mecanismo de ação das vacinas ribossómicas ainda não foi definitivamente decifrado. Segundo os investigadores, nas vacinas ribossómicas micobacterianas, o efeito protetor é exercido pelo ARN bacteriano, que é reproduzido nas células por transcriptase reversa (semelhança com os vírus ARN).

Assim, é proposta uma nova hipótese de resistência bacteriana independente de anticorpos e factores de imunidade celular. No entanto, não é possível provar tal efeito noutros casos. Pelo contrário, noutras infecções experimentais, o efeito protetor das preparações ribossómicas é claramente de natureza imunológica, envolvendo factores de imunidade humoral e celular. A administração de preparações altamente purificadas de ARN bacteriano também se revelou ineficaz.

A segunda hipótese sobre o mecanismo de ação das vacinas ribossómicas foi formulada com base nos dados obtidos durante o estudo do efeito da vacina em S. *typhimuriwn* e, de acordo com ela, o principal fator imunogénico é a proteína ribossómica 30S específica da espécie.

Uma terceira opinião é que os anticorpos do invólucro celular bacteriano - polissacáridos capsulares, proteínas da parede celular, etc. - são frequentemente encontrados na composição das preparações ribossómicas. Pode-se assumir o efeito imunogénico destes agentes "contaminantes" também.

Assim, a questão do fator de proteção das vacinas ribossómicas é muito controversa e está longe de ser resolvida. Não é claro se os ribossomas desempenham o papel de um transportador que adsorve a molécula de antigénio e altera as condições do seu contacto com as células imunocompetentes, ou se são adjuvantes. A formação e a ação conjunta de complexos ARN-antigénio parecem ser as mais prováveis, o que requer condições especiais desconhecidas. A especificidade imunológica é determinada pelo antigénio, e o ARN participa na apresentação do antigénio às células imunocompetentes ou influencia a imunidade celular.

Atualmente, foi desenvolvida uma vacina ribossómica contra *agentes patogénicos da pneumonia* humana - *Str.pneumoniae, H. influenzae, KLpneumoniae, Str.piogenes.* O peptidoglicano de Klebsiella foi utilizado como adjuvante. Foi preparada uma vacina de Shigella zonne.

9.6. Vacinas virais de subunidade

As vacinas vivas e inactivadas proporcionam, em muitos casos, uma proteção fiável do organismo animal. No entanto, não estão isentas de desvantagens - podem ocorrer complicações pós-vacinais, reacções alérgicas, etc. nos animais. É por isso que se começou a trabalhar para melhorar as vacinas virais.

As vacinas de subunidades são uma outra forma de melhorar as vacinas de vírus divididos.

Para as obter, os antigénios necessários para a imunização devem estar disponíveis na forma purificada. Por esta razão, a ação das vacinas de subunidades é dirigida contra os agentes infecciosos cuja estrutura antigénica é conhecida, cujos antigénios protactínicos foram identificados e que podem ser separados e concentrados como subunidades da biopreparação. No processo de formação da imunidade aos vírus, as proteínas externas são os

antigénios mais completos. É este facto que tem sido utilizado como base para o desenvolvimento de vacinas de subunidades.
O modelo mais promissor para a criação de vacinas de subunidades são os chamados vírus com envelope, que têm uma membrana lipoproteica. As vacinas de subunidades podem ser classificadas como a terceira geração de vacinas virais inactivadas. As vacinas tradicionais são vacinas de cultura (primeira geração). As vacinas modernas caracterizam-se por um elevado grau de purificação e concentração (terceira geração). Um exemplo típico da utilização de diferentes tipos de vacinas é a vacinação contra a gripe humana. Atualmente, são utilizados vários tipos de vacinas purificadas inactivadas - vacinas de sub-viriões feitas a partir de viriões completamente destruídos (vacinas de vírus divididos) e vacinas de subunidades de sub-viriões com o mais elevado grau de purificação $_{CI}$.
Assim, as vacinas de subunidades contra a gripe animal e a parainfluenza devem conter hemaglutinina e neiramidase como subunidades. Foram identificadas e isoladas subunidades de agentes patogénicos da febre aftosa, do adenovírus e do herpesvírus em estado puro, contra os quais também foram produzidas vacinas de subunidades. No entanto, deve recordar-se que as vacinas de subunidades virais só são activas quando induzem anticorpos neutralizantes do vírus.
O processo tecnológico de fabrico de vacinas de subunidades consiste nas seguintes etapas:
. obtenção do vírus a partir de culturas celulares ou embriões infectados;
• Purificação do vírus através de um separador de placas ou de uma coluna Sephadex;
.microfiltração;
. concentração (cerca de 50 vezes) nos filtros;
• purificação adicional por ultracentrifugação num gradiente térmico de tiostnssacarose;
. a clivagem dos concentrados por detergentes;
• Extração de glicoproteínas virais por ultracentrifugação ou ultrafiltração;
• diálise; . ...
• Filtração esterilizante do concentrado de subunidades;
• Normalização do concentrado de subunidades;
. controlo da biopreparação.
Estão também a ser desenvolvidas vacinas de subunidades bacterianas, nas quais os antigénios H e O purificados da parede celular da cápsula, CPM, flagelos, pili, etc. são utilizados como subunidades protectoras. Foram igualmente obtidas vacinas contra a pneumococose, a pasteurelose, a

colibacilose e uma série de outras doenças. Todos os seguidores assinalam as dificuldades biotecnológicas na obtenção de vacinas de subunidades e, ao mesmo tempo, a direção científica promissora e o grande potencial deste tipo de biopreparação.

9.7. Vacinas geneticamente modificadas

Na década de 70 do século XX, os êxitos da engenharia genética celular permitiram o desenvolvimento de uma nova tecnologia para a produção de vacinas contra o pro™-vírus, denominadas vacinas geneticamente modificadas. A necessidade de tais desenvolvimentos foi ditada pela falta de fontes naturais de matérias-primas (animais adequados) e pela impossibilidade de reproduzir o vírus em objectos clássicos (cultura de tecidos, etc.).

O princípio das vacinas geneticamente modificadas inclui:

- isolamento de genes de antigénios naturais ou dos seus fragmentos activos;
- a inserção destes genes em objectos biológicos simples - bactérias, leveduras;
- obtenção do produto pretendido no processo de cultura do objeto biológico produtor de antigénio.

Os genomas dos vírus têm um tamanho insignificante em comparação com o genoma de uma célula (procariótica ou eucariótica). Os genes que codificam as proteínas protectoras podem ser clonados diretamente em vírus contendo uDNA, ou em vírus contendo rRNA após transcrição reversa do seu genoma (para vírus com um genoma contínuo) ou mesmo de genes individuais (para vírus com um genoma fragmentado).

Na primeira fase de desenvolvimento da nova biotecnologia, os cientistas dedicavam-se principalmente à clonagem de genes virais que codificam a síntese de proteínas que transportam os principais determinantes antigénicos. Em breve foram obtidos plasmídeos bacterianos recombinantes com genes ou genomas de vírus da hepatite B, da gripe e da poliomielite.

O passo seguinte foi a obtenção do antigénio. A questão revelou-se complicada, uma vez que a expressão dos genes virais no sistema procariótico não era muito importante. Isto pode ser explicado pelo facto de os vírus se terem adaptado durante a evolução para parasitar o corpo humano. No entanto, ao longo do tempo, foi possível obter a expressão de antigénios. Um dos exemplos mais típicos que mostra a necessidade de criar genes em sistemas procariotas é a expressão de antigénios.

O problema é que ainda não foram encontradas culturas de células ou animais sensíveis ao vírus, pelo que o desenvolvimento de um método geneticamente

modificado de produção de vacinas se tornou uma necessidade.
O método consiste na clonagem do genoma em células *E. coli* utilizando vectores de plasmídeos e fagos. As bactérias portadoras de plasmídeos recombinantes produzem proteínas especificamente reactivas com anticorpos contra o próprio vírus. Em 1982, foi produzida nos EUA a primeira vacina experimental contra a hepatite B. As células eucarióticas (leveduras, células animais) são também utilizadas para produzir proteínas específicas do vírus (antigénios).
Estão em curso trabalhos intensivos para criar outras vacinas geneticamente modificadas, em especial contra a gripe, o herpes, a febre aftosa, a encefalite transmitida por carraças e outras infecções virais. Uma nova abordagem às vacinas virais é a incorporação de genes responsáveis pela síntese de proteínas virais no genoma de outro vírus. Deste modo, são criados vírus recombinantes que proporcionam uma imunidade combinada. Em conclusão, deve sublinhar-se que todas as vacinas, independentemente da sua origem, devem satisfazer vários requisitos básicos, sem os quais não podem ser utilizadas para a imunização ativa de animais, nomeadamente: possuir esterilidade específica, inocuidade, normalidade, reactogenicidade moderada e elevada atividade antigénica e imunogénica.

9.8. Controlo das vacinas

As vacinas de todos os tipos são testadas após a sua preparação de acordo com os seguintes parâmetros:

1) *A esterilidade* (inactivada) ou a pureza do crescimento (vivo) é controlada através da sementeira em meios nutritivos;

2) A inocuidade é testada através da administração da vacina a animais de laboratório. A vacina não deve causar doenças ou a morte dos animais;

3) A vacina é administrada a um grupo de animais de laboratório e, após um período de tempo suficiente para o desenvolvimento de imunidade ativa (15-20 dias), este grupo, juntamente com um grupo de controlo de animais não vacinados, é infetado com uma dose letal conhecida do agente patogénico. Os animais de controlo devem morrer, enquanto 80% ou mais dos animais vacinados devem sobreviver.

Em alguns casos, a imunogenicidade da preparação é avaliada por indicadores indirectos: o número de aglutininas em animais vacinados (vacina contra a leptospirose), antitoxinas em PH (vacina contra o botulismo);

(I) *Reactogenicidade* - reacções adversas locais e gerais à administração da vacina que são avaliadas em animais e na vacinação humana;

5) *A pirogenicidade é a* capacidade de uma substância provocar um

aumento da temperatura corporal;

6) *O controlo da pureza da* vacina seca contra a vacina de centeio suíno de VGNKI da estirpe BP-2 é efectuado da seguinte forma. Para o controlo da pureza, a vacina seca (liofilizada) é diluída com uma solução fito- enológica estéril na proporção de 1:10. São preparados esfregaços a partir da suspensão bacteriana, corados com Gram e analisados ao microscópio. ™ ^Na preparação devem ser típicas pequenas células baciliformes Gram-positivas na ausência de microrganismos postoroninskh. Efetuar simultaneamente VYSE H"a"C? ^(Kitta)_ Tar0tstszi E agar Sab (p0) (p0)- As sementes^ são mantidas a 37...38 ^{O} C 10 dias, as culturas para fungos - a 20...25 (^{O}) C 15 dias. O crescimento de microflora estranha nos termos especificados em todos os meios nutritivos deve estar ausente na presença de crescimento típico em MPA e em cultura MPB do agente patogénico do centeio. A fim de controlar a inocuidade e a atividade da vacina, 20 ratos brancos com 17-18 g de peso são injectados subcutaneamente com 0,2 ml da preparação. A vacina é considerada inofensiva se não morrerem mais de 5 ratos. Após 14 dias, todos os ratos vacinados sobreviventes e cinco ratos de controlo são infectados com uma cultura de uma estirpe virulenta do agente patogénico do centeio suíno numa dose letal conhecida. A vacina é considerada ativa se os ratos de controlo morrerem no prazo de três a quatro dias e se pelo menos 75% dos ratos vacinados sobreviverem.

Causas da reação biológica à vacina :

. atenuação incompleta do componente viral ou bacteriano. Isto é raro, mas é uma ocorrência conhecida e deve ser comunicada ao fabricante da vacina;

. existem animais que são particularmente susceptíveis à infeção por um agente patogénico atenuado. Por exemplo, uma vacina viva pode ser administrada a um cachorro pequeno, a um gatinho ou a um indivíduo imunodeprimido que tenha tido recentemente uma doença imunossupressora (leucemia felina, esgana, etc.);

- a vacina é administrada de forma incorrecta. A vacina viva contra a "gripe felina" atenuada para administração subcutânea causa frequentemente infeção quando administrada por via intranasal (o gato lambe o local da injeção ou inala o líquido de uma seringa cheia);
- Durante a vacinação, o animal está infetado ou em incubação infeção; .....

. . . _

. o animal é portador de uma infeção clinicamente latente. O stress da vacinação pode causar a libertação do agente patogénico e o desenvolvimento de sintomas clínicos, por exemplo, um gato com infeção latente pelo herpesvírus-1;

. normalmente as vacinas vivas podem induzir sintomas clínicos ligeiros. A administração subcutânea da vacina viva dá frequentemente origem a sintomas clínicos sistémicos ligeiros, como depressão, letargia e falta de apetite, que duram cerca de 24 horas. A vacina intranasal provoca frequentemente sintomas respiratórios ligeiros, como espirros e, por vezes, um ligeiro corrimento dos olhos e do nariz.

Capítulo 10

PRODUÇÃO DE VITAMINAS

10.1. Caracterização geral das vitaminas

N. I. Lunin, um médico russo, que foi o fundador da doutrina das vitaminas, estabeleceu em 1880 que quando os ratos brancos eram alimentados apenas com leite artificial composto por caseína, gordura, açúcar do leite e sal, os animais morriam. Por conseguinte, o leite natural contém outras substâncias essenciais para a nutrição. Em 1912, o médico polaco K. Funk, que propôs o nome "vitaminas", generalizou os dados experimentais e clínicos acumulados até então e chegou à conclusão de que doenças como o escorbuto, o raquitismo, a pelagra e o beribéri são doenças de carência nutricional ou avitaminose. Desde então, a ciência das vitaminas (vitaminologia) começou a desenvolver-se rapidamente, o que se explica pela importância das vitaminas não só no combate a muitas doenças, mas também na compreensão da essência de uma série de fenómenos da vida. O método de deteção de vitaminas aplicado por Lunin (dieta especial para animais - provocando avitaminose experimental) foi a base do estudo. Descobriu-se que nem todos os animais precisam de um complexo completo de vitaminas, e que algumas das suas espécies podem sintetizar independentemente certas vitaminas. Ao mesmo tempo, muitos bolores e leveduras e várias bactérias só se desenvolvem em meios nutritivos artificiais quando se adicionam a esses meios extractos de tecidos vegetais ou animais que contêm vitaminas. Assim, as vitaminas são essenciais para todos os organismos vivos.

O estudo das vitaminas não se limita à sua deteção em produtos naturais através de testes biológicos e outros métodos. As preparações activas de vitaminas são obtidas a partir destes produtos, a sua estrutura é estudada e, finalmente, são produzidas sinteticamente. A natureza química de todas as vitaminas conhecidas foi investigada. Verificou-se que muitas delas ocorrem em grupos de 3-5 ou mais compostos relacionados, diferindo em pormenores de estrutura e grau de atividade fisiológica. Foi sintetizado um grande número de análogos artificiais de vitaminas com o objetivo de elucidar o papel dos grupos funcionais. Isto contribuiu para a compreensão da ação das vitaminas. Assim, alguns derivados de vitaminas com grupos funcionais substituídos têm o efeito oposto no organismo em comparação com as vitaminas, competindo com elas pela ligação a proteínas específicas na formação de enzimas.

As vitaminas têm designações por letras, nomes químicos ou nomes que as caracterizam pela sua ação fisiológica. Em 1956, foi adoptada uma

classificação unificada das vitaminas, que se tornou de uso geral.
A disponibilidade de vitaminas quimicamente puras tornou possível elucidar o seu papel no metabolismo do organismo. As vitaminas fazem parte de enzimas ou são componentes de reacções enzimáticas. Na ausência de vitaminas no organismo, a atividade dos sistemas enzimáticos em que elas participam e, por conseguinte, o metabolismo, é perturbada. Existem várias centenas de enzimas conhecidas, que incluem as vitaminas, e um grande número de reacções catalisadas por elas. Muitas vitaminas participam principalmente nos processos de decomposição das substâncias alimentares e de libertação da energia nelas contida (vitaminas B_{15}, B_2, PP, etc.). Participam também nos processos de síntese: B_6 e B_{12} - na síntese de aminoácidos e no metabolismo das proteínas; B_3 (ácido pantoténico) - na síntese de ácidos gordos e no metabolismo das gorduras; B_c (ácido fólico) - na síntese de bases de purina e pirimidina e de muitos compostos fisiologicamente importantes - acetilcolina, gluta-tiona, esteróides.
Assim, as vitaminas são de grande importância fisiológica. A elucidação do papel fisiológico das vitaminas tornou possível a sua utilização na vitaminização dos géneros alimentícios, na prática médica e na criação de animais. As vitaminas tornaram-se especialmente utilizadas após o desenvolvimento da sua síntese industrial.
As vitaminas não se formam nos heterótrofos. Apenas os organismos autotróficos têm a capacidade de as sintetizar.
Quase todas as vitaminas conhecidas podem ser obtidas por métodos microbiológicos. No entanto, é economicamente mais viável obter as vitaminas por isolamento a partir de fontes naturais ou por síntese química. Os microrganismos podem ser utilizados para produzir vitaminas complexas, como o ß-caroteno (provitamina A), B_2, B_{12} e precursores vitamínicos.
A vitamina B_{12} (cianocobalamina) nos tecidos animais tem uma concentração muito baixa de vitamina (no fígado de bovino 1 mg/kg), a fim de utilizar esta fonte para fins industriais A tese química é muito complexa. *As bactérias* do ácido acético, os fungos e as bactérias do ácido propiónico são capazes de sintetizar a vitamina B_{12}. *As Propionibacterium* e *as Pseudomonas (P. denitnficans)* são as de maior importância industrial.
O concentrado de vitamina B_{12} destina-se ao enriquecimento de alimentos para animais. Para o enriquecimento de produtos lácteos fermentados com vitamina B_{12}, as bactérias do ácido propiónico são utilizadas tanto na forma pura como na forma de concentrado preparado com soro de leite.
A vitamina B_2 (riboflavina) pode ser extraída em pequenas quantidades de matérias-primas naturais. É mais abundante nas cenouras e no fígado de

bacalhau. Os produtores mais activos de vitamina B_2 são fungos semelhantes a leveduras do género *Eremothecium ashbyii,* pertencentes à classe dos ascomicetes, bem como a bactéria *Bacillus subtilis.* A vitamina B_2 é enriquecida em alguns tipos de pão branco e é utilizada para colorir os géneros alimentícios de amarelo alaranjado.

Os carotenóides são precursores da vitamina A, dos quais o ß-caroteno é o mais ativo. Os carotenóides não são sintetizados no organismo humano, pelo que têm de ser fornecidos pelo exterior. No fígado, o caroteno é convertido em vitamina A. Os carotenóides podem ser produzidos por cogumelos e leveduras. Na indústria, o ß-caroteno é mais frequentemente produzido pelo fungo microscópico *Blakeslea trispora.*

O ß-caroteno é utilizado no fabrico de produtos alimentares como agente corante. É utilizado no fabrico de salsichas em vez de nitrito de sódio para garantir uma elevada intensidade e estabilidade da cor, no fabrico de chupa-chupas, pastas alimentares, cupcakes e outros produtos de confeitaria. Em muitos países, o ß-caroteno é utilizado para colorir a manteiga. Além disso, tem propriedades antioxidantes que ajudam a prolongar o prazo de validade do produto.

A vitamina ^ é sintetizada industrialmente pela levedura *Saccharomyces serevisiae,* é utilizada no tratamento e na prevenção do raquitismo dos canídeos

A produção microbiológica de biotina utilizada na alimentação de frangos e suínos é prometedora. Atualmente, no Ocidente, a maioria dos alimentos para suínos inclui biotina obtida por síntese química. A síntese química resulta numa mistura racémica, e apenas a forma D da vitamina, que é sintetizada por microrganismos, é biologicamente ativa.

Existem 40 grandes produtores industriais de vitaminas no mundo; 18 deles estão nos EUA, 8 no Japão e 14 na Europa Ocidental. A empresa suíça *Hoffman La Roche,* que produz 50-70% de todas as vitaminas, detém a posição de liderança na produção de vitaminas.

10.2. Produção de vitaminas hidrossolúveis

As vitaminas são principalmente produzidas sinteticamente e apenas em alguns casos, passos individuais na cadeia de síntese são efectuados por meios biológicos. A produção de concentrados de vitaminas a partir de produtos vegetais ou animais perdeu muito do seu significado.

A obtenção de vitaminas refere-se a uma síntese orgânica fina em várias etapas. As seguintes vitaminas hidrossolúveis são sintetizadas por métodos químicos: B,, B_2, B_3, B_6, B_c, C, PP, e B_{12} por métodos enzimáticos de síntese microbiológica. A fermentação é também utilizada numa das fases da síntese da vitamina C. Esta vitamina, sob a forma de uma substância cristalina individual de elevada pureza, é formada pela redução da D-glucose em D-sorbitol. Este último é oxidado enzimaticamente em *L-sorbose*, que após uma série de operações é convertida em vitamina C (Fig. 10.1).

A produção de **vitamina B** (tiamina) (Fig. 10, *6) baseia-se* na condensação de 2-metil-4-amino-5-cloro (bromo) metilpirimidina com 4-metil-5-3-oxietiltiazol. A coenzima da vitamina B1, a cocar-boxilase (Fig. 10, 7), ou éster difosfórico da tiamina, utilizada no tratamento de doenças cardíacas, é obtida por fosforilação da tiamina, com posterior purificação em resinas de permuta iónica e cristalização.

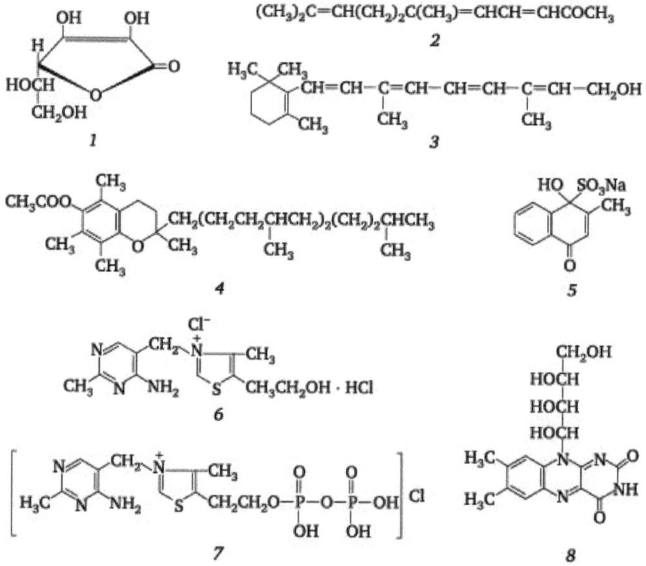

$(CH_3)_2C{=}CH(CH_2)_2C(CH_3){=}CHCH{=}CHCOCH_3$

Figura 10. Estrutura das vitaminas solúveis em água:
1 - vitamina C (ascorbina); *2* - ácido linoleico; *3* - vitamina A (retinol);
4 - vitamina E (tocoferol); *5* - vitamina K; 6 - vitamina B_1 (tiamina);
7 - éster fosfórico de tiamina; *8* - riboflavina (B_2)

A vitamina B_2 (riboflavina) (Fig. 10, *8*) é formada pela cultura de *Eremothecium ashbyii* e outros microrganismos sem isolamento sob a forma de biomassa seca (utilizada apenas na alimentação de animais de criação), e a riboflavina sintética (utilizada em medicina) é obtida como produto cristalino por oxidação destrutiva da *D-glicose* (do amido de milho) em ácido *D-arabónico* e por uma série de outras operações transformadas no produto final - cristais amarelo-alaranjados de elevada pureza. = Um derivado importante da riboflavina, a sua coenzima riboflavina-5'-fosfofosfato de sódio (R Na) (Fig. 11, *1*), utilizada em injecções, é obtida por fosforilação da riboflavina, enquanto uma outra coenzima, o FAD, é obtida por fosforilação da riboflavina.

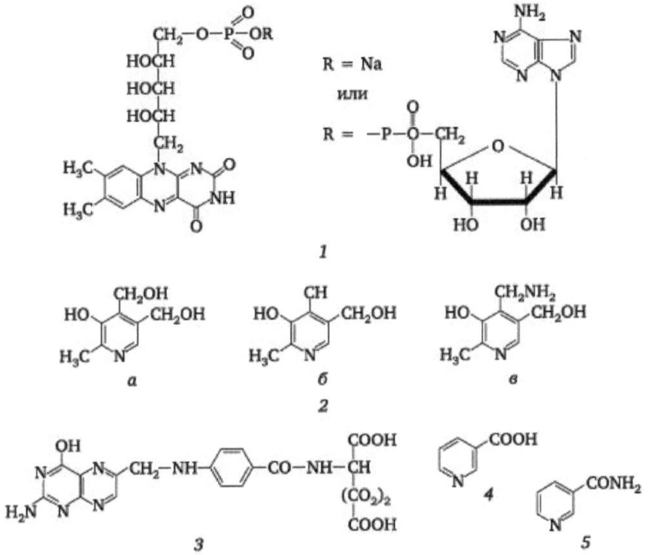

Figura 11. Estrutura das formas coenzimáticas das vitaminas:
1 - fosfato de riboflavina-5-sódio, R - FAD; *2* - vitamina B_6 (*a* - piridoxina; *b* - piridoxal; *c* - piridoxamina); *3* - ácido fólico ($B_{(c)}$);
4 - ácido nicotínico (PP); *5* - nicotinamida

(R é um resíduo de adenosina-5'-fosfato) (Fig. 11, *1*)-criado por condensação de riboflavina-fosfato e adeiosina-5'-fosfato.

A vitamina B_2 encontra-se nas células de vários microrganismos como coenzima em flavoproteínas (principalmente as enzimas correspondentes da classe das oxidorredutases - FMN, FAD). Por conseguinte, a riboflavina (flavoproteínas) pode ser produzida por bactérias, leveduras e fungos filamentosos. As estirpes mais tentadoras são as que produzem 0,5 g ou mais de riboflavina em 1 litro de meio em meio líquido. Estes organismos incluem *Ashbyii gossypu, Eremothecium ashbyn* e *Candida guilliermondn.* Dada a variabilidade dos produtores activos destas espécies na sua capacidade de sintetizar vitamina B_2, é necessária uma seleção sistemática das culturas durante a sua exploração na produção. Normalmente, os produtores activos das duas primeiras espécies formam colónias cor de laranja brilhantes em meios agarrados. Foram utilizados métodos de engenharia genética para obter uma estirpe de bacilo do feno que produz cerca de 6 g de riboflavina por 1 l de meio incluindo melaço, concentrado de proteína-vitamina-hidrolisado.

O elevado rendimento em riboflavina de *E. ashbyn* está correlacionado com o azoto purínico e outras fontes de azoto, cujo teor deve ser suficiente. A glicose ou a sacarose são utilizadas como fontes de carbono, e são utilizados extractos de levedura e de milho, farinha de soja e óleo (gordura). O meio de fermentação inclui geralmente farinha de milho e de soja, sacarose, extrato de milho, di-hidrofosfato de potássio, carbonato de cálcio, cloreto de sódio e gordura insaturada.

A fermentação é geralmente efectuada durante 5 dias a um pH de 5,5-7,7. Uma vez utilizada a sacarose (após cerca de 30 h), a vitamina B_2 começa a acumular-se acentuadamente, primeiro no micélio e depois no líquido de cultura. A biomassa inteira pode ser seca, o produto ^{AND}-G com um teor de humidade residual de 8 %, contendo 1,5-2,5 % de riboflavina, 20 % de proteínas, tiamina, ácido nicotínico, piridoxina, ciancobalamina, oligoelementos e outras substâncias, é recomendado para a alimentação animal.

No caso de rendimentos elevados de riboflavina, a vitamina pode ser isolada no seu estado individual e utilizada em medicina juntamente com a riboflavinómica sintética.

Para *Candida* $_{gut}H_{i}e_{(rmOn)}d_{(a)}$, é importante regular o teor de ferro do meio nutriente; as concentrações óptimas variam entre 0,005 e 0,05 µg/ml, em média. Certas estirpes de leveduras podem produzir até 0,5 g/litro ou mais de vitaminas em 5-7 dias. No entanto, as espécies e estirpes de fungos mais produtivas - *E. ashbyii e Ashbyiigossypii* - são preferidas para efeitos de produção industrial de riboflavina

A vitamina B_c (ácido fólico) (Fig. 11, *3*) é sintetizada pela condensação, numa única fase, de 2,4,5-triamino-6-oxipirimidina, 1,1,3-tri-cloroacetona e ácido *η-aminobenzoil-L-glutâmico*.

A vitamina PP (ácido nicotínico) (Fig. 11, *4)* é obtida por oxidação da ß-picolina (extraída do alcatrão de hulha), que tem recursos limitados, e por oxidação da quinolina ou da 2-metil-5-etilpiridina. Para além do ácido nicotínico, a nicotinamida é utilizada para fins médicos (Fig. 11, *5)*.

A vitamina B_3 (ácido *D-pantoténico* opticamente ativo) é utilizada em medicina como sal de cálcio:

$$\mathbf{HOCH_2C(CH_{(3)})_2CH(OH)CONH(CH_{(2)})_2COOH.}$$

Para as necessidades da criação de animais, não há necessidade de separar o racemato de pantolactona em antípodas ópticos nas fases intermédias da síntese. A síntese do pantotenato de cálcio racémico consiste na condensação fraccionada do isobutiral e do formaldeído, com a subsequente transformação em pantolactona, e depois na sua condensação com a ß-alanina, levando à formação do produto final.

A vitamina B_6 (piridoxina) (Fig. 11, *2, a*) é sintetizada por condensação de metoxiacetilacetona com éster cianoacético na presença de amoníaco para formar 2-metil-4-metoximetil-5-ciano-6-oxipiridina, que é submetida a nitração e depois convertida em piridoxina por uma série de operações. É igualmente conhecido um outro método de preparação da piridoxina, através do 4-metil-5-pro-poxoxazole por síntese de dienos com buten-2-diol-1,4 formal. Outras formas de B_6 são o piridoxol (Fig. 11, *2, b)* e a piridoxamina (Fig. 11,[2], *c)*

A vitamina B12 (ciancobalamina) só é obtida por síntese microbiológica. Os seus produtores são procariotas, principalmente bactérias propiónicas, que também produzem naturalmente esta vitamina. Os mutantes de *Propionibacterium shermami* M-82 e de *Pseudomonas denitrificans* M-2436 produzem até 58-59 mg/l de cianocobalamina em meio líquido.

Dada a importante função da vitamina no corpo humano (é um fator anti-anémico), a sua produção global atingiu 10 toneladas por ano, das quais 6,5 toneladas são utilizadas para necessidades médicas, enquanto Z,5 toneladas são utilizadas na criação de animais.

A produção doméstica de ciancobalamina baseia-se na utilização de uma cultura de *P. freudenreichii* var. *shermami,* cultivada em modo descontínuo sem acesso a oxigénio. O meio de fermentação contém geralmente glucose, extrato de milho, sais de amónio e de cobalto, pH de cerca de 7,0, mantido pela adição de NH,OH; a duração da fermentação é de 6 dias; após 3 dias, adiciona-se ao meio 5,6-di-metilbenzimidazole (precursor da vitamina $B_{12)}$ e a fermentação prossegue durante mais 3 dias.

A cianocobalamina acumula-se nas células bacterianas, pelo que a extração para o isolamento da vitamina consiste no seguinte: separação das células, extração com água a pH 4,5-5,0 e temperatura de 85 90...C. na presença de um estabilizador (solução de iatriiitrito a 0,25 %). C. na presença de um estabilizador (solução de titrato de iatrio a 0,25 %). A extração decorre durante uma hora, após o que a solução aquosa é arrefecida, neutralizada com solução de hidróxido de sódio, adicionam-se coagulantes proteicos - cloreto de ferro trivalente e sulfato de alumínio - e filtra-se. O filtrado é evaporado e adicionalmente purificado utilizando métodos de permuta iónica e cromatografia, após o que a vitamina é cristalizada a 3-4 ^{O}C a partir de uma solução de uma acetona.

A ciancobalamina cristalina pode ser obtida utilizando zorcina ou fenol para formar aductos com ela, que são relativamente fáceis de decompor nos seus componentes constituintes.

Ao implementar este processo biotecnológico, não se deve esquecer a elevada fotossensibilidade da vitamina B_{12}, pelo que todas as operações devem ser efectuadas em condições de escuridão (ou sob luz vermelha). No nosso país, obtém-se o preparado forrageiro KMB 12 - concentrado, que contém vitamina B_{12} e outras substâncias de rosa, a partir de acetona-butila e de álcool com adição de sais de cobalto e metanol.

A vitamina C (ácido ascórbico) é uma vitamina anti-escorbuto que se encontra em todas as plantas e animais superiores. Apenas os seres humanos e as bactérias não sintetizam ácido ascórbico, mas os seres humanos não precisam dele e as bactérias não precisam dele. No entanto, certas espécies de bactérias do ácido acético estão envolvidas na biossíntese da *L-sorbose*, um semi-produto deste ácido. ™Assim, todo o processo de produção de ácido ascórbico é misto, ou seja, quimio-enzimático tive (m)- .

A fase biológica do processo é catalisada pela polioldehidrogenase ligada à membrana. A última fase, química, inclui as seguintes etapas: condensação da sorbose com diadetona para produzir diacetona-i-sorbose, oxidação da *diacetona-L-sorbose* em ácido diacetona-2-cetogulónico, que é depois hidrolisado para produzir ácido 2-ceto-1-gulónico; este último é enolisado e transformado em ácido *L-ascórbico* (Fig. 12).

A fermentação de *Gluconobakter oxydans* é efectuada em meios que contêm sorbitol (20 %), milho ou extrato de levedura, sob arejamento intensivo (8-10 g O_2/l/h). O rendimento de *L-sorbose* pode atingir 98 % num a dois dias. Quando a cultura atinge a fase logarítmica, o sorbitol pode ser adicionado adicionalmente ao meio, elevando a sua concentração para 25 %. Verificou-se igualmente que *a G. oxydans* pode também oxidar concentrações mais elevadas de poliálcoois

CH_2OH
D-глюкоза
Восстановление
$HOH_2C(CHOH)_4CH_2OH$
D-сорбит
Gluconobacler oxydans
Биологическое окисление, pH = 5,0
$HOH_2CCO(CHOH)_3CH_2OH$
L-сорбоза
Химический процесс (Трансформация)
CO—C=C—C—C—CH_2OH
L-аскорбиновая кислота

Recuperação
D-sorbitol
Ácido L-ascórbico
Gluconobacler oxydans
Processo químico

Fig. 12. Esquema de produção de ácido ascórbico (vitamina C)

Álcoois (30-50"/^ criados nas últimas fases do processo. Este facto deve-se à polioldehidrogenase contida na biomassa celular. A possibilidade de obter *L-sorbose* a partir do sorbitol utilizando células imobilizadas num gel de poliacrilamida (PAAG) foi provada em princípio.

10.3. Produção de vitaminas lipossolúveis

Produção e utilização do ergosterol. Na indústria, o ergosterol é obtido a partir das leveduras *Sacch. cerevtsrae, Sacch. carlsbergensis*, bem como fungos miceliais. A sementeira é efectuada com uma grande quantidade de minoculturas. O cultivo é efectuado a alta temperatura e com forte arejamento num meio que contém um grande excesso de fontes de carbono em relação às fontes de azoto.

As leveduras, os fungos *Aspergillus* e *Pemcilhum* são utilizados para produzir vitamina D_2 cristalina ou concentrada. A levedura seca irradiada é utilizada como concentrado na criação de gado.

O máximo de absorção do ergosterol regista-se a 280 nm. É esta radiação que excita as ligações individuais dos anéis A e B da molécula de ergosterol e provoca a sua transformação em vitamina D_2. A irradiação é efectuada por lâmpadas UV com um comprimento de onda de 280-300 nm (levedura seca) ou numa camada fina de suspensão de levedura a 5%. Com radiações de comprimento de onda mais curto e de comprimento de onda mais longo, o rendimento de outros compostos de natureza esterol aumenta.

O rendimento da vitamina D_2 (e a formação de outros compostos) é afetado pela duração da irradiação, pela temperatura e pela presença de impurezas. Por este motivo, a irradiação do ergosterol utilizado como aditivo alimentar deve ser efectuada com grande cuidado.

A indústria da URSS produziu uma preparação chamada "Levedura hidrolítica alimentar enriquecida com vitamina D_2". Em 1 g de levedura absolutamente seca contém 5000 UI de vitamina D_2, pelo menos 46% de proteínas brutas e aminoácidos essenciais, incluindo lisina, metil-triptofano.

Para obter vitamina D_2 cristalina, os micélios de levedura ou de cogumelos são hidrolisados com uma solução de ácido clorídrico a 110 °C. A massa hidrolisada é tratada com álcool a 75...78 °C e filtrada após arrefecimento a 10-15 °C. O filtrado é evaporado até 50 % de sólidos e utilizado como concentrado de vitaminas do grupo B.

(A massa é lavada, seca, triturada e tratada duas vezes a 78 °C com três vezes o volume de álcool.

Os extractos alcoólicos são espessados até 70 % de sólidos. Obtém-se assim um concentrado lipídico. Este é saponificado com uma solução de NaOHa e os esteróis permanecem na fração não saponificada. Os cristais de ergosterol precipitam da solução a 0 ^{O}C. Os cristais são purificados por recristalização por lavagem sucessiva com álcool a 69%, mistura de álcool e benzeno (80 : 20) e recristalização. Os cristais de ergosterol obtidos são secos, dissolvidos em éter, irradiados, após o que o éter é destilado e a solução vitamínica é concentrada e cristalizada.

Para obter um concentrado de óleo, a solução vitamínica após filtração é diluída com óleo até um nível padrão.

A fonte de ergosternia pode ser o micélio das carpas, que permanece como um produto residual das indústrias de antibióticos e de ácido cítrico.

A produção industrial de ergosterol foi estabelecida utilizando uma fração lipídica que utiliza *n-alcanos*. A massa seca de levedura foi extraída com éter de petróleo para extrair os hidrocarbonetos residuais, e o ergosterol, a ubiquinona-9 e outros compostos lipossolúveis foram isolados da fração lipídica resultante (gordura microbiana), um subproduto da indústria microbiológica.

A levedura enriquecida com ergosterol e irradiada com radiação ultravioleta é utilizada na criação de animais como aditivo alimentar.

O ergosterol é um produto DE BASE para a produção de algumas hormonas esteróides, preparações médicas e alimentares, cuja quantidade é insuficiente para as necessidades da economia nacional, e a introdução de novas instalações de produção é a tarefa de um futuro próximo.

Produção de carotenóides. Os carotenóides são produzidos por síntese química e por isolamento a partir de fontes naturais - plantas e microorganismos. O ß-caroteno, a vitamina A, o ß-ano-8-carotenal, o éster etílico do ácido ß-ano-8-carotenóico, a cantoxantina e vários outros carotenóides são sintetizados quimicamente e à escala industrial. Alguns vegetais (cenoura, abóbora, erva, roseira brava, espinheiro marítimo) são também fontes tradicionais de carotenóides.

Os fungos miceliais e as leveduras são cada vez mais utilizados para os mesmos fins. As bactérias e as algas também têm interesse como produtores de carotenóides.

Algumas bactérias foto-tróficas são promissoras neste domínio, em que a produção de carotenóides pode ser regulada em função da intensidade da luz. No Japão, a biomassa bacteriana púrpura, rica em carotenóides, é utilizada como suplemento da dieta dos frangos para melhorar a cor da gema. Os carotenóides podem também ser obtidos em quantidades significativas a partir de algumas algas (por exemplo, *Spongiococcus excentncum, Chlorella sp.)*.

Entre os quimiotróficos, *as* leveduras *Rhodotorula gracilis, R. rubra, Rhodospondium diobovatum,* bem como *actinomicetos* (*Ad. chrestornycetes*™. *aurantioiäeusAdchrysornallus* var. *Carotinoides*), *micobactérias* (*Mycobacterium phlei, M. carotenum*), fungos (*Mucoraceae, Dacrymycetaceae*, etc.) são utilizados para a produção de *carotenóides*. De interesse são algumas estirpes de *Flavobacterium* que sintetizam o pigmento zeaxantina, que ainda não pode ser obtido por síntese química.

Os fungos mucor heterotálicos *Blakeslea tnspora* e *Choanephora conjuncta* são produtores de ß-caroteno amplamente utilizados na produção industrial deste pigmento. Quando estirpes de diferentes sexos destes fungos são co-cultivadas em meios especialmente selecionados, o rendimento de caroteno é de cerca de 3-4 g/litro de meio.

A produção de ß-caroténio por *B. tnspora* é realizada em meios complexos, tais como meios de milho-soja contendo óleos vegetais, parafina, tensioactivos e alguns estimulantes especiais. Para poupar dinheiro, os segundos produtos de resíduos - extrato de milho e hidrol - estão a começar a ser utilizados. Como estimulantes da síntese de caroteno é utilizada a ß-ionona, que pode ser substituída por polpa de citrinos e melaço de citrinos mais baratos. Dímeros ou trímeros de isopreno, bem como ciclo-hexano, ciclo-hexanona e derivados trimetilados, entre os quais o 2,6,6-trimetil-1-acetilciclo-hexano (TAC) é o mais eficaz. A pirrolidona, a succinimida, o nembutal e a isoniazida também podem ser activadores da carotinogénese em *B. tnspora*. A adição destes activadores, especialmente destes últimos, no contexto da ação da ß-ionona ou do TAC permite um aumento significativo do rendimento em carotenóides. Os estimulantes são adicionados à cultura do produtor após o fim do período de crescimento intensivo.

O processo de produção de ß-caroteno pelo fungo B. *tnspora* é efectuado em várias fases. De acordo com um dos métodos, primeiro, as estirpes (+)- e (-)- do fungo são cultivadas separadamente. A fase seguinte é a co-cultura das estirpes de diferentes sexos num fermentador a 26 ^{O}C e com arejamento suficientemente intenso. A terceira fase do cultivo consiste na introdução de uma cultura mista de *B. tnspora* num grande fermentador e na incubação durante 6-7 dias à mesma temperatura e arejamento.

Com a ajuda de estimulantes adequados, é possível não só aumentar significativamente o rendimento de ß-caroteno, mas também alterar a composição de carotenóides em *B. trispora*. Sob a influência de alguns derivados da piridina (2-aminopiridina, 4-aminopiridina), o licopeno torna-se o pigmento predominante em vez do ß-caroteno, cujo rendimento pode ser superior a 60 % de todos os carotenóides sintetizados por *B. trispora*. Quando se adiciona 4-aminopiridina, o γ-caroteno forma-se juntamente com o licopeno, e ambos os carotenóides são sintetizados em quantidades quase iguais. Assim, *B. tnspora* tem interesse prático não só por ser um dos produtores mais activos de ß-caroteno, mas também porque outros carotenóides (γ-caroteno, licopeno, a-caroteno, ß-zeacaroteno) podem ser obtidos a partir deste organismo, que também têm aplicações práticas.

Estão a ser realizados estudos para reduzir ainda mais o custo dos carotenóides produzidos por métodos microbiológicos. Foi demonstrado, por exemplo, que a síntese de carotenóides em *B. tnspora* pode ser aumentada quase sete vezes se a fonte de carbono no meio for a celobiose. A fim de reduzir o custo de produção, é possível utilizar para este efeito os resíduos resultantes da produção de materiais celulósicos. Nestes meios, *B. tnspora* sintetiza, para além do ß-caroteno, uma enzima tão importante do ponto de vista prático como a ß-glucosidase. A obtenção simultânea de dois produtos valiosos reduz significativamente o custo da produção de ß-caroteno.

Foi também proposto um mutante altamente produtivo da levedura *Rhodospondtum diobovatum* para aplicação prática. Uma preparação de proteína contendo caroteno foi produzida com base nesta estirpe. Foi também desenvolvido um método para a produção de uma preparação contendo caroteno utilizando um mutante altamente ativo de *Mycobacterium rubrum; a* preparação contém α-, β- e γ-carotinas, licopeno e xantofilas (luteína, torulina, etc.). Para produzir xantofilas, é utilizado *o* fungo *Dacrymyces deliquescens*, cultivado num meio que contém glucose, glicerol e extrato de milho sob iluminação intensa. O rendimento de xantofilas neste caso pode ser de cerca de 40 mgna1L de meio.

Capítulo 11

PRODUÇÃO DE ÁCIDOS ORGÂNICOS

Os ácidos orgânicos são amplamente utilizados nas indústrias alimentar e farmacêutica, na tecnologia e como matérias-primas químicas. Alguns ácidos orgânicos (ácido cítrico, ácido málico) podem ser obtidos por extração de matérias-primas naturais; outros (ácido acético, ácido lático) podem ser obtidos por síntese orgânica. Mais de 50 ácidos orgânicos podem ser sintetizados com base na síntese microbiológica. Atualmente, os métodos biotecnológicos para a sua produção foram desenvolvidos em pormenor e considera-se que os ácidos orgânicos obtidos por síntese microbiológica são mais preferíveis para consumo humano do que os ácidos sintéticos. Os ácidos orgânicos para necessidades técnicas são produzidos quimicamente; os utilizados na indústria alimentar e farmacêutica são produzidos por processos biotecnológicos (produção dos ácidos orgânicos cítrico, lático, acético, itacónico, propiónico e glucónico (os ácidos lático e acético são também produzidos quimicamente)).

Assim, os ácidos cítrico, isolimónico, cetoglutárico, succínico, fumárico e málico são produtos intermédios do ciclo do ácido tricarboxílico na maioria dos microrganismos aeróbios. Os ácidos glucónico, cetoglúcico e tartárico são produtos intermédios da oxidação direta da glucose (sem fosforilação) em algumas bactérias e fungos aeróbios. Os ácidos lático, butírico e propiónico são produtos finais do metabolismo dos hidratos de carbono em bactérias anaeróbias. O ácido acético é um produto da oxidação do etanol e os ácidos alifáticos mono e dicarboxílicos são produtos intermédios da oxidação dos alcanos normais.

Assim, são grandes as possibilidades de os microrganismos produzirem ácidos orgânicos com base no seu metabolismo. São necessárias condições selectivas e rigorosamente definidas para a supersíntese de ácidos individuais. No caso de um crescimento equilibrado de microrganismos num meio completo, a acumulação de ácidos orgânicos não ocorre, porque, sendo produtos intermédios no sistema de metabolismo microbiano, os ácidos orgânicos são o material de partida para a síntese de outras macromoléculas. O momento da taxa máxima de formação de ácidos orgânicos na célula, bem como de muitos outros metabolitos, não coincide com o momento da taxa de reprodução celular e da acumulação de biomassa. A supersíntese de ácidos orgânicos é observada quando a taxa de crescimento do produtor diminui e os processos de biossíntese que requerem ácidos como substratos são bloqueados, ou seja, quando a dissimilação do substrato endógeno disponível pelos processos de síntese dos principais componentes (contendo azoto) da célula é perturbada. Estas condições são proporcionadas, em regra, por um teor total ou excessivo de carbono e de fontes de energia no meio e por uma deficiência de elementos biogénicos que limitam o crescimento celular. A maioria dos ácidos orgânicos é produzida limitando o crescimento das células produtoras com um défice de azoto ou fósforo e um excesso de substrato contendo carbono, pelo que os processos microbiológicos de produção de ácidos orgânicos são bifásicos. Na primeira fase, ocorre o chamado crescimento equilibrado com acumulação máxima de biomassa e consumo de substrato de carbono e energia, bem como biogénio limitante; na segunda fase, a taxa de crescimento celular abranda. Como resultado, o crescimento da biomassa pára e começa a formação de ácido intensivo. A duração da fase de formação intensiva de ácido é determinada pela presença de substrato contendo carbono no meio. Uma condição importante para a formação da maioria dos ácidos orgânicos (exceto o ácido lático) é um bom regime de arejamento, bem como o pH do meio.

A capacidade de produzir um determinado ácido é uma propriedade muito comum nos microrganismos. As estirpes especialmente selecionadas que produzem o ácido-alvo como monoproduto com rendimentos elevados e assimilação eficiente do substrato de carbono são utilizadas como culturas derivadas. Na produção de ácido orgânico miogénico, o coeficiente económico do carbono atinge uma percentagem que pode ser superior. As culturas de bactérias, leveduras e fungos (*Lactobacillus, Arthrobacter, Alcaligenes, Candida, Aspergillus, Penicillium, Trichoderma*) servem como produtores. Os métodos de fermentação nos processos microbiológicos de produção de ácido orgânico são diversos.

Estes incluem processos de superfície líquida e de fase sólida, bem como processos profundos, incluindo culturas de fluxo contínuo. Nos últimos anos, foram desenvolvidas biotecnologias fundamentalmente novas e eficientes utilizando células inteiras e enzimas imobilizadas. Os substratos utilizados na produção de ácidos orgânicos também são diversos. A glucose e a sacarose utilizadas no início do século XX acabaram por ser substituídas por meios complexos mais económicos (melaço, amido hidrolítico). Na década de 1960, foram desenvolvidos novos processos para a produção de ácidos orgânicos utilizando parafinas líquidas de petróleo

Atualmente, vários ácidos orgânicos são produzidos à escala industrial por métodos biotecnológicos. Destes, os ácidos cítrico, glucónico, cetoglucónico e itacónico são produzidos apenas por métodos microbiológicos; os ácidos lático, salicílico e acético são produzidos tanto química como microbiologicamente, e o ácido málico é produzido por métodos químicos e enzimáticos. O ácido acético é produzido por *Acetobacter* e *Gluconobacter,* o ácido cítrico por *Aspergillus niger, Aspergillus wentii,* o ácido lático por *LactobaciUusdelbrueckii.*

O vinho de uva, o mosto de cerveja, o mel, os sumos de vários frutos e bagas após fermentação alcoólica são utilizados como matérias-primas para a produção de vinagre alimentar, e uma solução aquosa de álcool etílico é utilizada para o vinagre branco. Além do álcool, o meio contém ácido acético e sais minerais, que incluem azoto, fósforo, enxofre, manganês e potássio. Por vezes, são adicionadas fontes de vitaminas sob a forma de vários extractos. O álcool serve de fonte de carbono e de energia para a bactéria.

O ácido acético foi o primeiro produto microbiológico produzido utilizando células imobilizadas. Este método pode ser contínuo ou descontínuo. A adsorção de bactérias produtoras de ácido acético em aparas de madeira, carvão vegetal, coque e outros substratos tem sido utilizada há muito tempo. Passando a solução de etanol através de geradores com bactérias imobilizadas, obtém-se uma solução de ácido acético a 10-15%. Neste caso, a partir de 100 litros de álcool anidro formam-se teoricamente ^ litros de ácido acético. Na prática, o rendimento de ácido acético a partir de UOl de etanol raramente ultrapassa os 90 litros, o que se deve à peroxidação e à oxidação incompleta do etanol pelas bactérias, bem como à segoevaporação.

O vinagre obtido por fermentação, tem um aroma e um sabor agradáveis, que provocam os subprodutos da fermentação: ésteres (acetato de etilo e outros álcoois superiores), ácidos orgânicos.

O vinagre de mesa contém de 5 a 9 % de ácido acético. O vinagre com uma concentração de ácido de 20 a 30 % é obtido por congelação da solução inicial, por destilação - 70-80 % de ácido acético, chamado essência acética. O ácido acético glacial contém 98,0 a 99,8 por cento de ácido.

O ácido acético, ou vinagre, é muito utilizado na indústria alimentar. O vinagre sintetizado por meios microbiológicos (vinagre de mesa de ácido acético alimentar) divide-se em categorias, consoante a natureza do substrato digerido, e é produzido a partir de maçã, uva, pera e outras categorias de vinagre. É também utilizado para dissolver corantes orgânicos, na produção de medicamentos, plásticos, etc.

O ácido cítrico está muito difundido na natureza, estando relativamente presente em algumas bagas, frutos, especialmente nos citrinos (no limão de 5 a 10%), nas folhas e caules de algumas plantas.

Anteriormente, o ácido cítrico era extraído, sob a forma de ácido cítrico cálcico, dos produtos do processamento de folhas de algodão, dos caules de cinzas volantes, das agulhas de abeto e em quantidades significativas do fruto do limão. No entanto, esta produção é extremamente cara e de pequeno volume, pelo que o ácido cítrico era um produto escasso e caro.

Atualmente, o ácido cítrico é um dos principais produtos da síntese microbiana em termos de produção, sendo que a sua produção total em diferentes países atinge 400 mil toneladas por ano.

Os fungos microscópicos dos géneros *Aspergillus, Pemcillium, Mucor, Ustma,* etc. são utilizados para produzir ácido cítrico. Atualmente, os principais produtores de ácido cítrico são várias estirpes de fungos *Aspergfilusniger.*

A supersíntese de ácido cítrico ocorre quando o crescimento de fungos produtores de fungos é limitado por componentes minerais do meio e, ao mesmo tempo, por um conteúdo excessivo de fonte de carbono. Em condições de limitação do crescimento do fungo devido à deficiência de ferro e manganês, após a absorção completa do elemento deficiente do meio, ele pára de crescer, mas continua a consumir a fonte de carbono disponível no meio. Ao mesmo tempo, o ácido cítrico começa a acumular-se nas células do fungo, sendo posteriormente libertado para o meio.

A semente sob a forma de esporos (conídios) é cultivada em meio de melaço por cultura superficial ou profunda.

O ácido cítrico é extraído do fluido de cultura sob a forma de um sal sólido solúvel, o citrato de cálcio, que se forma por adição de giz. A conversão do ácido cítrico para o estado livre é conseguida pela adição de uma quantidade estritamente definida de ácido sulfúrico:

$$\text{citrato de cálcio} + H_2SO_4 = \text{citrato} + \text{gesso.}$$

O gesso é eliminado por filtração. A solução de ácido cítrico é clarificada com carvão ativado, $_y$evaporada e cristalizada.

O ácido cítrico é utilizado na indústria de confeitaria para acidificar o caramelo, os marshmallows e os waffles, uma vez que realça bem o sabor da fruta. Este ácido orgânico é adicionado a gelados, concentrados alimentares, margarina, salsichas e queijo para fins de acidificação.

O ácido cítrico é utilizado para inibir a formação de me-lanoides no leite condensado com açúcar. A sua solução é lavada e desodorizada em matérias-primas gordas, tratadas antes do armazenamento a frio de carne fresca, peixe e fruta, a fim de estabilizar a sua cor, sabor e cheiro. Os sais de ácido cítrico são utilizados no fabrico de champôs e outros detergentes, uma vez que estimulam a formação de espuma e conferem estabilidade mecânica à espuma.

O ácido lático é produzido industrialmente por bactérias do ácido lático desde 1881. Apenas as bactérias homofermentativas do ácido lático são adequadas para a produção industrial de ácido lático, produzindo até 98% de ácido lático. As estirpes utilizadas são *Lactobacillus ddbcucck.i, Lactobacillus bulgari*™.

As bactérias do ácido lático convertem uma grande variedade de hidratos de carbono em ácido lático, pelo que o melaço, o soro de leite, a glucose, a maltose, a sacarose, a lactose, o amido sacarificado, etc. são utilizados para a produção industrial deste ácido.

O ácido lático é produzido em condições industriais por fermentação anaeróbia profunda. Durante a fermentação, o pH do meio é mantido pela adição de giz. Após 6-7 dias de cultivo, 0,5 a 0,1 % de açúcares e 11 a 14 % de lactato de cálcio permanecem no meio. De 100 açúcares obtém-se 80 a 90 lactato de cálcio.

O precipitado de giz e os colóides são separados por filtração. O filtrado é evaporado, arrefecido e cristalizado. Os cristais de lactato são separados por centrifugação. O ácido lático é obtido a partir do lactato por decomposição com ácido sulfúrico. A reação processa-se a temperaturas compreendidas entre 60 e 70 ^{O}C, de acordo com a equação

$$+ Ca(C_3H_5O_3)_{(2)}\ {}_{H2}SO_4 \quad + 2C_3H_6O_3\ CaSO_4.$$

O ácido lático é tratado com carvão ativado, filtrado e embalado. O produto final é um concentrado líquido de ácido lático

O ácido lático é utilizado na preparação de compotas, onde contribui para uma boa consistência. O ácido lático regula o pH, melhora o sabor dos produtos e é utilizado no fabrico de 150 onças de ácido lático.

O ácido lático e os lactatos aumentam o volume dos produtos de panificação e melhoram a qualidade da côdea do pão quando se utiliza farinha de baixa qualidade. O ácido lático e os lactatos aumentam o volume dos produtos de panificação e melhoram a qualidade da côdea do pão quando se utiliza farinha de baixa qualidade. A capacidade dos lactatos para reter a humidade é utilizada no fabrico de salsichas, queijo e alimentos para bebés. O ácido lático é também utilizado para uma produção mais rápida de coágulos de proteínas do leite na produção de queijo fresco.

11.1. Produção de ácido cítrico

O ácido cítrico é um oxoácido tri-básico que se encontra amplamente em frutos e bagas. É amplamente utilizado na indústria alimentar para a produção de produtos de confeitaria e bebidas e nas indústrias farmacêutica, química e têxtil. O ácido cítrico foi identificado como um produto metabólico de fungos em 1893 por S. Weyer. Atualmente, ocupa o primeiro lugar entre todos os ácidos orgânicos em termos de volume de produção (mais de 350 000 toneladas/ano).

Nos microrganismos, a síntese do ácido cítrico realiza-se no ciclo do ácido dicarboxílico e resulta da condensação de um ácido com quatro átomos de carbono e dois grupos carboxilo e de um ácido com um grupo carboxilo. O ácido pirúvico formado pela glicólise é ligado ao açucaresloton; o ácido oxálico-acético reduzido neste processo reage com o ácido acético para formar o ácido cítrico, ou seja, a formação do ácido cítrico envolve as reacções da glicólise e um certo número de reacções do ciclo de Krebs. Em cada volta do ciclo, uma molécula de ácido oxálico-acético interage com o ácido acético para formar ácido cítrico

A produção de ácido cítrico por fermentação de fungos é um dos processos biotecnológicos mais antigos (finais do século XIX). O melhoramento do processo de produção de ácido cítrico está intimamente relacionado com o desenvolvimento de muitos aspectos fundamentais da microbiologia (controlo da contaminação microbiana da cultura de produção, otimização da composição dos meios nutritivos, seleção de estirpes com elevado teor de produto, etc.).

Na produção industrial de ácido cítrico, *o Aspergillus niger* é utilizado principalmente como produtor, mas *o A. wentii* também é utilizado. O processo de fermentação é bastante complicado, uma vez que o ácido cítrico é um produto do metabolismo primário dos fungos, e mesmo uma pequena libertação no ambiente indica um desequilíbrio pronunciado no metabolismo celular. O crescimento do produtor e a síntese do ácido são geralmente regulados pela composição do meio (açúcares, P, Mn, Se, Zn). A supersíntese de ácido cítrico ocorre em concentrações elevadas de açúcares no meio (14-24%) e é uma resposta do produtor à deficiência de fósforo, bem como de outros metais, embora o seu papel não seja completamente claro: é provavelmente tanto a supressão do anabolismo como a influência nas propriedades e morfologia da superfície. O pH ótimo na fase de formação de ácido é de 1,7-2,0. Num meio mais alcalino, o processo muda para a acumulação de ácidos oxálico e ilucónico. O meio é geralmente baseado em xarope de glucose, hidrolisados de amido ou melaço, que é pré-diluído até ao nível necessário de açúcares e tratado para reduzir o teor de metais. As fontes de azoto são os sais de amónio (0,2 %) e a concentração de fosfato (0,01-0,2 %). Os óleos naturais com um elevado teor de ácidos gordos são utilizados como antiespumantes. O nível de arejamento da cultura é essencial.

São utilizados vários métodos para a produção de ácido cítrico [6] O método de superfície é efectuado num meio sólido a granel e na fase líquida. Na fermentação de superfície em fase líquida, o meio nutriente é vertido em cuvetes numa camada de 8 a 18 cm. As cuvetes são colocadas em prateleiras na câmara de fermentação, previamente esterilizadas com vapores de formalina. Através de condutas de ar especiais com corrente de ar estéril, a superfície do meio é semeada com a cultura inicial do museu. O material de sementeira utilizado é obtido preliminarmente também em condições de cultura de superfície e seco η

esporos (conídios) à taxa de 50-75 mg de conídios por 1 m de área de cuvete. São conhecidas diversas variantes do processo: shiftless, shiftless com recargas e o método da película. No modo shiftless, o processo é efectuado num único meio desde o momento da sementeira dos esporos até ao final da fase de formação de ácido.

Quando se utiliza o método da película, 7 dias após a conclusão da formação de ácido, a solução de melaço fermentado é drenada das cuvetes, os micélios são lavados com água esterilizada e uma nova solução é vertida nas cuvetes. O método imutável caracteriza-se por adições fraccionadas de melaço sob a película de cogumelo na fase de formação de ácido (30-35% do volume inicial) - um modo com alimentação de substrato. Isto permite aumentar o rendimento de ácido cítrico em 15-20 % a partir da unidade de superfície, com redução do consumo de açúcares em 10-15 % em comparação com outros métodos 152 u

Na primeira fase da fermentação (primeiras 24-36 h), ocorre um crescimento micelial intensivo. Na fase de fermentação, ocorre um crescimento intensivo do micélio na primeira fase (primeiras 24-36 h). A temperatura do meio durante este período é estabilizada a 32...34 °C, a intensidade do arejamento é de 3-4 m/h de ar. Durante a formação ativa dos cotilédones, o fornecimento de ar é aumentado 5 vezes. Como resultado de uma termogénese mais intensa, a temperatura é reduzida para 30...32 ^{O}C. À medida que a taxa do processo de formação de ácido diminui, o regime de arejamento torna-se menos intensivo. O processo é monitorizado pela acidez titulável do meio. O processo é considerado completo quando a concentração residual de açúcares é de cerca de 1-2 % e o nível de acidez titulável é de 12-20 %. O teor de ácido cítrico atinge 94-98 % do nível de todos os ácidos. O licor fermentado é vertido para um tanque de recolha e enviado para processamento e o ácido cítrico lavado é enviado para a fábrica de rações.

A fermentação em fase sólida tem muito em comum com o processo de fase superficial-líquida. O processo Kojn, desenvolvido no Japão, utiliza material poroso (bagaço, batata, polpa de beterraba sacarina, farelo de trigo) como meio. O material é previamente esterilizado e, após arrefecimento, é inoculado com uma suspensão de esporos. A fermentação tem lugar em tabuleiros a 25...30 C durante 6-7 dias. O ácido cítrico formado é extraído com água. No Japão, 20 % do volume total deste ácido é obtido pelo método Kodai.

Desde 1950, os processos industriais de produção de ácido cítrico foram transferidos para as condições de cultura em profundidade. Um processo estável é possível se for organizado em duas fases: a primeira fase é o crescimento micelial num meio completo, e a segunda fase (na ausência de fósforo no meio) é a formação de ácido cítrico. A fermentação profunda é efectuada em aparelhos com uma capacidade de 50 m e enchidos a 70-75 %. A semente é o micélio, que também é cultivado em condições de cultura profunda. No aparelho de produção, onde o micélio cultivado é transferido através de uma linha de sementeira estéril, o meio nutritivo contém 12-15 % de açúcares. A fermentação é efectuada a 31,32 C com agitação contínua. Durante o processo de formação dos cotilédones (5-7 dias), o meio nutritivo é realizado o

regime de arejamento intensivo (até 800-1000 $_{m}$/h) com adição fraccionada de açúcares, 2-3 alimentações. O rendimento do ácido cítrico é de 5 a 12 %, a concentração residual de açúcares - 0,2-1,5 %, a proporção de citrato - 80-98 % da soma de todos os ácidos orgânicos. Nos anos 60 do século XX começaram a desenvolver-se métodos de produção de ácido cítrico com base em hidrocarbonetos líquidos (C_9-C_3"), utilizando leveduras (*Candida*) e bactérias (*Brevibactenum, Corynebactenum, Arthrobacter),* bem como o método de culturas em fluxo. Estas tecnologias ainda não foram concretizadas

No futuro, há certas perspectivas de futuro.

O produto final é altamente purificado. O ácido cítrico cristalino é obtido durante a fase pós-fermentativa. Para além do ácido-alvo, as soluções fermentadas contêm igualmente ácidos glucónico e oxálico, resíduos de açúcares não fermentáveis e sais minerais. Para isolar o ácido cítrico desta solução, este é ligado ao hidróxido de cálcio para formar o citrato de cálcio, dificilmente solúvel.

Simultaneamente, formam-se sais de cálcio dos ácidos glucónico e oxálico, gluconato de cálcio ($C_{12}H_{22}CaO_{14}$) e oxalato de cálcio (CaC_2O_4). Os sais de cálcio dos ácidos cítrico e oxálico precipitam-se, enquanto o gluconato de cálcio e a maior parte dos componentes orgânicos e minerais do melaço permanecem em solução. O precipitado é separado num filtro de vácuo, lavado e seco. Além disso, para transferir o ácido cítrico para o estado livre e libertá-lo do oxalato de cálcio, o precipitado é tratado com ácido sulfúrico e depois filtrado. A solução de ácido cítrico é filtrada, concentrada em vácuo e vapor e depois submetida a cristalização sob arrefecimento lento a 8-10C. Os cristais obtidos são separados do filão-mãe numa centrífuga e secos em secadores pneumáticos a 30...35 ^{o}C. O produto acabado contém pelo menos 99,5 % de ácido cítrico (em termos de mono-hidrato), o teor de cinzas não é superior a 0,1-0,35 %.

11.2. Produção de ácido lático

A tmcnora láctica é um ácido monobásico orgânico formado como resultado da transformação anaeróbica de hidratos de carbono por bactérias moleculares.^ Em 1847, S. Blodno provou que este ácido é um produto da fermentação, e L. Pasteur estabeleceu que este processo é causado por bactérias. A formação de ácido lático a partir da glucose é possível de várias maneiras. A primeira forma é a digestão por bactérias homofermentativas do ácido lático:

$C_3H_{12}O_3 \rightarrow 2CH_2OH_2CHOHCHO$ (глицеральдегид) $\rightarrow$
$\rightarrow 2CH_3COCHO$ (метилглиоксаль) $+ 2H_2O$;

CH_3COCHO (метилглиоксаль) $+ H_2O \rightarrow$
$\rightarrow CH_3CHOHCOOH$ (молочная кислота).

$C_3H_{12}O_3$ $2CH_{(2)}OH_2OH_2OHNOSNO$ (gliceraldeído)
2CH3COSNO (metilglioxal) + $2H_2O$;
CH3COSNO (metilglioxal) + H_2O
CH3H3SNONSON (ácido lático).

A segunda via, heteroenzimática, envolve a decomposição da glucose em ácido pirúvico e a redução deste último a ácido lático:

$C_6H_2O_6 \rightarrow CH_3COCOOH + H_2 \rightarrow CH_3CHOHCOOH$.

Para a produção industrial de ácido lático, são utilizadas bactérias homofermentadoras de ácido lático. Neste tipo de bactérias, apenas 3 % do substrato é convertido em material celular e o restante é transformado em ácido lático, cujo rendimento atinge até 1,5 %. Teoricamente, deveriam formar-se 2 moles de pactato a partir de 1 mole de glucose. Na prática, este valor é ligeiramente inferior - 1,8 moles, ou seja, o rendimento do produto a partir do substrato atinge 90 %. O ácido lático é utilizado na indústria alimentar para produzir bebidas, marmeladas, conservas e na produção de forragens. Os seus sais são utilizados em produtos farmacêuticos. A produção industrial de ácido lático começou no final do século XIX com a participação das bactérias lácticas *Lactobacillus delbrueckü, L. leichmannü, L. bulgaricus*. A fermentação do ácido lático tem lugar em condições anaeróbias, mas os lactobacilos são anaeróbios facultativos, pelo que durante a fermentação o ar não é completamente removido dos fermentadores. As matérias-primas são o melaço de cana-de-açúcar e os hidrolisados de amido, e a concentração de açúcares no meio inicial, dependendo da natureza da fermentação, é de cerca de 5 a 20 %. São utilizadas formas reduzidas de azoto, sulfatos ou fosfatos de amónio, bem como extractos de malte e de milho como fonte de factores de crescimento. É possível utilizar licor de sulfito com a bactéria *L. delbruecku*. A fermentação é efectuada numa cultura profunda a pH 6,3-6,5 e a uma temperatura estritamente constante de 50 ^{O}C. A duração do processo de fermentação é de 7-11 horas. A duração do processo é de 7 a 11 dias. Durante o processo de fermentação, adiciona-se giz à cultura 3-4 vezes por dia para corrigir a alteração do pH. A concentração final de lactato de cálcio formado é de 10-15 %, a concentração residual de açúcares é de 0,5-0,7 %. Na fase de obtenção do produto acabado, o meio de cultura é aquecido a 80...90 °C, sendo depois neutralizado com cal sodada até se obter uma reação ligeiramente alcalina. Após uma decantação de 3 a 5 horas, as partículas em suspensão são decantadas. Em seguida, a solução de lactato de cálcio é introduzida no filtro-prensa. O lactato é evaporado até à concentração de 27-30 %, arrefecido a 25-30 °C e submetido a cristalização. O lactato de cálcio lavado é separado por centrifugação e dividido com ácido sulfúrico a 60...70 ($^{O)}$C. O ácido lático bruto com uma concentração de 18-20 % é evaporado em várias fases em evaporadores de vácuo até uma concentração de 70 %. O ácido filtrado após o filtro prensa é alimentado para enchimento com pequenas quantidades de giz, pelo que cerca de 10 % do ácido é convertido em lactato cristalino, que liga o ácido lático.

11.3. Produção de ácido acético

O ácido acético é amplamente utilizado na indústria alimentar, química, microbiológica e na medicina. A sua produção a partir de líquidos contendo álcool era conhecida há mais de 10 mil anos. Naquela época, os antigos gregos e romanos utilizavam o vinagre como bebida refrescante, e era obtido principalmente deixando o vinho aberto. Em grande escala, o vinagre foi produzido durante muito tempo em barris abertos, nos quais uma película de bactérias flutuava à superfície. No século XX, os métodos de superfície foram substituídos por outros mais eficientes. Desenvolveu-se o processo do gerador de jato e, em meados do século XX - métodos de fermentação profunda. Atualmente, utiliza-se o gerador de Frings melhorado. A fermentação do ácido acético baseia-se na capacidade das bactérias do ácido acético de oxidarem o álcool com o oxigénio do ar, com a participação da álcool desidrogenase, em ácido acético:

$$CH_3CH_2OH + O_2 \rightarrow CH_3COOH + H_2O,$$

1 mole de etanol produz 1 mole de ácido acético e obtém-se 12,4 por cento de ácido acético a partir de 1 mole de álcool.

Este processo pode ser realizado por muitas bactérias, mas nas tecnologias industriais para a produção de vinagre, são utilizadas bactérias vinagre-ácidas do género *Aeetobaeter*, sendo também de interesse as bactérias *Gluconobacter*. A maior parte do vinagre é produzida por métodos de superfície e de profundidade, utilizando álcool diluído. O processo de superfície é realizado em geradores de jato cheios de aparas de madeira com um volume de até 60 metros. A solução nutritiva inicial com bactérias é pulverizada na superfície das aparas e flui para baixo, recolhendo-se na parte inferior do aparelho. O líquido é depois recolhido e bombeado de volta para a parte superior do aparelho. O procedimento é repetido 3 ou 4 vezes, com o resultado de que, em três dias, até 90 por cento do álcool é transformado em acetato. Este método antigo é mais eficaz nos geradores Frings com manutenção automática da temperatura e fornecimento de ar forçado. Este processo produz até 400 milhões de litros de ácido acético por ano. Os métodos industriais modernos de produção de ácido acético são utilizados para produzir ácido acético.

ca é implementado em cultura profunda em dispositivos especiais de arejamento com estabilização térmica e sistema mecânico de antiespuma. A velocidade de arejamento é de 3,4 m/h, a rotação do rotor é de 1500 rpm, a temperatura é de 30 ^{O}C. A mistura inicial inoculada contém etanol e ácido acético. A mistura inicial inoculada contém etanol e ácido acético de cerca de 5 H7%, respetivamente; a concentração final de vinagre após 1,5 dias é de 12-13%. O processo é de semi-fluxo, vazamento e derramamento. A cada 30-35 h, até 60% da cultura é substituída por mosto fresco. Na fermentação profunda, o rendimento por 1 m é 10 vezes superior ao da fermentação de superfície. No início dos anos 90, este método produzia até 715 ml de ácido acético a 10 % por ano. Foi desenvolvido e introduzido um método contínuo eficiente de produção de ácido acético numa bateria de fermentadores sucessivos (geralmente cinco unidades). A temperatura de cultivo é de 28 ^{O}C para *Acetobacter* e 35 ^{O}C quando *Baci schutzenbachü* é utilizado como produtor.

A melhor matéria-prima para o processo é o álcool zetílico obtido a partir de matéria-prima de grãos de batata numa concentração de cerca de 10 %. O pH ótimo para o crescimento bacteriano é de cerca de 3. Se o teor de ácido acético na cultura aumentar acima de 8 %, o crescimento bacteriano abranda e pára a 12-14 %. Por este motivo, o processo é efectuado numa bateria de aparelhos ligados em série. O primeiro funciona como um inoculador, pelo que é continuamente alimentado com epe- duy fresco para manter as condições óptimas para a rápida formação de biomassa bacteriana. A cultura do primeiro aparelho é introduzida no segundo e nos seguintes, enquanto o transporte do líquido de cultura é efectuado por ar. Em cada aparelho, as condições de fermentação são estabilizadas de acordo com os requisitos do processo de fermentação, com uma diminuição gradual da temperatura do meio de 28 ^{O}C no primeiro aparelho para 25 ^{O}C no último. O regime de arejamento também varia de 0,4 para 0,15 m^3/(m($^{3)}$/min). A concentração de álcool do segundo ao quarto aparelho é estabilizada ao nível requerido, alimentando o meio com 40% de etanol. Do último aparelho é descarregado o líquido de cultura com um teor de acetato de, no mínimo, 9,0 % e, no máximo, 9,3 %.

O rendimento do ácido pode atingir 90 kg a partir de cerca de 100 litros de álcool anidro. Na fase de pós-fermentação, após a separação da biomassa bacteriana, a solução de vinagre é filtrada, libertando-a de partículas coloridas e suspensas, e depois submetida a pasteurização. Para aumentar a concentração, as soluções iniciais são congeladas a 20-30 %. Para aumentar a concentração, as soluções iniciais são congeladas a 20-30 %. A concentração adicional para obter ácido acético glacial (98,099,8 %) é efectuada por destilação.

11.4. Produção de ácido propiónico

O ácido *propiónico* é sintetizado pela *propionibacterium propionibacterium* (*Propionibacterium*), que é utilizada na indústria químico-farmacêutica, na produção de cosméticos e como fungicida para a conservação de cereais. A química da formação do ácido propiónico é a seguinte: o ácido pirúvico é convertido em ácido oxálico-acético através dos ácidos málico e fumárico em ácido succínico. O ácido succínico, com a participação de ATP e CoA, é convertido em succinil-CoA, este último sob a influência da metilmalonil-CoA isomerase e com a participação da coenzima B é convertido em metilmalonil-CoA. Como resultado da carboxenilação, o metilmalonil-CoA é clivado para formar CoA livre e ácido propiónico. Entre as estirpes industriais produtoras encontram-se as bactérias *Pr. s.* sabermosum. *Arabmosum, Pr. shermami, Pr. rubrum* e outras. As bactérias utilizam vários açúcares (lactose, glucose, maltose, sacarose, ácidos orgânicos como o ácido málico e o ácido málico) como substratos de fermentação.

O ácido propiónico é produzido em cultura aeróbica profunda em meios que contêm: açúcares - 2 %, azoto orgânico - 0,4 % (fonte - extrato de levedura), bem como sais de ácido lático. O processo é realizado em 12 dias a 30 ^{O}C e pH 6,8-7,2; mais de 70 % dos açúcares são transformados em ácidos orgânicos e menos de 20 % do substrato de carbono é utilizado para a formação de dióxido de carbono.

11.5. Preparação do ácido itacónico

O ácido itacónico é um ácido bis-básico insaturado. A sua formação por fungos foi descoberta em 1931 por Kinoshita. Este ácido é um intermediário importante para a produção de polímeros. Forma copolímeros com ésteres e outros monómeros, pelo que é utilizado na produção de fibras e resinas sintéticas, vários adesivos, tensioactivos, corantes e outros compostos orgânicos complexos.

A síntese do ácido itacónico está relacionada com as reacções do ciclo de Krebs. O seu produto inicial é o ácido cisaconítico, que após descarboxilação, como resultado da transferência de electrões da ligação dupla da posição 2,3 para a posição 3,4, é convertido em ácido itacónico.

O ácido itacónico é obtido por métodos de fermentação superficial e profunda. São utilizadas estirpes de fungos selecionadas (*Aspergillus itaconicus, Asp. terreus*) como produtores. O processo é semelhante ao da produção de ácido cítrico. Os meios contêm elevadas concentrações de açúcares, sendo normalmente utilizado melaço em caso de deficiência de fósforo e ferro. A particularidade do processo de obtenção deste ácido é a elevada procura de sais de zinco, magnésio e cobre por parte do produtor. Na fermentação de superfície, durante 10-12 dias, forma-se cerca de 60 % do produto em termos de açúcar, sendo a percentagem do ácido-alvo na mistura (são também sintetizados os ácidos succínico, oxálico e fumárico) superior a 90 %. O teor de ácido itacónico atinge 15-20 %, a concentração residual de açúcares não ultrapassa 0,6 %. Ao contrário do ácido cítrico, o ácido itacónico é um produto tóxico; com uma concentração de cerca de 7 %, o crescimento do produtor é inibido e a taxa de produção de ácido diminui. A toxicidade do ácido itacónico é neutralizada por adições fraccionadas de hidroxiamónio, o pH do meio é estabilizado a 3,5-3,8. Em fermentação profunda, a concentração final de ácido itacónico é inferior a 4-6 %. O produto comercializável é constituído por 92 % de ácido itacónico cristalino, sendo o restante constituído por humidade (3-6 %) e outros ácidos (1-3 %).

11.6. Produção de ácido glucónico

O ácido glucónico é um ácido pentanóico monobásico obtido por oxidação enzimática da glucose com a participação da gluco-zoo-oxidase. O ácido glucónico tem muitas aplicações. O gluconato de sódio, um agente complexante com metais, é utilizado na produção de detergentes; os sais de cálcio, ferro e potássio do ácido glucónico são utilizados na medicina e na indústria alimentar.

O ácido glucónico é produzido por fungos (*Pemcillium, Aspergillus*). A fermentação à escala industrial é efectuada por métodos de fermentação superficial e profunda; são utilizados meios com elevado teor (até 30-35%). O processo é completado com uma concentração residual de açúcar de cerca de 1 %, com sulfato de magnésio, fosfato de potássio, fonte de azoto e carbonato de cálcio no meio. O processo é completado com uma concentração residual de açúcar de cerca de 1 %. O produto final são sais cristalinos - gluconatos.

11.7. Produção de ácido fumárico

O ácido fumárico é utilizado na produção de resinas sintéticas, tintas, vernizes, e as resinas são utilizadas no fabrico de tintas de impressão. Os sais de magnésio e de sódio do ácido fumárico são utilizados вме?(icina)-.

O ácido fumárico, um metabolito do ciclo do ácido tricarboxílico, está presente em todas as células vivas, mas raramente é excretado para o ambiente. Várias tribos (*Penidlliurnus, Aspergillus, Rhizopus*) são produtoras deste ácido. A *Rhizopus* é a mais ativa. Os meios para a produção de ácido fumárico contêm glucose numa concentração de 5-10 %, sendo o fator limitante o azoto e o zinco. A fermentação tem lugar em condições de arejamento intensivo por método superficial ou profundo. No decurso da fermentação, o meio é neutralizado com carbonato de cálcio ou solução alcalina. O rendimento máximo de ácido é de 58 % da glucose consumida. Os métodos biotecnológicos para a produção de ácidos orgânicos estão a melhorar. Recentemente, no Japão, foi desenvolvido um método de produção de ácido 2-cetoglucónico baseado na biossíntese *de* bactérias *Pseudomonas; o* rendimento em ácido atinge 90% do açúcar utilizado. Foi desenvolvida *uma* tecnologia para a produção de ácido oxálico em meios com açúcares com base no fungo *A. ozyzae,* e com base em estirpes de leveduras selecionadas (*Candidalipolytica)* foram criadas tecnologias para a produção de ácidos cítrico e isolimonóico. Estirpes especialmente selecionadas de leveduras do género *Candida* sintetizam os ácidos fumárico, málico e succínico em meios com parafinas normais. O processo nas matérias-primas dadas de composição constante é mais estável do que em meios naturais complexos à base de melaço; a fase de isolamento e purificação do produto acabado é simplificada.

Capítulo 12

FONTES DE LÍPIDOS E PRINCIPAIS MÉTODOS DE ISOLAMENTO

Os lípidos são um grande grupo de substâncias naturais, diferentes na sua estrutura química e propriedades físico-químicas. Existem várias interpretações do conceito "lípidos" e vários esquemas de classificação com base nas propriedades destas substâncias. A propriedade geral dos compostos lipídicos é a capacidade de se dissolverem em éter, clorofórmio e outros solventes orgânicos (mas não em água).

Os lípidos podem ser divididos em dois grandes grupos de acordo com a sua estrutura:

- lípidos simples, ou gorduras neutras, representados na maior parte dos organismos por acilgliceróis, ou seja, ésteres de glicerol de ácidos gordos (os ácidos gordos livres ocorrem nas células apenas como um componente menor);
- Os lípidos complexos que contêm ácido fosfórico numa ligação mono ou diéter são os fosfolípidos, que incluem os glicerofosfolípidos e os esfingolípidos. Os lípidos complexos incluem compostos ligados por uma ligação glicosídica a um ou mais resíduos de monossacáridos, ou glicolípidos, bem como compostos de natureza esteroide e isoprenóide, incluindo carotenóides.

Até aos anos 20, os lípidos, especialmente os lípidos neutros, eram considerados apenas como um material de reserva que podia ser substituído por outras substâncias de igual valor calórico sem grande prejuízo para a atividade vital do organismo. A primeira prova de que os lípidos contêm compostos fisiologicamente necessários para os animais superiores foi obtida em 1926 pelos investigadores holandeses Iwaisomi Boer. Um pouco mais tarde, foi estabelecido que, para a maioria dos organismos vivos, estes compostos são ácidos gordos polinsaturados (ácidos linoleico, linolénico e araquidónico) - vitamina F.

Posteriormente, verificou-se que os lípidos desempenham uma série de funções biológicas nas células microbianas. Fazem parte de estruturas importantes como a membrana celular, as mitocôndrias, os cloroplastos e outros organelos. Os complexos lipoproteicos desempenham um papel importante nos processos metabólicos. São em grande parte responsáveis pelo transporte ativo de várias substâncias através das membranas delimitadoras e pela distribuição dessas substâncias no interior da célula. As propriedades dos organismos, como a termotolerância e a termofilicidade, a psicrofilicidade, a resistência aos ácidos, a virulência, a resistência às radiações ionizantes e outras caraterísticas, estão em grande parte relacionadas com a composição dos lípidos. AlØm disso, os lípidos podem desempenhar a funç^ao de produtos de reserva. Estes incluem o bolinho de ácido poli-₽-hidroxibutírico, formado por muitas bactérias, e acilgliceróis, em particular o triacilglicerol, que é acumulado em grandes quantidades por algumas leveduras e outros fungos.

12.1 Produção industrial de lípidos

As questões da produção industrial de lípidos por microrganismos são objeto de grande atenção, tanto no nosso país como no estrangeiro. Os microrganismos podem ser utilizados para produzir fosfolípidos, glicolípidos, ácidos gordos essenciais EFAs e preparações". os seus axiov^yyneeded em medicina, medicina, agricultura, alimentos e outras indústrias.

Várias leveduras e fungos miceliais são considerados como produtores potenciados de lípidos, incluindo análogos de lípidos de alguns tipos de óleos vegetais. Na prática mundial não existem instalações de produção com o objetivo de produzir lípidos microbianos. No entanto, as mudanças nas condições do mercado mundial não excluem a conveniência da extração de lípidos por síntese microbiológica.

Atualmente, apenas as leveduras são utilizadas para produzir lípidos em pequenas quantidades, e os lípidos são um subproduto da produção principal (na produção de concentrados de proteínas e vitaminas a partir de hidrocarbonetos de petróleo). A produção de lípidos a partir de fungos miceliais, bem como de bactérias, algas e protozoários ainda não foi além dos estudos laboratoriais. Uma das razões para a lenta resolução das questões da produção de lípidos por bactérias é a presença de compostos na sua composição que são tóxicos para o macroorganismo.

As leveduras podem produzir lípidos utilizando vários substratos: hidrolisados de matérias-primas vegetais, licores de sulfito, hidrocarbonetos de petróleo e outros. A eficiência da produção de lípidos pela levedura está largamente relacionada com a quantidade de matérias-primas de base necessárias para obter uma determinada unidade de massa de levedura, e com o seu custo. Além disso, as matérias-primas, com base nas quais é preparado o substrato nutritivo para o crescimento da levedura, devem fornecer lípidos que satisfaçam os requisitos da indústria, que transforma os lípidos em vários produtos.

Os esquemas tecnológicos mais desenvolvidos de produção de lípidos com a ajuda de levedura em hidrolisados de turfa de baixo grau de decomposição e hidrocarbonetos de petróleo. Estes esquemas diferem no facto de que quando os lípidos são produzidos em hidrolisados de turfa, a gordura de levedura é o produto principal, e quando são utilizados hidrocarbonetos, a gordura de levedura é um subproduto formado como resultado da purificação da biomassa de levedura a partir de hidrocarbonetos residuais. Neste contexto, a composição fraccional dos lípidos obtidos por estas vias é muito diferente: a fração dominante da levedura de hidrocarbonetos são os fosfolípidos, a fração principal quando se obtêm lípidos em hidrolisados de turfa são os triacil-gliceróis. Por exemplo, na Federação Russa, os lípidos de levedura são produzidos nas condições de uma fábrica especializada na fábrica-piloto de concentrados proteico-vitamínicos de Kstovo, que produz centenas de toneladas deste produto bio-nitrogenado. Nos próximos anos, está planeada a construção de várias instalações para a produção de lípidos a partir de levedura através de um método semelhante ao método de Kstovo.

O método de produção de lípidos a partir de hidrolisados de turfa de baixa decomposição inclui várias operações principais: obtenção do agente formador de gndrolisado, sopro de furfural e neutralização do hidrolisado a pH 5,5-6,0, introdução de fontes de nutrição mineral no hidrolisado, cultivo de leveduras - produtoras de lípidos, separação da biomassa e extração de lípidos da mesma. Consequentemente, todo o processo é semelhante ao método de produção de leveduras forrageiras, exceto no que diz respeito a operações adicionais relacionadas com a extração de lípidos. O sistema de solventes utilizado para este efeito é idêntico ao utilizado na indústria dos óleos e gorduras. A biomassa remanescente após a extração dos lípidos (biofarinha) é adequada para a alimentação de animais de criação.

Os produtores de lípidos em hidrolisados de turfa são estirpes *de Ltpomyees hpoferus* isoladas do Instituto de Microbiologia da Academia Nacional de Ciências da Bielorrússia, cuja biomassa contém até 40 % de lípidos ou mais. A partir de uma tonelada de turfa absolutamente seca é possível obter 50-70 kg de lípidos de levedura contendo até 70-75 % de triacilgliceróis.

Para além dos hidrolisados de turfa, outros meios de hidrólise, tais como hidrolisados de madeira ou substratos mistos de madeira e turfa, podem ser utilizados para o cultivo de leveduras formadoras de lípidos e para a produção de lípidos de acordo com o esquema acima.

12.2 Aplicações práticas dos lípidos

Através de numerosas experiências, foi estabelecido que os lípidos de levedura e os produtos da sua transformação podem ser utilizados em vários ramos da economia nacional: nas indústrias têxtil, cerâmica, de couro, metalúrgica (laminagem de chapas de aço, trefilagem, estanhagem); os lípidos de levedura são utilizados na produção de borracha, produtos farmacêuticos, cosméticos, sabão, azeite, no processo de flotação de minérios e outros. Finalmente, como as experiências demonstraram, os lípidos de levedura podem ser utilizados na alimentação de animais de criação e de aves. Neste caso, o processo da sua extração das células é excluído do esquema de produção de lípidos, e a biomassa rica em gordura dos microrganismos é utilizada para fins alimentares.

Após a Segunda Guerra Mundial, um volume considerável de trabalho foi direcionado para o estudo da possibilidade de obter lípidos microbianos para fins alimentares. O investigador sueco S. Lundin demonstrou que a gordura de levedura (*Rhodotocula gracúis*), rica em ácidos gordos fisiologicamente essenciais, pode ser utilizada com sucesso para fins alimentares, para além dos fins técnicos. Uma dieta de 25 g de levedura gorda pode fornecer ao corpo humano 10 g de lípidos, 6 g de proteínas e muitas outras substâncias essenciais, o que satisfaz em 20% as necessidades diárias destes compostos.

A produção de gordura microbiana para fins alimentares já teve lugar na Alemanha durante a Primeira Guerra Mundial. O meio nutriente era o melaço e outros substratos contendo açúcar, e o produtor era o fungo tipo levedura *Endomycopsis vernahs*. A biomassa rica em gordura era consumida, a partir da qual era preparada uma pasta conhecida como "Everial" ou "Miceta".

Através da combinação de meios nutritivos, bem como da seleção do produtor e das condições do seu cultivo, é possível obter lípidos que satisfazem as exigências de várias indústrias e da agricultura. Por exemplo, os lípidos com um máximo de 65-70% de ácidos gordos insaturados são preferidos na alimentação das aves de capoeira. Os lípidos microbianos que contêm quantidades significativas de ácidos gordos com duas ligações duplas podem ser utilizados para a preparação de vernizes, tintas e preparações médicas que ajudam a prevenir a aterosclerose e a trombose. Os lípidos com predominância de ácidos gordos saturados podem ser utilizados na produção de lubrificantes técnicos. No primeiro caso, os lípidos dos fungos miceliais e da levedura *Lipomyces hpoferus* satisfazem esses requisitos e, no segundo caso, *os lípidos* de *Candidahumicola* cultivados em madeira de nódulo satisfazem esses requisitos.

Em resumo, é de notar que a composição dos lípidos (e, por conseguinte, a área da sua possível utilização) é largamente determinada pela posição sistemática do organismo produtor. Ao mesmo tempo, a proporção de componentes individuais na composição dos lípidos é determinada pela especificidade da matéria-prima e pelas condições químicas de cultivo. Estas regularidades da lipidogénese são muito significativas na organização da produção industrial de gordura microbiana, uma vez que, em condições específicas, permitem obter um produto com uma composição e propriedades estritamente definidas. Esta síntese microbiana controlada pode satisfazer as necessidades de lípidos de vários ramos da economia nacional.

Capítulo 13

PRODUÇÃO DE NUCLEÓTIDOS E ÁCIDOS NUCLEICOS

A síntese microbiológica de nucleótidos e seus derivados é ainda bastante limitada. Os campos de aplicação destes compostos são estreitos, com exceção dos nucleótidos utilizados como aditivos alimentares aromatizantes, especialmente na produção de alimentos artificiais. Os nucleótidos e os seus derivados podem ser utilizados como fármacos terapêuticos, na prática bioquímica laboratorial. Uma caraterística da maioria dos métodos de produção de nucleótidos é a necessidade de introduzir um precursor metabólico no meio de cultura do microrganismo ou na mistura de reação.

A produção de adenosina difosfato (ADP) e adenosina trifosfato (ATP) baseia-se na reação de cultura microbiana de fos- formação de adenina ou ácido adenílico (5'-AMP).

No caso da BrewMrtmum *arnmornagenes* ATCC 6872, esta bactéria é cultivada num meio que contém uma concentração elevada de glucose, ureia, extrato de levedura, fósforo, magnésio, cálcio e sais de biotina. Durante a cultura, é adicionado adenosano ao meio, que sofre fosforilação enzimática para formar ácido adenílico, ADP e ATP. Em condições de cultura semelhantes, mas com a adição de guai guaiosina, é possível obter ácido guaiico, difosfato de guanidina (GDP) e trifosfato de guanidina (GTP). O agente fosforilante parece ser o ATP. Não é possível acumular ATP na esfera de reação sem o transferir para a molécula aceitadora da adenosina introduzida.

Uma outra fonte de sistemas enzimáticos que efectuam a fosforilação do 5-AMP pode ser a levedura de padeiro (*Saccharomyces cerevisiae*) tomada como homogenato ou pó de acetona. A mistura de reação contém 5'-AMF, glucose, tampão fosfato (pH 7,0) e levedura preparada como descrito acima. Após a depleção de glucose com um mínimo de fosfato inorgânico, observa-se uma acumulação máxima de ATP. Depois de se atingir o máximo de ATP, observa-se a sua decomposição em ADP e AMP com um aumento simultâneo do nível de fosfato inorgânico. O rendimento do produto é significativamente influenciado pela concentração de fosfato presente no tampão de fosfato. Um desvio do valor ótimo pode levar a uma série de reacções indesejáveis: pode causar a formação de ácido inosínico, inosina e hipoxantina. É provável que a adenosina introduzida externamente seja necessária para a reação "semente". Isto é igualmente verdade para o 5'-AMP. Daí a necessidade de uma concentração elevada de glucose e de uma quantidade equilibrada de fosfato durante a reação.

A síntese de ATP ocorre por uma via ligeiramente diferente quando a adenina (em vez de adenosina) é introduzida no meio. Neste caso, a reação chave é a N-ribosidação da adenina. O processo é normalmente efectuado como uma fermentação aeróbica típica com a adição de um precursor. *Brevibactenum ammoniagen.es* ou *Corynebactenum* sp. É também necessário um meio com uma elevada concentração de glucose. A primeira etapa da síntese consiste na formação de AMP a partir da adenina introduzida no final da fase exponencial de crescimento da cultura e do fosforibosil pirofosfato (PBPP) sintetizado pela célula. A reação é realizada pela adenina fosforibosiltransferase.

O processo subsequente ocorre da mesma forma que na presença de AMP. O FRPF nas células é formado pela reação entre a ribose-5-fosfato (P-5-F) e o ATP, mediada pela ATP: *D-ribose-5-fosfato* pirofosfato fosfato transferase. O ATP e o P-5-F são formados como consequência do catabolismo da glucose: o P-5-F durante o funcionamento da via GMF e o ATP como produto da glicólise.

A síntese microbiológica do dinucleótido de nicotinamidina (NAD) ocorre através da cultura de *Brevibactenum ammoniagenes* ATCC 6872 com um precursor. Recomenda-se a cultura do produtor em meios que contenham glucose, ureia, extrato de levedura, fosfato, sais de magnésio, cálcio-ibiotina. Os precursores de NAD no meio podem ser o ácido nicotínico e a nicotinamida, que, nas condições da experiência, são geralmente introduzidos no segundo dia de crescimento da cultura. Ao quinto dia, o NAD acumula-se no meio e a cultura entra na fase de crescimento estacionário. Para além do NAD, o meio contém um produto intermédio da sua síntese - o mononucleótido do ácido nicotínico. O ácido nicotínico é incluído diretamente na síntese e, se a sua amida for introduzida no meio, ocorre desaminação enzimática com formação de ácido. Para a produção de NADPH, foi também proposto um sistema que utiliza o extrato de células IFO 3849 de *Proteus mirabilis* como preparação enzimática, e os componentes são NAD, n-nitrofenilfosfato, nicotinamida, sulfato de zinco e tampão acetato (pH 4,0). No entanto, neste caso, para além do NADPH, ocorre a síntese de NAD-difosfatase e de alguns análogos do NAD.

O ácido inosínico é um precursor metabólico dos nucleótidos de purina mais importantes, os ácidos adenílico e guanílico. Por este motivo, pode ocorrer uma acumulação de ácido inosínico se o produtor tiver um bloqueio nos sistemas enzimáticos que efectuam outras transformações

É evidente que a estrutura não deve ser privada de metabolitos tão necessários e importantes (ácidos adenílico e guanílico). A sua introdução no meio para compensar a sua deficiência é possível mas bastante dispendiosa,

pelo que é preferível introduzir um nucleósido - inosina (nucleósido) na esfera de reação. Para produzir ácido 5'-inosínico (5'-IMP), é necessário dispor de uma fonte de uma enzima que fosforile a inosina na posição 5'- do resíduo de ribose. As fontes de enzima fosforilante - a transferase de difosfato de nucleósido - podem ser muitos microrganismos pertencentes aos géneros *Flavobactenum, Serrana, Staphylococcus, Pseudomonas.* Os dadores de fósforo nesta reação podem ser nucleótidos, bem como compostos não naturais - *fosfato de n-nitrofenilo* (*n-NPP*), fosfato de benzilfosfofenilo.
Na URSS, a estirpe *de Pseudomonas* foi proposta como fonte de enzima fosforilante. A cultura é preliminarmente cultivada em meio contendo glucose, peptona e extrato de levedura. As células vivas secas sob vácuo ou acetona, bem como as células congeladas, são utilizadas como preparação da enzima que realiza a reação, uma vez que a localização da enzima é intracelular. De entre os dadores de fosfato acima referidos, o t-nitrofenilfosfato é considerado o melhor. A reação tem lugar em tampão de acetato a pH 4,0 na presença de iões cobre e zinco, que aumentam acentuadamente o rendimento do produto.
Os factores mais importantes que determinam a atividade da reação de fosforilação da inosina são a concentração do dador (fósforo), do aceitador (inosina) e o número de células. Em proporções óptimas de *n-NPP* e inosina, as células *de Ps. tnfolu* podem fosforilar até 90% da inosina na mistura de reação. O rendimento do ácido inosínico pode ser aumentado se forem adicionados tensioactivos, em particular vários tweens, à mistura de reação. As concentrações dos aditivos são selecionadas experimentalmente.
Como em todos os outros casos em que as células microbianas são utilizadas como preparações enzimáticas, é necessário determinar a atividade e as condições da sua manifestação em enzimas que destroem o produto-alvo da síntese. A presença de fosfomonoesterase e 5'-nucleotn- dase activas é muito indesejável para a síntese de ácidos inosi- novos. Se não for possível suprimir a sua atividade por meio de inibidores, é necessário escolher as condições em que esta será minimizada. Em primeiro lugar, as condições mais facilmente reguláveis são a temperatura e o pH do meio. O ácido inosínico é isolado sob a forma de sal de bário e por cromatografia de permuta iónica.
Consideremos também a *síntese dos polifosfatos de guanosina.* Nos microrganismos, os polifosfatos de guanosina encontram-se entre os produtos metabólicos de natureza nucleotídica, principalmente tetra- ou pentafosfatos. Funcionam como reguladores em numerosas reacções bioquímicas, pelo que a sua produção é alvo da atenção de muitos especialistas.
A acumulação de polifosfato de guanosina foi detectada na cultura de

Brevibactenum ammoniagenes KV 13510 na presença de guanosina-5'-monofosfato (G-5'-P) ou xantosina-5'-monofosfato (X-5'-P). A estirpe é um mutante que requer a presença de componentes dispendiosos no meio para produção industrial: extrato de levedura, biotina, tiamina, ácido pantoténico e outros.

A xantosina-5'-monofosfato é um precursor metabólico do ácido gua-nílico formado após a amidação da base purina das glutaminas na presença de ATP. O processo real de conversão enzimática dos precursores metabólicos (G-5 -F ou Ks-5 -F) em polifosfato de nucleósido ocorre num meio que contém glucose, bem como níveis elevados de fosfato e magnésio. Para além dos polifosfatos, o 5'-GMF, o 5'-GDP e o 5'-GTP acumulam-se no meio, mas os polifosfatos de guanosina são formados numa gama de pH mais estreita e a uma temperatura óptima diferente.

A enzima de transferência de pirofosfato de nucleótidos ATP, que transfere resíduos de pirofosfato de moléculas aceitadoras nsATP ^, foi isolada de *Streptomyces adephospholyUcus* A-4668. Os produtos da reação podem ser nucleósido-3'-difosfato-5'-mono(di- e tri-)fosfatos, tais como pppGpp, ppGpp, pGpp, e derivados de adenina e inosina, tais como pppApp, pppArr, e pppipp.

Capítulo 14

PRODUÇÃO DE AÇÚCARES E POLISSACÁRIDOS

Os polissacáridos (ou glicáreos) são polímeros constituídos por, pelo menos, 11 unidades monossacáridas. Podem ser constituídos por um ou mais tipos de monossacáridos. Por conseguinte, distinguem-se os homopolissacáridos e os heteropolissacáridos. Os polissacáridos, componentes obrigatórios de todos os organismos, constituem a maioria dos hidratos de carbono encontrados na natureza, a parte predominante da biomassa e, por conseguinte, a maior parte da matéria orgânica da Terra.

Os polissacáridos encontram-se como polímeros independentes, bem como em complexos com ácidos nucleicos, proteínas, lípidos e fosfatos. Caracterizam-se pela sua composição monomérica e pela sua estrutura. Os polissacáridos dos microrganismos são particularmente diversos. Alguns deles são próximos ou idênticos aos polissacáridos de plantas e animais. Mas a grande maioria dos polissacáridos microbianos tem uma estrutura única, específica da espécie ou do grupo serológico da espécie. Os glicanos microbianos contêm frequentemente monossacáridos previamente desconhecidos, que não se encontram em animais ou organismos terrestres

O facto de o muco formado por muitos microrganismos poder ser de natureza hidrato de carbono era conhecido no tempo de L. Pasteur. No entanto, a atenção especial aos polissacáridos microbianos só começou a ser dada no início dos anos 20 do século XX, quando se soube que as substâncias que determinam a especificidade serológica dos pneumococos são polissacáridos. Atualmente, o estudo dos polissacáridos microbianos adquiriu uma importância especial devido à possibilidade da sua ampla aplicação na medicina e em vários domínios da economia nacional.

Os polissacáridos dos microrganismos dividem-se em polissacáridos intracelulares e extracelulares de acordo com a sua localização. Os polissacáridos intracelulares incluem geralmente os polissacáridos do citoplasma, das membranas e das paredes celulares, enquanto os polissacáridos extracelulares incluem os polissacáridos das cápsulas, das bainhas (estruturas da parede) e do muco livre não adjacente à parede celular. Por vezes, os polissacáridos localizados fora da membrana citoplasmática são também incluídos no grupo extracelular. Neste caso, os polissacáridos da parede celular são também incluídos no grupo dos polissacáridos extracelulares. Em alguns microrganismos é realmente difícil distinguir a fronteira entre a cápsula e a parede celular.

São frequentemente localizados três grupos de polissacáridos: intracelulares (citoplasma, membranas, periplasma), polissacáridos da parede celular e

extracelulares (cápsulas da bainha e muco livre).
O termo "exoglicanos" é aplicado principalmente aos polissacáridos do muco livre. Por vezes, os exoglicanos são também designados por polissacáridos capsulares.
Os polissacáridos microbianos são agrupados de acordo com as suas funções: polissacáridos de reserva envolvidos no transporte ativo, polissacáridos de suporte envolvidos na interação célula-a-célula, polissacáridos de defesa e outros
Alguns investigadores classificam os polissacáridos tendo em conta a sua topologia e função. De acordo com esta classificação, os polissacáridos celulares são subdivididos em dois grupos. Um inclui os de reserva energética e os modificadores (intracelulares), o outro inclui os estruturais e os estruturais-metabólicos (na parede celular). Os extracelulares incluem os glicanos estruturais-metabólicos e os exoglicanos propriamente ditos, que são libertados durante a hiperprodução.

14.1. Polissacáridos do citoplasma e das estruturas membranares

Os polissacáridos citoplasmáticos encontram-se sob duas formas: podem estar dispersos no citoplasma ou agregados em grânulos. Normalmente, o citoplasma das bactérias contém 20-30 % de polissacáridos e, em condições favoráveis à sua acumulação, até 50-60 % da massa celular seca. Os homoglicanos encontram-se mais frequentemente no citoplasma dos microrganismos, sendo os glucanos do tipo glicogénio particularmente comuns. Foram isolados do citoplasma de muitos microrganismos procarióticos e eucarióticos: representantes de diferentes géneros de bactérias *Agrobactenutn, Arthrobacter, Bacillus, Clostridium, Escherichia, Mycobacterium, Nostoc, Rhodopseudomonas, Rhodospirillum, Streptococcus*, bem como leveduras, fungos miceliais, protozoários ciliados e flagelados e algumas algas. Para além dos polissacáridos do tipo glicogénio, foram encontrados no citoplasma dos microrganismos amido, mananos, levanos, arabanos e xilanos. O glicogénio e outros homoglicanos do citoplasma podem formar complexos com ADN, ARN, proteínas, lípidos e fosfato. Os heteropolissacáridos são detectados com menos frequência no citoplasma. No entanto, são predominantes em espécies de *Streptomyces* e *Mycobacterium*. As funções dos polissacáridos citoplasmáticos ainda não foram totalmente elucidadas. Até há pouco tempo, pensava-se que o seu principal, ou mesmo único, objetivo era ser uma fonte de reserva de carbono e energia para a célula. São consumidos, por exemplo, durante a maturação de endosporos em bactérias dos géneros *Bacillus* e *Clostridium*. Mas atualmente é claro que os polissacáridos do citoplasma podem desempenhar uma série de outras funções importantes. Supõe-se que os complexos de homoglicanos com outros componentes do citoplasma participam nos mecanismos de regulação celular, controlando a síntese de várias substâncias, o crescimento e a divisão celular. O glicogénio pode exercer um efeito radioprotector sobre as moléculas de ácido nucleico associadas.

Nas membranas dos microrganismos, encontra-se uma média de 2 a 5 %, por vezes (em *Micrococcus luteus*) até 15-20 % de hidratos de carbono da massa da membrana. Em alguns casos, estes hidratos de carbono representam total ou parcialmente o material completo do citoplasma ou das paredes celulares. No entanto, foi comprovado de forma fiável que as membranas das bactérias Gram-positivas e de algumas Gram-negativas contêm glicolípidos e glicoproteínas.

Todas as eubactérias Gram-positivas, exceto os micrococos e alguns estreptococos, bem como as leveduras e os fungos miceliais, contêm ácidos teicóicos (1-2 % da biomassa seca) na região da membrana citoplasmática. Os ácidos teicóicos são polissacáridos ácidos de estrutura invulgar. Durante a sua hidrólise, juntamente com os monossacáridos, formam-se substâncias pertencentes a outras classes de compostos. A diversidade dos ácidos teicóicos é determinada principalmente pelo número de açúcares residuais presentes nos mesmos e pela presença de ligações de vários tipos. Os ácidos teicóicos membranares são sempre polímeros de glicerofosfato, frequentemente ligados a glicolípidos e fosfolípidos (ácidos lipo-tecóicos). Em alguns microrganismos, apenas são detectados ácidos lipoteicóicos e não estão presentes ácidos teicóicos livres. Os ácidos teicóicos não são detectados nas membranas das bactérias Gram-negativas.

Os glicolípidos membranares participam na biossíntese de polissacáridos e no transporte de açúcares. Aparentemente, os ácidos teicóicos regulam a troca iónica (ligam catiões divalentes, o que é necessário para o funcionamento normal das enzimas localizadas na membrana), actuam na ligação dos aminoácidos ao ARNt, actuam como ligação entre a membrana e a parede celular e apresentam atividade antigénica.

14.2. Polissacáridos da parede celular

Nas eubactérias Gram-positivas, os polissacáridos constituem 30 a 60 % da massa seca da parede celular. Uma parte significativa faz parte do complexo de mureína, cujo conteúdo em eubactérias Gram-positivas atinge 50-90% das substâncias da parede celular. As cadeias lineares de polissacáridos da mureína são constituídas por unidades repetidas de ligação Ᵽ-1,4 de N-acetilglucosamina e ácido N-acetilmurâmico. O ácido murâmico é um derivado da glucosamina que contém ácido *D-lático*.

As paredes celulares de algumas arqueobactérias que apresentam uma coloração de Gram positiva contêm pseudomureína, cuja parte glicana é constituída por N-acetilglucosamina, N-acetilgalactosamina e ácido N-acetiltalosaminurónico. O ácido murâmico? da pseudomureína não foi encontrado. Em algumas Arqueobactérias Gram-positivas, a parede celular é constituída apenas por heteropolissacáridos ácidos, que incluem galactosamina, açúcares neutros e ácidos urónicos. As paredes celulares da grande maioria das eubactérias Gram-positivas, com exceção das Mycobacterium e Corynebacterium, contêm ácidos teicóicos. A sua quantidade atinge normalmente 50-90 % da massa da parede celular, nos estreptomicetas varia de 4 a 50 %. Regra geral, os microrganismos contêm ácido teicóico de glicerol ou ácido ribiteticóico. Contudo, em *Streptococcus faecalis* e numa estirpe de *Streptomyces* sp. foram encontrados ambos os tipos de ácidos teicóicos.

Outros polissacáridos contidos nas paredes celulares das bactérias Gram-positivas são muito diversos; na maioria das vezes são heteroglicanos. Incluem monossacáridos neutros, aminossacáridos, ácidos urónicos, grupos acetilo e resíduos de ácido fosfórico.

As paredes celulares das bactérias Gram-negativas contêm de 1 a 50 % de polissacáridos. Entre eles, os polissacáridos do complexo da mureína não ocupam uma posição dominante, uma vez que o seu conteúdo™ - em média, apenas cerca de 5% das substâncias da parede celular. Os ácidos teicóicos são detectados apenas em alguns representantes de bactérias Gram-negativas.

Os lipopolissacáridos (LPS), substâncias biologicamente activas envolvidas na formação da membrana externa, são particularmente caraterísticos das paredes das bactérias Gram-negativas. O número de diferentes lipopolissacáridos é grande e, apesar de um estudo intensivo, a estrutura e a composição de muitos deles não são completamente conhecidas. A parte polissacárida do complexo distingue-se entre uma estrutura básica e cadeias laterais específicas de O. A composição dos monossacarídeos, a variação das ligações e a sua estrutura determinam principalmente a atividade biológica dos lipopolissacarídeos, que desempenham a função de antigénios somáticos. O componente de hidratos de carbono dos lipopolissacáridos é geralmente um heteropolissacárido. Açúcares neutros, amino-açúcares, ácidos urónicos, grupos metilo e acetilo e, mais carateristicamente, derivados 3,6-dideoxi de açúcares, que raramente se encontram noutros objectos naturais. Os açúcares mais comuns são a abequose (3,*6-dideoxi-D-galactose*), a colitose (3,*6-dideoxi-L-galactose*), a tivelose (3,*6-dideoxi-D-manose*), a ascarilose (3,6-

dideoxi-D-manose) e a paratose (*3,6-dideoxi-D-glucose*). Estes açúcares determinam frequentemente a especificidade serológica da bactéria. Na cadeia lateral O-específica do lipopolissacárido de uma das espécies do género *Pastora**, foi encontrada *6-desoxi-D-manoheptose*, a primeira 6-desoxi-heptose encontrada na natureza. Na composição dos polissacáridos O-antigénicos de representantes do género *Sheila,* foram encontrados monossacáridos de um tipo especial - ácidos glicolactilos. Os componentes polissacáridos dos LPS de várias bactérias caracterizam-se pela sua complexidade. Podem conter até 6 ou mais monossacáridos diferentes não substituídos e substituídos. Nas Enterobacteriaceae, as moléculas de LPS podem formar complexos com peptidoglicano, capsulina-miglicanos ácidos e outros heteropolissacáridos da célula.

Os polissacáridos são os principais componentes da parede celular das leveduras e dos fungos miceliais. Podem representar até 90% da massa da parede celular (*Saccharomyces cerevisiae*). Os homoglicanos são frequentemente encontrados nas leveduras: glucanos, mananos, quitina (polímero de N-acetilglucose-mina). Os mananos de levedura contêm frequentemente resíduos de ácido fosfórico e/ou grupos metilo, e os glucanos contêm frequentemente grupos acetilo e amino. Em muitas leveduras, foram detectados na parede celular heteropolissacáridos - galactomananos e glucomananos, bem como glicanos ácidos construídos a partir de 3-4 monómeros. Aparentemente, vários polissacáridos estão presentes nas paredes celulares das leveduras. Os glicanos da parede celular da levedura podem estar associados a péptidos.

A quitina é o principal componente polissacárido das paredes celulares da maioria dos fungos miceliais estudados. Encontram-se também quitosano, polímero de glucosamina, glucanos (por vezes celulose), galactanos e vários heteropolissacáridos, incluindo açúcares não substituídos e substituídos e ácidos urónicos.

As microfibrilhas estruturais das paredes celulares da maioria das microformas de algas são constituídas por celulose e, nalguns representantes, por outros homopolissacáridos, frequentemente xilanos e mananos. A sua quantidade pode atingir 50-80 % da massa seca da parede celular. Os polissacáridos da matriz são representados principalmente por heteroglicanos, e também se encontram polissacáridos sulfatados.

Os polissacáridos da parede celular desempenham uma série de funções, muitas das quais determinam a resistência mecânica das paredes celulares, razão pela qual são frequentemente designados por polissacáridos esqueléticos. Os lipopolissacáridos, os ácidos teicóicos, bem como os heteropolissacáridos de um certo número de bactérias Gram-positivas são responsáveis pela atividade antigénica das células e os LPS de um número significativo de bactérias Gram-negativas são toxinas. Os LPS das Enterobacteriaceae protegem as células da ação inibitória dos ácidos gordos de cadeia longa, permitindo que estas bactérias sobrevivam nos intestinos dos animais. A presença de cadeias laterais O-específicas de LPS está associada à capacidade das shigellae de se ligarem à membrana das células epiteliais. Muitos polissacáridos determinam a resistência da bactéria às enzimas líticas e aos fagos. Os polissacáridos polianiónicos facilitam o transporte de metabolitos e substâncias carregadas do ambiente para fora da célula. Além disso, estes polissacáridos comunicam uma carga negativa à célula, o que resulta numa repulsão mútua das células, dispersando-as no meio. A perda de cadeias O-laterais de LPS reduz a hidrofilicidade da célula e conduz à aglutinação espontânea. Os polissacáridos da parede celular dos microrganismos que crescem em meios com n-alcanos são geralmente bons emulsionantes, favorecendo assim a penetração de hidrocarbonetos na célula.

14.3. Polissacáridos extracelulares

Os polissacáridos extracelulares, como já foi referido, encontram-se sob a forma de cápsulas e bainhas adjacentes às paredes celulares, bem como de muco livre. As cápsulas com menos de 0,2 μm de espessura, indistinguíveis ao microscópio de luz mas claramente visíveis ao microscópio eletrónico, são designadas microcápsulas. As microcápsulas estão geralmente mais firmemente ligadas à parede celular do que as cápsulas. Nalgumas bactérias, o material capsular é solto, sem estrutura e facilmente destacável das células, pelo que a fronteira entre a cápsula e o muco livre é, neste caso, difícil de determinar. Estas cápsulas amorfas são designadas por camadas mucosas. As bainhas (lichiye) das cápsulas têm uma estrutura complexa. Muitas vezes distinguem várias camadas com estrutura diferente. A quantidade de polissacáridos extracelulares pode ser muitas vezes superior à biomassa das células. As cápsulas, as bainhas e o muco nem sempre são compostos apenas por polissacáridos. Para além dos glicanos, podem incluir proteínas, polipéptidos, ácidos nucleicos e lípidos, que podem ou não formar complexos com polissacáridos. Em Sphaerotilus *natans* contêm glucose, glucosamina, proteínas, lípidos e fosfato. As bainhas das bactérias que oxidam compostos metálicos reduzidos contêm frequentemente inclusões dos seus óxidos. Por vezes, os polímeros não hidratos de carbono são os únicos componentes das cápsulas e do muco. Por exemplo, as cápsulas de algumas espécies do género *BaaUrn* são constituídas por polipéptidos e o muco de algumas estirpes de *Pseudomonas aeruginosa* é constituído por ADN.

Os polissacáridos extracelulares, capsulares ou livres, ou ambos, são formados por muitos microrganismos. Provavelmente não existe nenhum grupo de microrganismos que não possua esta capacidade. No entanto, a síntese de polissacáridos extracelulares não é uma função obrigatória da célula e só aparece em determinadas condições. Existem microrganismos em que nunca foi observada a síntese de cápsulas.

Os polissacáridos extracelulares dos microrganismos são extremamente diversos em termos de composição e estrutura. Até à data, foi investigada a composição de cerca de 200 exoglicanos, tendo sido estabelecida a estrutura primária e os pormenores da estrutura de muitos deles. Foram encontrados mais de 20 monossacáridos e seus derivados na composição de polissacáridos extracelulares de vários microrganismos. Os mais comuns são as hexoses: glucose, galactose, manose e 6-deoxi-hexoses: fucose e ramnose. As pentoses são detectadas com menos frequência: arabinose, xilose, ribose. Os ácidos urónicos são frequentes: ácidos galacturónico, manurónico e, sobretudo, glucurónico. Muitos contêm açúcares aminados: glucosamina, galactosamina e manosamina. Os substituintes não hidratos de carbono, como o piruvato e o acetato, estão frequentemente presentes nos exoglicanos; também se encontram succinato e glicerol. Alguns glicanos extracelulares caracterizam-se pela presença de monómeros raros: 2,6- ou 3,6-dideoxissacáridos, e alguns têm monossacáridos previamente desconhecidos, como os ácidos glncolactílicos (em micobactérias saprotróficas). Encontram-se por vezes ácidos teicóicos, iões fosfato e sulfato.

Os polissacáridos extracelulares da maioria das espécies bacterianas são heteroglicanos ácidos de composição diversa, constituídos por 2-5, e por vezes 6-7 monómeros, lineares e ramificados, com uma estrutura regular de ligações oligossacáridas repetidas. Por exemplo, *Xanthomonas campestris* sintetiza o polianionte xantana, que inclui glucose, manose, ácido glucurónico e grupo O-acetil-puipiruvato.

Algumas bactérias produzem heteropolissacáridos ventrais.

Vários carbonos homogéneos, especialmente glucanos, são muito comuns nos microrganismos, dos quais os dextranos (um grupo de glucanos neutros mais ou menos semelhantes em estrutura) são os mais conhecidos. Podem conter até 200 mil resíduos de glucose e podem ser lineares ou ramificados. A cadeia linear (principal) é construída com a participação de ligações a-1,6, a ramificação é causada por ligações a-1,2-, a-1,3- e a-1,4. A massa molecular dos dextranos varia entre 12 e 600 milhões. Os produtores mais activos de dextranos são representantes da bactéria do ácido lático *Leuconostoc rnesenterouies uL dextrarncurn.* Os dextranos são igualmente sintetizados por algumas espécies de *Streptococcus (Str. sanguis, Str. mutans), Brevibacterium, Lactobacillus.* Quase todos os produtores sintetizam o seu próprio dextrano, um pouco diferente. Algumas estirpes produzem simultaneamente duas estruturas de dextranos diferentes.

A celulose extracelular, um polissacárido comum nas plantas, é sintetizada a partir de bactérias por alguns representantes de *Pseudomonas, Zooglea, Azotobacter,* um número esmagador de espécies de *Rhizobium* e *Agrobactenum, e Acetobacterxylinum.* O (P)-(1^3)-Glucano, chamado kurdlan, é formado por *Alcaligenes faecalis* var. *myxogenes* e espécies de *Rhizobium.* Um "-(1^4)-glucano altamente ramificado com cadeias laterais ligadas por "-(^-links, um polímero como o glicogénio, um polissacárido de reserva de animais, muitas bactérias e leveduras, pode ser encontrado no fluido de cultura de *Neisseria perflava.* Nigerano - α-glucano com alternância de ligações (1^4) e (^(-) - Formado pelo fungo *Aspergilla riger.*

Os polímeros de frutose ramificados - levanos com (2^6)-ligações - são sintetizados pelas bactérias do ácido acético *Gluconobacter oxydans, Acetobacter aceti,* algumas espécies de *Pseudomonas, Erwinia* (subgrupo *Herbicola), Aerémonos, Bacillus.*Os frutanos do tipo inulina (um polissacárido de reserva das plantas da família dos complexos) com (2 >1)-ligações na cadeia principal e ramificações na posição C6 são formados por estirpes *de Str. mutans.*

Foram encontrados mananos em culturas de algumas espécies de *bactérias Bacillus* e *Saugupe*, bem como em muitas leveduras.

Na maioria das vezes, os microrganismos capazes de "formar polissacáridos extracelulares" sintetizam cápsulas e muco livre. Na maioria dos casos, o monómero e a composição do monómero do muco e das cápsulas são os mesmos.

No entanto, nem sempre é possível determinar quais os polissacáridos que são específicos de um determinado grupo de microrganismos. Em alguns casos, bactérias filogeneticamente semelhantes sintetizam glicanos extracelulares que são semelhantes em composição e estrutura. Estes incluem, por exemplo, o alginato bacteriano *de Pseudomonas aeruginosa* e *Azotobacier vinelandii, Rhizobium* curdlanum *e A. faecalis* var. *rnyxogenes,* heteroglicanos ácidos *de Corynebacterium* e *Arthrobacter,* dextranos *de Streptococcus* e *Lactobacillus,* entre outros. No entanto, os microrganismos que estão muito afastados em termos taxonómicos formam frequentemente glicanos de composição semelhante ou idêntica. Normalmente, neste caso, os polímeros apresentam uma semelhança funcional. Por exemplo, os exoglicanos de várias bactérias fitopatogénicas e de agentes patogénicos da meningite têm uma composição muito semelhante. Numa série de bactérias, a celulose extracelular serve como material de cimentação para a formação de agregados celulares.

Sabe-se que não só as diferentes espécies do mesmo género de microrganismos, mas também as diferentes estirpes da mesma espécie sintetizam frequentemente diferentes exopolissacáridos. Por exemplo, *a E. coli* tem cerca de 70 serotipos que diferem na composição e estrutura dos polissacáridos capsulares e, consequentemente, nas suas propriedades imunoquímicas. Os exoglicanos de estirpes eficazes e ineficazes de bactérias nodulares diferem na composição dos monómeros, e os de diferentes estirpes de leveduras do género *Lipomyces* diferem na proporção de monossacáridos. Os glicanos extracelulares das *formas M-*, S- e *R de bactérias* podem diferir na composição de monossacáridos.

Há casos em que se acumulam vários glicanos diferentes no fluido de cultura de um microrganismo. Por exemplo, *L. mesenteroides* forma dextrano e levano, *Serratia marcescens* tem três exopolissacáridos: glucoramna ácida e contendo ácido glucurónico, ramnoglucano e heptoglucano. O fungo *Aupeobasahurn (Pullulanoipullulans*) forma dois homoglucanos: Aubasidan, um polímero ramificado com ligações "-(1^4), ₽-(1^3)e ß-(l^, e a cadeia lateral pode ter de um a quatro resíduos de glucose por ligação de triose, e Pullulan, um glucano linear que consiste em fragmentos de maltotriose e maltotetraose unidos por ligações a-(1->6).

Os polissacáridos extracelulares não são essenciais para os microrganismos. Existem espécies na natureza que nunca os formam. Foi demonstrado experimentalmente que as células desprovidas de cápsulas são tão viáveis como as que estão encapsuladas. No entanto, os polissacáridos extracelulares desempenham determinadas funções que contribuem para a manutenção de condições favoráveis à atividade do produtor. Algumas delas são universais para todos os polissacáridos, uma vez que são determinadas pelas propriedades comuns a estas substâncias, enquanto outras são específicas de um determinado polissacárido devido às peculiaridades da composição e da estrutura do polímero em causa.

Os polissacáridos extracelulares protegem as células da dessecação, da ação destrutiva dos raios ultravioleta e de vários agentes químicos, incluindo metais pesados e medicamentos. Observou-se que as bactérias encapsuladas são mais resistentes aos agentes quimioterapêuticos do que as variantes não encapsuladas. Por estarem localizadas superficialmente, as cápsulas protegem as células dos bacteriófagos e da sua absorção pelos protozoários, evitando a desnaturação das proteínas celulares.

Muitos glicanos extracelulares são biologicamente activos e determinam as propriedades imunológicas e a virulência das estirpes. Regra geral, quanto mais espessa for a cápsula, maior é a virulência e a patogenicidade da bactéria. Algumas bactérias patogénicas privadas de cápsulas tornam-se virulentas. *Os K-antigénios* são agressores que inibem a fagocitose da bactéria, criando assim condições para a sua multiplicação.

Uma das manifestações caraterísticas da atividade biológica dos polissacáridos é a sua capacidade de modificar enzimas de vários organismos, resultando na estimulação ou redução da sua atividade. Os exopolissacáridos de bactérias fitopatogénicas são fitotoxinas envolvidas na interação específica da bactéria com o tecido vegetal.

Em certos casos, os glicanos extracelulares servem de fonte de reserva de carbono e de energia e os polissacáridos azotados servem de fonte de azoto para o produtor. Os polissacáridos polianiónicos concentram catiões do meio ambiente e facilitam o seu transporte para o interior da célula. Os complexos polissacáridos-lípidos dos microrganismos que crescem em meios com n-alcanos: pseudomonadas, nocardia, corynebacterium, leveduras são bons emulsionantes. Reduzem a tensão superficial, aumentam a superfície de contacto entre o hidrocarboneto e a água, formam micelas e favorecem assim a penetração dos hidrocarbonetos na célula.

Os polissacáridos extracelulares neutros mantêm a integridade das formas filamentosas e de vários agregados celulares. Em contrapartida, os polissacáridos com uma carga específica favorecem a dispersão das células. Os exoglicanos de algumas bactérias são responsáveis pela fixação das células à superfície. Por exemplo, o *Str. mutans,* que provoca cáries dentárias, liga-se ao esmalte dos dentes com a ajuda de dextrano.

14.4. Utilização de polissacáridos

Atualmente, os polissacáridos microbianos são utilizados em várias esferas da atividade humana: na medicina, na indústria farmacêutica, alimentar, química e têxtil, na hidrometalurgia, na produção de petróleo e numa série de outras áreas da economia nacional. Simultaneamente, tanto os glicanos intracelulares como os extracelulares atraem a atenção dos investigadores e dos profissionais, mas em termos técnicos e económicos os últimos são preferíveis, uma vez que a escala da sua produção e aplicação é muito mais vasta.

A possibilidade e as perspectivas de utilização dos polissacáridos em medicina são largamente determinadas pela sua atividade biológica - (n)™ . , ,

Muitos polissacáridos microbianos têm efeitos terapêuticos e profilácticos: aumentam a resistência do organismo a infecções bacterianas e virais, caracterizam-se por uma atividade antitumoral, promovem a cicatrização de feridas e a regeneração de tecidos, afectam favoravelmente o curso e o resultado de processos inflamatórios, eliminam a síndrome da dor, reduzem os efeitos secundários de medicamentos e radioterapia. O efeito terapêutico e protetor dos polissacáridos é determinado principalmente pela sua capacidade de aumentar a reatividade imunobiológica não específica do organismo, de influenciar várias reacções de proteção que mantêm a constância do seu ambiente interno. As vantagens de muitas preparações de polissacáridos em relação a outros meios que aumentam a resistência não específica do organismo são determinadas pelo facto de não conterem aditivos com efeitos indesejáveis no organismo. Alguns polissacáridos microbianos já encontraram aplicação na prática terapêutica de várias clínicas em todo o mundo.

No nosso país, o piro-genal, uma preparação isolada de células *de Salmonella typhi* e *Pseudomonas aeruginosa*, foi utilizado com sucesso para tratar as consequências de traumatismos e distúrbios de condução do sistema nervoso, para prevenir a formação de cicatrizes ásperas ou cicatrizes pós-traumáticas. Na Alemanha e nos EUA, os lipopolissacáridos isolados de várias bactérias patogénicas foram utilizados para o mesmo fim. Os lipopolissacáridos bacterianos também têm atividade anti-radiação.

O prodigiosan, um complexo heteropolissacárido com lípidos isolado de células de *Serrada rnarceseens,* e o zymosan, uma preparação de membranas celulares *de Sacch. cerevisiae, constituída por* glucano, glucomanano e pequenas quantidades de ácidos teicóicos, são utilizados na clínica. O glucano de Sacch. *cerevisiae,* constituído por glucano, glucomanano e pequenas quantidades de ácidos teicóicos. Estas preparações normalizam uma série de alterações nas reacções imunobiológicas, têm um efeito positivo no tratamento de tumores, doenças infecciosas e não infecciosas. ■Como agentes antitumorais, são promissores os LPS de bactérias Gram-negativas, os fitoflagelados *Astana longa,* os polissacáridos extracelulares de várias leveduras dos géneros *Lipomyces, Cryptococcus, Bullera,* bactérias dos géneros *Alcaligenes* e *Agrobacterium.* Os compostos listados são recomendados para ensaios clínicos. O prodigiosano apresenta atividade antiviral. O manano polar modificado (sulfatado), um polissacárido extracelular *de Rhodotorula rubra*, pode ser utilizado como meio de prevenção e tratamento da aterosclerose.

Os polissacáridos com especificidade antigénica estão a começar a ser utilizados na prática médica como instrumentos de diagnóstico. Por exemplo, as preparações de polissacáridos de espécies de leveduras patogénicas e condicionalmente patogénicas do género *Candida, que* facilitam o diagnóstico de doenças de natureza candida, estão entre elas. Foi demonstrada a possibilidade de utilizar antigénios LPS modificados de Salmonella no diagnóstico da salmonelose.

Os polissacáridos específicos purificados dos grupos meningocócicos A e C (polímeros de N-acetil, O-acetilmanosamina-fosfato e N-acetil, O-acetilneuramínico, respetivamente) são utilizados para produzir vacinas meningocócicas. Os polissacáridos microbianos podem ser a base para a criação de vacinas artificiais. Isto é conseguido através da alteração da sua configuração ou da conjugação com polielectrólitos sintéticos. Os dextranos neutros com um peso molecular de cerca de 75.000 produzidos por *L. mesenterotdes* são amplamente utilizados no nosso país e no estrangeiro como substitutos do plasma sanguíneo. Pullulan, levanos sintetizados por *G. oxydans* e *Vas. polymyxa* são promissores como substitutos do plasma. *polymyxa*. Os dextranos de uma determinada estrutura, bem como muitos outros polissacáridos, são capazes de estimular as reacções de defesa do organismo. Na clínica, são utilizados em combinação com outros medicamentos para o tratamento de várias doenças da cavidade abdominal. Os sulfatos de dextrano têm um efeito anticoagulante, substituem a heparina e podem ser utilizados como agente antitrombogénico. A quitina é também prometedora como anticoagulante.

A vasta aplicação de polissacáridos microbianos nas indústrias farmacêutica, de perfumes, alimentar e outras é determinada pelas suas propriedades: viscosidade, caraterísticas reológicas, capacidade de inchar, interação com determinadas estruturas. Na indústria farmacêutica, são utilizados como base para a preparação de formas de dosagem: como amaciadores, emulsionantes e estabilizadores de suspensão, como agentes de ligação e agentes de fermentação em pomadas, comprimidos e pastilhas. Proporcionam estabilidade a longo prazo dos medicamentos, estabilizam e prolongam a sua ação. Com base em alguns polissacáridos microbianos (aubazidan, dextran), foram criados medicamentos de butadiona, enxofre, sulfonamidas, suspensão de sulfato de bário para fluoroscopia, etc., estáveis durante vários anos. Os conjugados macromoleculares de dextranos modificados com enzimas (estreptoquinase, tripsina, fibrinolisina) prolongam a atividade das enzimas e reduzem o seu efeito alérgico. Os polissacáridos microbianos são utilizados como agentes formadores de gel no fabrico de produtos cosméticos, para criar um tampão hidrofílico em cremes, como agentes de inchaço na produção de cremes, champôs e loções. Alguns glicanos podem ser utilizados em vez da carboxicelulose de sódio utilizada como aglutinante e componente biologicamente ativo em pastas de dentes.

Na indústria alimentar, os polissacáridos de microrganismos são utilizados sob a forma de películas - revestimentos de produtos, como o queijo, para os proteger da secagem e do bolor, como estabilizadores de gelados, sumos de fruta, molhos para saladas, espessantes de xaropes, compotas, molhos, geleias e outros produtos culinários. O Xaithai é considerado particularmente prometedor neste domínio. As estirpes de *Streptococcus lactis* formadoras de limo são utilizadas na Suíça na produção de kefirs espessos, natas ácidas e alguns queijos de pasta mole. Os exopolissacáridos de leveduras *dos* géneros *Saccharomyces* e *Ctreptococcus e* de bactérias *dos* géneros *Azotobacter* e *Arthrobacter* podem ser utilizados para melhorar a qualidade do pão. A sua adição à farinha durante a cozedura do pão aumenta a capacidade de retenção de gás da massa e melhora as suas propriedades reológicas. O pão cozido com esta massa caracteriza-se por um elevado volume específico, uma boa porosidade e um endurecimento mais lento.

Como agentes formadores de gel, os exoglicanos são utilizados na produção de combustível nuclear, de películas fotográficas e de raios X, como substitutos do ácido algínico nas algas nas indústrias alimentar, têxtil, farmacêutica e do papel (poliuronídeos de *Azotobacter, P. aerosa* e de vários outros microrganismos), podem substituir o ágar (heteropolissacáridos *de V.* subtilis e Ps. elodea constituídos, respetivamente, por glicose, galactose, fucose, ácido glucurónico e glicose, *ramnose,* ácido glucurónico e glicose, ramnose, ácido glucurónico e glicose). *subtilis* e *Ps. elodea*, constituídos, respetivamente, por glicose, galactose, fucose, ácido glucurónico e glicose, ramnose, ácido glucurónico e grupos O-acetilo).

Os polissacáridos aniónicos (xantana, zanflo - um heteroglicano extracelular *de Erwinia tahitica* constituído por glicose, galactose, fucose, ácido urónico e grupos acetilo, etc.) estabilizam e protegem as tintas de esmalte aquosas catiónicas da secagem. Alguns glicanos, como o heteropolissacárido de *Corynebacterium equi* var. *mucilagenosus*, são muito viscosos e podem substituir colas caras. Os sulfatos de xantana são utilizados como espessantes para adesivos. Por outro lado, a capacidade de alguns polissacáridos formarem películas de superfície permite-lhes serem utilizados como anti-adesivos, por exemplo, na libertação de moldes. O dextrano é igualmente recomendado como lubrificante.

Os polissacáridos, cujas soluções aquosas são particularmente estáveis a mudanças bruscas de temperatura e em ambientes agressivos, são utilizados na indústria do petróleo e do gás como estabilizadores e formadores da estrutura dos fluidos de lavagem para a perfuração de poços de petróleo e de gás e asseguram uma recuperação mais completa do petróleo das formações petrolíferas. Desde o início dos anos 2000, mais de metade do petróleo nos EUA foi produzido utilizando polissacáridos, principalmente xantana. O escleroglucano, um glucano neutro linear capsular formado por fungos imperfeitos, principalmente do género *Sclerotium*, está a ser testado comercialmente. Como estabilizador de lamas de argila de perfuração, *um* heteroglicano linear da bactéria *metilotrófica* obrigatória *Methylobacillus methylophilus*, constituído por glucose, galactose, manose, ramnose e ácido glucurónico, é promissor. A aplicação de polissacáridos na indústria petrolífera é promissora em termos técnicos e de tecnologia.

Os polissacáridos de alguns microrganismos (*A.puUulans pullulan,* heteropolissacárido de bactérias do género *Metámonos,* etc.) são agentes de floculação e são utilizados na hidrometalurgia para obter componentes metálicos sob a forma de géis, incluindo os seus precipitados insolúveis. O processo é realizado na purificação, separação e concentração de metais a partir de soluções dos seus sais ou misturas de sais.

Os sefadexes são preparados à base de dextranos e são amplamente utilizados na prática laboratorial para a filtração de gel. Os glicanos polianiónicos, por exemplo a xantana e a quitina, são recomendados para a purificação da água de metais pesados, bem como para a síntese industrial de polímeros para a sua extração de solventes orgânicos. A quitina também pode ser utilizada para o tratamento de águas residuais.

O aubazidan é utilizado como transportador de "-amilase" imobilizada. O curdlan e a quitina são prometedores para a imobilização de enzimas.

Os levanos microbianos são fontes de preparação de frutose pura, quitina - *D-glucosamina* e *N-acetil-D-glucosamina* - compostos utilizados na síntese química. A partir de mananos de levedura, pode obter-se maiose.

Os polissacáridos de algumas bactérias, como o levan *de Vas. polymyxa levan,* revelaram-se úteis na agricultura. Quando aplicados no solo, aumentam a taxa de sobrevivência das sementes de plantas cultivadas, ajudando-as a reter a humidade. As películas de alginato são utilizadas para cobrir as raízes e as sementes das plantas para evitar que sequem durante o armazenamento e o transporte.

As possibilidades de aplicação prática dos polissacáridos microbianos ainda não foram totalmente exploradas. Um estudo exaustivo dos glicanos neste contexto abre novas perspectivas e conduzirá, sem dúvida, à expansão da área relevante da indústria microbiológica.

14.5. Produção industrial de polissacáridos microbianos

A expansão da gama de polissacáridos microbianos de importância prática levou a avanços na organização da sua produção. Atualmente, a indústria microbiológica de muitos países produz uma série de exoglicanos valiosos: dextrano, xantano (EUA, França), pululano (Japão), escleroglucano (EUA), zanflo (EUA), kurdlan (Japão). Vários outros polissacáridos, estudados em pormenor em condições laboratoriais, testados na prática e produzidos à escala semi-industrial, foram ou estão a ser introduzidos na produção. A produção dos diferentes polissacáridos não é universal. Cada glicano tem as suas particularidades, determinadas pela fisiologia do produtor, pela localização e pelas propriedades físico-químicas do polímero e pelo domínio da sua aplicação.

A produção de exopolissacáridos tem vantagens sobre a produção de intracelulares, uma vez que os exoglicanos são formados, em regra, em quantidades muito maiores e são mais facilmente separados da biomassa e purificados de impurezas. No entanto, a produção de exoglicanos tem as suas próprias dificuldades tecnológicas. A acumulação de polissacáridos no meio leva à restrição do acesso do oxigénio às células. Nos microrganismos aeróbios, este facto reduz o balanço energético e inibe a síntese de polissacáridos. O aumento da viscosidade do meio torna impossível separar o polissacárido das células do produtor do fluido de cultura nativo. Este tem de ser diluído dezenas de vezes e, após a remoção das células, tem de ser concentrado para o volume original ou para um volume inferior. A solução para estes problemas está associada a custos adicionais.

Eis as principais etapas da produção dos polissacáridos comuns mais utilizados - dextrano e xantana.

Os substitutos plasmáticos dos dextranos são produzidos sob as denominações: dextrano clínico, poliglucina, syncol, macrodex, plasmodex, chemodex, etc. Para obter dextranos, utilizam-se estirpes *de Leuconostoc mesenteroid.es*. A fermentação é efectuada em meio com 10-30% de sacarose, "inóculo" de dextrano, extrato de levedura, sais minerais. São criadas condições que favorecem a síntese da forma de dextrano utilizada como substituto do plasma: glucano linear com mais de 90 % de ligações "-1,6", com uma massa molecular de 60-80 mil. Para este efeito, limita-se o teor de magnésio no meio, o que estimula a síntese de dextrano ramificado através da introdução de uma "semente" sob a forma de dextrano com uma massa molecular de 20-30 mil. Este aceitador assegura a formação preferencial do polímero necessário.

Os dextranos que contêm menos de 70% de ligações a-1,6-glicosídicas, ou seja, os mais ramificados, têm a maior atividade biológica. A síntese de dextranos biologicamente activos promove, para além do magnésio, a substituição da sacarose por melaço O valor ótimo de pH para o crescimento do produtor situa-se no intervalo de 6,5-8,0 e para a acumulação de dextrano-sacarase - cerca de 7,0. Normalmente, o valor do pH do meio é fixado entre 7,0 e 8,0.

As bactérias decompõem a sacarose em glucose e frutose. A frutose é digerida por fermentação heteroenzimática do ácido lático com a formação de ácidos lático e acético, manitol e CO_2. A glucose polimeriza-se em dextrano. O processo é rápido e o produto pode ser isolado em 24 horas.

O dextrano é extraído do fluido de cultura, por exemplo, com metanol. Utilizando determinadas técnicas, é possível precipitar fracções de dextrano clínico com um peso molecular de 60-80.000, mesmo a partir de uma mistura de dextranos de diferentes pesos moleculares. O produto completo pode ser precipitado, dissolvido em água e o dextrano necessário pode ser isolado por fracionamento. Se necessário, o dextrano isolado é despolimerizado (enzimaticamente, por tratamento térmico ou por ultra-sons). Para a purificação, o dextrano é repetidamente dissolvido em água, novamente dissolvido com me-tanol e fraccionado.

Uma vez que a dextrasacarase é largamente libertada para o meio e a síntese de polímeros tem lugar fora da célula, os dextranos são também produzidos enzimaticamente. Para este efeito, o produtor é cultivado em condições que garantem a maior atividade do complexo enzimático extracelular. Durante o período de atividade máxima da dextrans-carase, o líquido de cultura é separado das células e preservado através da redução do valor do pH para 5,0-5,2. Com esta acidez e a uma temperatura de cerca de 15 °C, a dextrasacarase contida no líquido de cultura permanece ativa durante pelo menos um mês. Nos anos 80 do século XX, foi desenvolvida a tecnologia de obtenção de dextransaccharase parcialmente purificada. O meio de fermentação deve conter sacarose e "semente" de dextrano. O processo de síntese dura cerca de 8 horas. O método enzimático é mais conveniente do que o microbiológico, uma vez que pode ser controlado e regulado de forma mais fiável, e permite obter dextrano com o peso molecular necessário, variando a concentração inicial de sacarose e enzima, bem como a temperatura do processo. Isto simplifica e reduz significativamente o custo das operações tecnológicas subsequentes. A utilização de dextransaccharases imobilizadas pode ser amplamente utilizada na indústria.

O xantano produzido por *Xanthomonas eanpestns* está disponível sob os nomes: biopolímero Xs, keltsan, xantano, keltrol. As bactérias são cultivadas num meio que contém 1-5% de hidratos de carbono (amido de milho, açúcar bruto, melaço, etc.), composto orgânico de azoto, ácido fosfórico de dupla substituição, potássio e oligoelementos, pH 6,5-7,2. A incubação foi efectuada em condições aeróbias a 28 °C durante 72 h. Para melhorar as propriedades dos polissacáridos, adiciona-se formaldeído ao meio durante a fermentação. O aditivo permite obter glicanos com maior resistência a vários factores desfavoráveis, incluindo a temperatura e a salinidade. O polímero é utilizado como uma solução de líquido de cultura viscoso ou como um pó seco numa corrente de ar quente. Neste último caso, o polissacárido é separado das células por centrifugação e purificado por precipitação com etanol, metanol ou acetona na presença de um eletrólito.

A procura intensiva de produtores de polissacáridos do tipo xantana é efectuada em vários países. Foi desenvolvida a tecnologia de produção nacional de xantana à escala industrial.

Muitas vezes, os polissacáridos nativos não possuem as qualidades desejadas. Podem ser, por exemplo, insuficientemente activos, ou pouco solúveis, ou tóxicos, o que impede a sua utilização, etc. Para melhorar a ação dos fármacos polissacáridos, a fim de eliminar ou reduzir os fenómenos indesejáveis, ou seja, para obter um fármaco com as propriedades desejadas, os polissacáridos isolados são por vezes submetidos a modificações químicas. Por exemplo, o dextrano é sulfatado para lhe conferir uma atividade anticoagulante. O tratamento do glicano nativo *de A. faecalis* var. *myxogenes* com agentes solubilizantes permite obter derivados que formam hélices sem aquecimento prévio. A solubilidade do glucano *de A. puìlulans* e do manano *de R. rubra* pode ser aumentada por carboximetilação. A redução da toxicidade do complexo antitumoral proteína-lipopolissacárido do fluido de cultura de *Serratia piscatorum* é conseguida através do seu tratamento com álcali. A obtenção de derivados de polissacáridos está associada a operações tecnológicas adicionais.

O método de cultura contínua de produtores está a ser cada vez mais utilizado para a produção de zigoglicanos. Muitos polissacáridos (xantana, kurdlan, etc.), promissores em termos práticos, foram já obtidos em vários países através deste método. Este método é muito eficaz *e* económico, pois permite obter o produto durante muito tempo, durante a sua acumulação máxima, e utilizar o substrato ao máximo. Estima-se que a percentagem de conversão do substrato de carbono em exopolissacáridos na cultura em fluxo é 2-3 vezes superior à da cultura em lote. Normalmente, o azoto, bem como o fósforo e o enxofre, são utilizados como factores limitantes no quimiostato. Isto assegura uma acumulação intensiva de zooglicanos. Devido à seleção adequada das condições, a xantana é obtida através do cultivo contínuo do produtor durante muitas centenas de horas.

A produção de uma série de outros polissacáridos de valor prático está atualmente em desenvolvimento. Uma fábrica-piloto na Fábrica de Preparações Médicas de Krasnoyarsk produz aubazidan e suspensões de sulfato de bário em aubazidan. Está a ser criada uma fábrica-piloto para a produção de manano e estão a ser desenvolvidas actividades para a produção de prodigisan e de polissacáridos específicos de grupos de meningococos (vacinas).

A produção microbiológica de polissacáridos enfrenta uma série de desafios, o mais importante dos quais é a substituição de açúcares caros por gramíneas. A este respeito, estão a ser procurados microrganismos que desenvolvam e formem polissacáridos utilizando hidrocarbonetos, etanol e metanol. Neste contexto, estão a ser procurados microrganismos que desenvolvam e formem polissacáridos utilizando hidrocarbonetos, etanol e metanol. Os álcoois como fontes de carbono são, sem dúvida, mais convenientes do que os hidrocarbonetos, uma vez que são bem solúveis em água, o que simplifica muito a tecnologia de isolamento e purificação do produto. Para o cultivo de microrganismos é possível utilizar meios mais simples - meios sintéticos ou de diálise, que são necessários para obter antigénios de alta precisão. Propõe-se a utilização de um substrato barato, o hidrolisado de turfa, para a produção de pululano.

Para obter glicanos com maior produtividade, é necessário procurar novos produtores de polissacáridos com propriedades úteis, especialmente extracelulares, e selecionar e estudar geneticamente os microrganismos promissores. O método de seleção experimental de estirpes activas revela-se frequentemente mais rápido e mais económico em comparação com a sua pesquisa em condições naturais. Assim, como resultado da baixa temperatura e subsequente irradiação com neutrões rápidos, foi possível selecionar variantes *de X. campestns* que possuem uma síntese aumentada de xantana.

Como os microrganismos são verdadeiramente inesgotáveis em polissacáridos, é certo que entre estes polímeros se encontrarão substâncias quimicamente originais e de grande valor para a prática.

Capítulo 15

OBTENÇÃO DE ANTIBIÓTICOS

Os princípios da produção de metabolitos motores baseiam-se na sua formação por células microbianas. A biossíntese dos metabolitos secundários é específica da fase e ocorre após a conclusão da fase de crescimento, na fase de idiotia, pelo que são designados idiólitos.

Os antibióticos são a maior classe de compostos farmacêuticos sintetizados por células microbianas. Esta classe inclui também agentes antifúngicos, medicamentos antitumorais e alcalóides. A nível mundial, a produção anual de antibióticos é de 20 mil milhões de dólares. EUA. Mais do que na medicina, são utilizados na produção vegetal, na criação de animais, na medicina veterinária e na indústria alimentar.

Em 1928, o microbiologista inglês Flemnngwu estabeleceu a capacidade do bolor verde *Penicillum notanum* para matar microrganismos e, durante a Segunda Guerra Mundial, foi iniciada a produção industrial de antibióticos. É de salientar que as propriedades terapêuticas dos bolores foram descritas pelo dermatologista russo A. G. Polotebnov em 1871.

Os antibióticos são efectores de baixo peso molecular, de origem natural, capazes de inibir o crescimento de células vivas. Atualmente, foram descritos 12.000 antibióticos, dos quais cerca de 200 são utilizados na clínica. Cerca de 97% dos antibióticos conhecidos são tóxicos, pelo que não são utilizados na prática. Do ponto de vista químico, são um grupo composto de substâncias orgânicas

De acordo com o tipo de ação, os antibióticos dividem-se em bactericidas, que provocam a morte dos microrganismos, e bacteriostáticos, que perturbam a capacidade de divisão dos microrganismos. De acordo com o espetro de ação, distinguem-se os antibióticos de ação estreita e de ação ampla. Estes últimos incluem as tetraciclinas, os macrólidos e os amnoglicosídeos, prescritos no caso de agentes patogénicos não identificáveis. Se forem utilizados durante muito tempo, provocam disbacteriose.

A particularidade dos antibióticos é a especificidade da sua ação: inibem um ou vários processos apenas em alguns microrganismos. Em função disso, distinguem-se os seguintes grupos de compostos a nível molecular, que induzem nas bactérias:

. biossíntese prejudicada de peptidoglicanos da parede celular,

- violação das etapas individuais do processo de tradução (a tradução é a realização da informação genética);
- danos na membrana citoplasmática;
- perturbação da biossíntese dos ácidos nucleicos;

. perturbação das trocas de energia.

Os antibióticos têm sido amplamente utilizados para decifrar os mecanismos de biossíntese de proteínas, ácidos nucleicos e estrutura da parede celular bacteriana.

A procura de novos antibióticos é motivada tanto pelas necessidades da prática como pela acumulação de formas resistentes de microrganismos a muitos antibióticos. A enzima lactamase, que converte a penicilina em ácido penicilínico, confere resistência aos microrganismos. Por este motivo, são produzidos novos análogos de antibióticos utilizando inibidores naturais da ß-lactamase, como o ácido clavulânico e o ácido olivanóico.

Os métodos químicos de produção de antibióticos são muito complicados e não podem competir com a sua biossíntese por métodos biotecnológicos.

Existem várias formas de produzir antibióticos, tanto naturais como sintéticos:

- fermentação do organismo produtor de microrganismos com um precursor adequado,.que induz a nitetizantibnótica na fase não desnaturante;
- utilização de mutantes "bloqueados" para a biossíntese. Esses mutantes bloquearam a síntese do antibiótico desejado. Explorando a baixa especificidade do substrato das enzimas metabólicas secundárias e dos análogos dos precursores dos antibióticos, estes são convertidos em análogos do próprio antibiótico. Este processo é designado por biossíntese ou mutassíntese:
- pressupõe-se uma sequência de reacções que conduzem à síntese de um antibiótico:

$A \rightarrow B \xrightarrow{\text{фермент}} D \rightarrow E \rightarrow \text{антибиотик};$ um antibiótico;

- ausência de síntese de antibióticos no mutante "bloqueado":

$A \rightarrow B \xrightarrow{\text{фермент}} \underset{\text{«блокированное» звено метаболизма}}{\boxed{C \rightarrow D}}$;

"ligação metabólica "bloqueada

- síntese do antibiótico modificado após administração do análogo precursor (D*):

$A \rightarrow B \xrightarrow{\text{фермент}} \dots D^* \rightarrow E^*$ - um antibiótico modificado.

Os antibióticos são produzidos por fungos, actinomicetos, eubactérias e outros microrganismos. Seis géneros de fungos filamentosos produzem cerca de 1.000 antibióticos diferentes, incluindo a penicilina e a cefalosporina, e três géneros de actinomicetos produzem 3.000 antibióticos. Entre os actinomicetos, o género *Streptomyces* é o que mais contribui, uma das espécies, *S. griseus*, sintetiza mais de 50.000 antibióticos.

O processo de cultivo de vdiolitos consiste em duas fases (cultivo em duas etapas). A primeira fase envolve a acumulação de uma quantidade suficiente de biomassa, que é cultivada num meio adequado para o crescimento microbiano. Esta fase deve ser rápida e o meio nutritivo deve ser barato. Na segunda fase, tem lugar o arranque e a síntese ativa do antibiótico. Aqui a fermentação é efectuada num meio produtivo. A formação de antibióticos é regulada pelas condições de cultivo microbiano, pelo que a otimização do meio nutriente é um fator importante para aumentar o rendimento do produto. A maioria dos antibióticos é produzida por fermentação aeróbica profunda em condições asssépticas.

15.1. Princípios da produção de antibióticos

A utilização generalizada de antibióticos na medicina, na agricultura e noutros sectores da economia nacional impôs a tarefa de produzir estas substâncias biologicamente activas em grande escala. Esta tarefa foi possível graças à criação de uma poderosa indústria de antibióticos.

A produção industrial de antibióticos baseia-se numa série de etapas consecutivas: obtenção de estirpes-produtoras altamente produtivas, desenvolvimento das condições mais favoráveis para o cultivo de produtores de antibióticos com biossíntese máxima desta substância, seleção e introdução na prática de métodos adequados de isolamento e purificação de antibióticos, criação de preparações acabadas e seu controlo de qualidade. Cada uma destas fases deve ser apoiada por especialistas adequados (geneticistas, microbiologistas, tecnólogos, etc.).

Atualmente, a produção de antibióticos é um ramo poderoso e bem desenvolvido da indústria farmacêutica (no nosso país, médica e microbiológica). Ocupa uma das posições de liderança na produção de produtos farmacêuticos. Esta indústria está particularmente bem desenvolvida nos EUA, Inglaterra, Japão, França, Itália e outros países. Por exemplo, nos EUA, a produção anual de antibióticos e seus pró-fármacos ascende a centenas de milhões de dólares. Em termos de produção total de antibióticos, os países da CEI ocupam o primeiro lugar a nível mundial. De acordo com Love e Elander, apenas os antibióticos 5-lactâmicos (penicilina e cefalosporina) representam metade do volume total de antibióticos produzidos.

O método industrial de produção de antibióticos é um processo complexo e multifásico que envolve uma série de etapas tecnológicas. As principais delas serão discutidas a seguir.

O chamado método semi-sintético de produção de antibióticos é de grande importância para a obtenção de várias modificações de substâncias antibióticas já conhecidas com propriedades mais valiosas em comparação com as preparações originais. Este problema começou a receber uma atenção considerável desde o início dos anos 60 do século XX.

O método semi-sintético de produção de antibióticos baseia-se no seguinte princípio. Como resultado da biossíntese, os antibióticos iniciais (penicilina, cefalosporina, tetraciclinas, rifamicina) são produzidos e depois modificados quimicamente. Nalguns casos, nem toda a molécula de antibiótico, mas apenas o seu núcleo básico, serve como principal produto semi-acabado inicial. Por exemplo, na preparação de penicilinas e cefalosporinas semi-sintéticas, são utilizados, respetivamente, o ácido 6-amino-penicilínico e os ácidos 7-aminocefalosporânico e 7-aminodeza-cetoxicefalosporânico, que são depois modificados quimicamente.

O ácido 6-aminopenicilânico (b-APA) é obtido de três formas: como resultado do desenvolvimento do produtor de penicilina num meio que não contém precursor; tratamento químico (hidrólise) da benzilpenicilina; degradação enzimática e enzimática da benzilpenicilina

A possibilidade de obter 6-APC como resultado da alteração das condições de cultivo de um produtor de penicilina foi assinalada pela primeira vez por O. Kato em 1953; S. Betchel et al. em 1959 estabeleceram que as estirpes de fungos formadores de penicilina são capazes de formar 6-APC quando se desenvolvem num meio que não contém precursor. No entanto, esta obtenção de ácido 6-aminopenncilânico não tem qualquer significado prático, e muito menos industrial. Isto deve-se ao facto de, em primeiro lugar, durante o desenvolvimento do produtor de penicilina em meios sem precursor, ser formada uma quantidade relativamente pequena de 6-APC. Em segundo lugar, é bastante difícil isolar este ácido do líquido de cultura e purificá-lo das substâncias associadas

Uma forma mais eficiente de produzir 6-APC é a química, baseada no tratamento da benzilpenicilina com pentacloreto de fósforo para obter um composto facilmente hidrolisável. Este é depois utilizado para produzir 6-APK. Neste caso, o rendimento do 6-APC pode atingir 95 %.

A hidrólise enzimática da molécula de penicilina deve ser considerada o método mais racional para a preparação do ácido 6-aminopaicílico.

A enzima penicilinacilase hidrolisa a molécula de benzilpenicilina para formar 6-APC e ácido fenilacético.

O ácido 6-aminopenicilânico é praticamente desprovido de atividade antibiótica.

A penicilinacilase pode ser produzida por vários tipos de microrganismos, incluindo fungos produtores de penicilina. A enzima segregada por bactérias e proactinomicetos hidrolisa a benzilpenicilina mais rapidamente do que outros tipos de penicilinas.

Atualmente, o ácido 6-aminopenicilânico é produzido utilizando penicilinacilase imobilizada, o que proporciona um elevado rendimento do produto e o seu elevado grau de pureza.

O passo mais importante após a fermentação dos antibióticos é o seu isolamento e purificação do líquido de cultura. Para além da substância antibiótica, o líquido de cultura contém normalmente um grande número de outras impurezas, muitas vezes semelhantes ao antibiótico nas suas propriedades químicas e físico-químicas. As impurezas que acompanham a substância antibiótica são substâncias minerais ou orgânicas, produtos de biossíntese, componentes do meio de cultura ou substâncias adicionadas ao líquido de cultura para pré-tratamento. A sua concentração atinge frequentemente vários por cento e excede a concentração dos antibióticos em dezenas, centenas e, por vezes, milhares de vezes.

O isolamento e a purificação de antibióticos é um processo tecnológico complexo. A baixa estabilidade de muitos antibióticos e a possibilidade de perderem a sua atividade durante o isolamento e a purificação levaram à utilização predominante de métodos físico-químicos de separação de substâncias, incluindo a sorção, a extração e a cristalização, ou seja, processos que não foram acompanhados por um forte impacto químico na molécula do antibiótico.

Tanto os métodos de equilíbrio como os cinéticos são utilizados para a separação, isolamento e purificação de antibióticos. No entanto, os métodos de equilíbrio provaram ser mais económicos e eficientes para aplicações industriais. Neste caso, os métodos de sorção e extração adquiriram a maior importância. Os métodos de equilíbrio podem ser de fase única ou de fases múltiplas. Nas aplicações industriais e no estudo das propriedades dos antibióticos, os processos em várias fases são de grande importância, uma vez que podem melhorar significativamente a pureza do fármaco isolado.

Pré-tratamento e filtração de fluidos de cultura de antibióticos. O pré-tratamento do fluido de cultura e a remoção da massa micelar é o primeiro passo antes do isolamento e confinamento. É aqui que começa a purificação parcial do líquido de cultura das impurezas. Dependendo das propriedades do antibiótico e dos métodos do seu isolamento e purificação, é escolhido o método de pré-tratamento do líquido de cultura. O principal objetivo deste processo é obter uma solução nativa (e no caso de antibióticos em micélios - massa micelial) com o mais alto grau de pureza e as menores perdas, o que permite operações posteriores bem sucedidas de isolamento do antibiótico. A maioria dos antibióticos é isolada e purificada da solução nativa através de três métodos: extração, permuta iónica e precipitação do composto insolúvel. No método de extração de antibióticos do líquido (penicilina, eritromicina, novobiocina), a solução nativa deve ser libertada, tanto quanto possível, de impurezas capazes de formar emulsões persistentes com o solvente orgânico. As impurezas proteicas, que geralmente causam a formação de emulsões persistentes, são removidas juntamente com o micélio por vários métodos químicos, ou por aquecimento do líquido, ou por ambos os métodos simultaneamente. Se a massa micelial for facilmente removida sem tratamento preliminar, são adicionados desemulsificantes à solução ativa para manter as substâncias proteicas num estado dissolvido nas condições de extração. Na extração e purificação da penicilina, utiliza-se como desemulsionante o contacto de Petrov (contacto de parafina, katexol, ultravet, cetazol). Na extração e purificação da eritromicina, é necessário remover os iões de cálcio da solução nativa, que podem contribuir para a precipitação do antibiótico durante a extração.

No caso do método de permuta iónica para o isolamento de antibióticos a partir da solução nativa, esta deve ser libertada, tanto quanto possível, de iões concorrentes no caso de sorção de iões de cálcio, magnésio e ferro em catiões. Para a remoção do cálcio, utiliza-se o ácido oxálico; para a remoção do magnésio, os fosfatos; para a remoção do ferro, o sal amarelo do sangue. Se o antibiótico for separado da solução nativa por precipitação, é desejável remover todas as impurezas da solução nativa que possam precipitar nestas condições.

Uma das principais tarefas do pré-tratamento de fluidos de cultura é a coagulação de partículas em suspensão. A importância desta tarefa é evidente na coagulação e filtração do líquido de cultura de origem actiomncética ou bacteriana. A separação da massa micelial da solução nativa está, na maioria dos casos, associada a dificuldades consideráveis. Este facto deve-se à natureza específica do precipitado, que é geralmente amorfo, viscoso, sem estrutura e que obstrui rapidamente os poros do material filtrante. A qualidade da matéria-prima e a composição da matéria-prima do meio filtrante têm uma grande influência no processo de filtração. Por exemplo, a utilização de farinha de soja e de bolo na composição do meio piora a filtração do líquido. A utilização de hidrol em vez de glucose como fonte de hidratos de carbono reduz a taxa de filtração (produção de estreptomicina). O consumo incompleto de nutrientes e a utilização de espumas gordas nas últimas fases da fermentação também prejudicam a filtração. A fim de

melhorar o processo de filtração, é muito importante parar a fermentação a tempo - de preferência com a ingestão total de hidratos de carbono, mas antes do início da destruição das células microbianas, uma vez que o processo de filtração de uma cultura autolisada é geralmente deficiente. Além disso, o aumento da duração da fermentação piora a qualidade da solução nativa, aumenta a sua pigmentação e o teor de impurezas proteicas. Os fluidos de cultura de antibióticos são especialmente tratados para coagulação. Em função das propriedades do antibiótico, da origem da massa micelial e do método de isolamento e de purificação do antibiótico, o líquido de cultura é tratado para melhorar a filtrabilidade: coagulação ácida; introdução de electrólitos no líquido; coagulação térmica; aplicação de cargas; formação de cargas diretamente no líquido. Por vezes, são combinados dois métodos. A coagulação ácida e a coagulação térmica são utilizadas se os antibióticos forem estáveis com as alterações do pH e da temperatura da solução. O aquecimento do líquido aumenta a taxa de filtração devido à coagulação e à coagulação das proteínas a alta temperatura e a uma redução significativa da viscosidade do filtrado. A coagulação térmica aumenta a pigmentação da solução nativa e, portanto, pode prejudicar a qualidade do produto acabado.
Para melhorar a filtração, utilizam-se frequentemente cargas como a diatomite ou a terra de infusão, a perlite, etc. Um bom método de coagulação de fluidos de cultura de antibióticos consiste em formar a carga diretamente no líquido através da adição de reagentes que formam um precipitado insolúvel no líquido. O precipitado no líquido impede que as partículas miceliais se colem umas às outras, promove a formação de grânulos, de modo a que o micélio adquira uma estrutura irregular e forme camadas permeáveis durante a filtração. A eficiência deste método é elevada e, com a escolha correta das condições, pode aumentar a taxa de filtração em 3-10 vezes.
As condições hidrodinâmicas do processo têm uma influência extremamente importante na eficácia da coagulação do líquido de cultura. O processamento a baixa agitação permite obter sedimentos bem filtrados sob a forma de pequenos grumos. Com o aumento da agitação, a coagulação torna-se menos distinta, o líquido assenta mais lentamente. A precipitação após a filtração é mais húmida e pegajosa. As condições hidrodinâmicas durante o processamento dos líquidos de cultura têm uma grande influência na sua filtrabilidade. Assim, por exemplo, o exagero da taxa de filtração do líquido de cultura de 1 para 2 m / s filtrabilidade da suspensão e o grau de sua dispersibilidade é quase o mesmo. Uma maior intensificação do regime hidrodinâmico (até $\omega = 10$ m/s) leva à deterioração das caraterísticas de filtração da suspensão. Consequentemente, na filtração de líquidos de cultura,

não é o tamanho dos cristais, mas o tamanho dos grânulos, que se formam na agregação de partículas de coagulante-enchimento e micélio, que é de grande importância. Para a filtração da solução coagulada, a duração do tempo de imersão após o tratamento é muito importante. A sua redução abaixo de um certo limite provoca uma diminuição da taxa de filtração e pode, em alguns casos, levar à opalescência do filtrado. A força motriz do processo de filtração é a diferença de pressão em ambos os lados da camada de lamas, e uma das suas caraterísticas mais importantes é a taxa de filtração, ou seja, a quantidade de filtrado obtida a partir de uma unidade de superfície por unidade de tempo. A taxa de filtração depende da pressão, da espessura da camada de lamas, da estrutura e natureza da substância precipitada, da viscosidade da fase líquida da suspensão e de outros factores.

15.2. Processos de extração

A extração é amplamente utilizada para o isolamento e purificação de muitos compostos químicos, incluindo antibióticos (especialmente quando estes ou os produtos dos seus compostos com transportadores não estão ionizados na fase aquosa). Apesar da desvantagem essencial dos processos de extração, nomeadamente a utilização de solventes orgânicos nocivos e explosivos, estes são amplamente utilizados na indústria. Em primeiro lugar, os processos de extração são muito mais rápidos do que os processos de permuta iónica em termos de tempo, os coeficientes de distribuição para alguns sistemas são muito grandes, o que permite reduzir drasticamente o volume das soluções processadas. Naturalmente, este processo é muito fácil de realizar de forma contínua. A extração com um veículo é particularmente interessante. Frequentemente, este tipo de extração é designado por extração líquida e ionimobilizada.

Extração com um transportador. A transferência da substância é efectuada com a formação de um composto complexo com um transportador hidrofóbico, não só à sua custa, mas também devido à supressão de grupos polares na molécula de antibiótico pelo transportador. O ácido oleico, o ácido undecilénico e o cetazol (brometo de cetilpiridínio) são utilizados como transportadores. Um ácido (por exemplo, o ácido oleico) interage com a base de estreptomicina para formar um sal com uma elevada energia de solvatação na fase orgânica e a substância é transferida para a fase orgânica. O transportador pode estar na fase aquosa ou orgânica.

A penicilina é o representante mais proeminente dos antibióticos, para os quais o método de extração para o isolamento e purificação de antibióticos ainda é utilizado com sucesso. Após o pré-tratamento do líquido de cultura e a separação do precipitado, este é enviado para extração, que é efectuada com acetato de butilo a pH = 2; o coeficiente de distribuição nestas condições pode atingir 30. Adiciona-se ácido sulfúrico para elevar o pH do extrato a 2, suprimindo assim a dissociação da penicilina na fase aquosa e transformando-a em ácido penicilínico não dissociado, que passa facilmente para a fase orgânica. Em seguida, o extrato de acetato de butilo é tratado com uma solução fraca de álcali e a penicilina, sob a forma de sal, passa de novo para a fase aquosa.

A extração é repetida novamente para uma purificação e concentração mais completas do antibiótico.

Os antibióticos, que são isolados e purificados com a ajuda de transportadores, pertencem ao grupo dos tetracíclicos (tetraciclina, oxitetraciclina). A presença no seu grupo de um grupo básico e dois grupos ácidos permite a utilização de substâncias básicas e ácidas como transportadores destes compostos Como transportadores ácidos podem ser utilizados ácidos sulfónicos, fenóis, ácidos gordos e, como aniontes líquidos, bases de amónio quaternário com uma longa cadeia de hidrocarbonetos$_U$(C_{10}-$C_{(30)}$).

Esquematicamente, as reacções químicas neste caso podem ser representadas da seguinte forma:

$^{+++}$ + $^{+}$R - COO'Na + oxitetraciclina θ RCOO - oxitetraciclina Na ;

$^{+}$R - N Hal^{-} + oxitetraciclina^{-} θ RN oxitetraciclina + Hal$^{(-)}$.

Os estudos realizados por *S.* I. Kaplan e outros cientistas mostram que o grau máximo de extração (95-97%) é alcançado quando se utiliza 5% de cetazol num solvente tomado na quantidade de 15% do volume da solução nativa a um pH da fase aquosa de 9,5-10,2. Um fator muito importante que determina o processo de extração de antibióticos é a duração do contacto entre as duas fases líquidas. Os estudos acima referidos mostraram que, no valor de pH ótimo, o equilíbrio do sistema é atingido no primeiro minuto de agitação. Um ponto importante é a re-extração subsequente da oxitetraciclina da fase orgânica. A utilização de ácido clorídrico, fosfórico e cítrico para este efeito permite obter soluções com uma concentração de antibiótico de 40-50 mil unidades/ml, mas com uma cor escura intensa. A reextracção da oxitetraciclina com uma solução de ácido oxálico a 4-5% permite obter soluções com uma concentração de antibiótico de 35-45 mil unidades/ml com uma coloração clara do reextracto. Provavelmente, este fenómeno pode ser explicado pelo diferente grau de dissociação das impurezas coradas e pela propriedade do ácido oxálico de interagir com elas.

Aparelho para a extração de antibióticos. A produção moderna de antibióticos desenvolve-se em condições de introdução crescente de um novo método tecnológico progressivo de extração (purificação) - permuta iónica. Neste contexto, a escolha racional da conceção dos aparelhos e do seu modo de funcionamento, com base em indicadores económicos, é especialmente importante para o aparelho do método de extração.

Na indústria química existem muitos princípios de extração e tipos de aparelhos adequados para a extração de antibióticos. Enquanto nos anos anteriores a escolha dos extractores era feita intuitivamente, hoje em dia, graças aos trabalhos de Pratt, G. P. Pieterski e E. R. Valashek, D. E. Shkoropad e I. V. Lyskovtsek, a escolha dos extractores é feita de forma intuitiva. R. Valashek, D. E. Shkoropad e I. V. Lyskovtsev, a escolha dos extractores pode ser feita de forma bastante rigorosa, através de uma avaliação racional das vantagens e desvantagens de cada um deles.

A peculiaridade das propriedades físico-químicas dos antibióticos - penicil-lnn, tetraciclina, eritromicina, bacitracina e suas soluções nativas - permite escolher apenas modos de extração extremamente rigorosos.

Descrição da conceção do extrator. O processo de extração é composto por dois elementos, realizados na mesma ou em diferentes ap^parates;

• emulsificação de um líquido noutro e o seu movimento mútuo, no qual ocorre a extração;

-Separações.

Os extractores de líquidos centrífugos contínuos modernos dividem-se em extractores de fluxo direto e de contracorrente, de acordo com o método de funcionamento. Nos extractores de fluxo direto, a solução e o extrato, fornecidos por fluxos contínuos, são misturados num aparelho de mistura separado ou no dispositivo de mistura do extrator-separador, sendo depois transportados para o separador ou tambor separador do extrator-separador. Nos extractores-separadores em contracorrente, o extrator e a solução movem-se em contracorrente através do aparelho de rotor.

No caso da extração e separação contínuas separadas, são utilizados misturadores-extractores de passagem direta:

• Aparelho de 10-20 litros com agitador ou bomba centrífuga;

. um extrator tubular, conhecido como tubo de Pietersky, com cerca de 10 metros de comprimento, no qual é criado um regime de movimento turbulento de líquido desenvolvido;

. misturador a jato de tipo injetor.

O misturador com agitador é o menos eficiente porque, ao contrário dos outros dois extractores, o tempo de permanência das partículas líquidas no agitador é diferente. Além disso, a concentração do antibiótico na solução é igualada devido ao funcionamento do agitador. Este facto reduz a força motriz do processo (G. P. Pieterskikh e E. R. Valashek). Para a separação das emulsões resultantes utilizam-se separadores de placas de líquidos antibióticos SAZh-ZM, equipados com bombas centrífugas duplas com uma cabeça de 1 at. Separadores de produtividade 2 5m/h. No estrangeiro, são utilizados separadores *PSBS* (Alemanha), *De Laval* (Suécia), etc. Em volumes de produção mais pequenos, são utilizadas supercentrifugadoras SGS-100.

15.3. Processos de sorção

Os métodos de sorção para o isolamento e a purificação de aitibióticos são os mais difundidos na indústria. Apresentam um certo número de vantagens em relação a outros métodos. Os primeiros métodos de sorção para o isolamento e a purificação de antibióticos baseavam-se na utilização de sorventes moleculares (carvão ativado, óxido de alumínio, etc.), que têm uma capacidade de sorção universal, ou seja, sorvem igualmente bem a substância isolada e um certo número de outras impurezas. As grandes possibilidades de síntese de adsorventes de permuta iónica, de adsorventes com diferentes selectividades e, sobretudo, de adsorventes com especificidade em relação a determinados antibióticos, levaram-nos rapidamente para o primeiro plano.

Os sorventes de permuta iónica pertencem à classe dos compostos de elevado peso molecular, cujas macromoléculas têm uma estrutura líquida ou espacial e, na maioria dos casos, são substâncias amorfas. Os átomos individuais destas moléculas gigantes estão ligados entre si por ligações covalentes. Esta estrutura dos sorventes de permuta iónica e a falta de solubilidade que lhe está associada violam, em certa medida, a ideia geralmente aceite dos electrólitos e dos processos de permuta iónica entre eles. A dissociação de ácidos ou bases solúveis em água provoca uma alteração na concentração de iões de hidrogénio. Os adsorventes de permuta iónica também contêm grupos ácidos e básicos, mas a sua imersão em água não provoca uma alteração da concentração de iões de hidrogénio na mesma

Os catiões são uma classe especial de sais de nknslot, que se caracterizam pela multivalência e, tendo uma estrutura volumosa, são praticamente desprovidos de mobilidade. O catião incluído na ionite é móvel e apenas a força de atração eletrostática impede a sua separação no solvente, pelo que é criada uma atmosfera iónica em torno do adsorvente. Os catiões na atmosfera iónica são desiguais na força da sua ligação eletrostática com o anião adsorvente, pelo que o processo de permuta iónica é uma reação em várias etapas.

Os iões de hidrogénio ou os grupos hidroxilo da ionite difundem-se livremente na fase sorvente. Todas as outras partes do eletrólito sorvente, cujos átomos e grupos individuais estão ligados por ligações covalentes, são privadas de mobilidade, representando um anião gigante (no caso da cationite) ou um catião (no caso da anionite). Assim, o processo de permuta iónica pode ser considerado como uma interação de dois electrólitos, um dos quais (sorvente) contém um complexo aniónico (ou catiónico) praticamente imóvel. O processo de permuta iónica consiste na difusão de iões do eletrólito dissolvido para a superfície do grão sorvente, na difusão de iões do eletrólito dissolvido no interior do sorvente, na deslocação do ião móvel do sorvente e na difusão do ião móvel deslocado da fase sorvente-solução.

Classificação dos sorventes. Os ionitos, em função da presença de grupos ionogénicos nos mesmos, podem ser divididos em duas classes: sorventes de permuta iónica que contêm grupos ácidos na sua estrutura - catiões (ácidos insolúveis); sorventes de permuta iónica que contêm grupos básicos na sua estrutura - anionitos (bases insolúveis). A diferenciação dos ionitos em ácidos e bases não exclui a possibilidade da existência de ionitos anfólitos, cujos grupos ionogénicos podem comportar-se como ácidos ou bases, dependendo do pH do meio. Existem também ionitos que contêm simultaneamente grupos ácidos e básicos. Todos os materiais utilizados para a sorção de antibióticos podem ser referidos a uma das seguintes classes: sorventes moleculares, ionites minerais ou resinas sem permuta. Entre estas últimas, as resinas carboxílicas e os sulfocationites, bem como os anionites de diferente basicidade, são da maior importância.

Os sorventes moleculares mais comuns utilizados na produção de antibióticos são o carvão ativado e o óxido de alumínio.

Os sorventes de resina polimérica podem ser sintetizados por processos de polimerização ou de policondensação. Os primeiros têm normalmente uma maior resistência mecânica. No entanto, alguns sorventes de resina polimérica obtidos por policondensação são também utilizados com êxito na prática laboratorial e na indústria.

Requisitos básicos para ionites. Normalmente, a qualidade das ionites é reflectida por uma avaliação condicional das propriedades de sorção da ionite (capacidade total do sorvente, capacidade do sorvente a diferentes pH do meio, a taxa de estabelecimento do equilíbrio de sorção, o volume da solução de dessorção e a integridade da dessorção); propriedades físicas da ionite em determinadas condições (inchaço e resistência dos grãos, resistência ao calor e resistência química, etc.). É altamente desejável que a ionite utilizada para a extração de iões valiosos da solução ou para a purificação de uma substância tenha uma capacidade máxima. Para cumprir esta condição, é necessário que o sorvente sintetizado contenha o maior número possível de grupos ionogénicos por unidade de peso, totalmente ionizados nestas condições particulares de sorção. É de recordar que a ionização dos grupos oxnofenilo se torna percetível a um pH superior a 9, a ionização dos grupos carboxilo a um pH superior a 5, os grupos sulfonados são totalmente ionizados na camada de epe- de, os grupos amino e imino entram em reação de permuta iónica em meio ácido-lático, as bases de amónio quaternário apresentam propriedades de sorvente de permuta iónica em meio neutro e mesmo ligeiramente alcalino. Os ionitos utilizados para a análise cromatográfica devem conter os mesmos grupos ácidos ou básicos. Neste caso, é fácil conseguir uma separação clara da mistura dos antibióticos correspondentes e de outras substâncias biologicamente activas.

Ao selecionar as ionites, é também necessário ter em conta a força relativa de ligação dos iões móveis com a ionite, de modo a que a sua dessorção seja realizada tão facilmente como a sorção. Quanto maior for a energia de ligação iónica entre os iões móveis e imóveis do adsorvente, mais difícil será alterar o equilíbrio durante o período de dessorção

O grau de inchamento em soluções sorvidas é de grande importância para o inchamento de ionitos. Com o aumento do inchaço, aumenta a disponibilidade de grupos ionogénicos, o que, por sua vez, aumenta a capacidade do sorvente e a taxa de estabelecimento do equilíbrio de sorção. O valor da capacidade de inchamento está intimamente relacionado com a resistência dos grãos do adsorvente. Diminui com o aumento do inchaço. Em condições de mudanças bruscas no grau de inchamento, as tensões internas que surgem nos grãos causam a sua destruição. A resistência mecânica da ionite *D é* definida como a relação entre o volume da ionite após a separação do pó V_2 e o volume antes da agitação (%):

$$D = V_2/ V1 - 100.$$

Aparelho para a sorção de antibióticos por permuta iónica. A aparelhagem para os processos de sorção por permuta iónica é indubitavelmente mais simples em comparação com os processos de extração e é acessível.

A conceção de um filtro de permuta iónica, também designado por coluna, para sorção em condições dinâmicas deve garantir:

. a presença constante de resina por baixo do leito de solução;

- mínima transferência de grãos finos de resina para o filtrado de saída;
- rastreabilidade mínima da resina;
- a ausência de espaços mortos na margem;
- diluição insignificante das soluções tratadas com água.

A conceção e o tamanho do modo de funcionamento hidrodinâmico da colónia dependem das propriedades mecânicas da resina, da sua capacidade de sorção e do seu custo. Os ionitos utilizados para o amaciamento e a dessalinização da água, por exemplo, o sulfoglicol, são geralmente partículas sólidas, resistentes à escovagem, criando uma baixa resistência ao fluxo de líquido no bocal. A elevada resistência da resina permite aplicar como filtros os habituais aparelhos capacitivos com tampas elípticas e com dispositivos de suporte, distribuidores e sifões. Estes filtros, devido à pequena capacidade da resina e à elevada capacidade, têm um diâmetro e uma altura da camada de resina de cerca de 1,5 m. A água é alimentada nestes filtros a partir de cima, mas a partir de baixo - apenas para o afrouxamento periódico da camada de ionite após a regeneração.

Para a desmineralização do eluato de estreptomicina e de outros antibióticos, utilizam-se filtros de permuta iónica de conceção semelhante, embora de dimensões mais reduzidas, porque as resinas baratas utilizadas para este fim, como a SBS-1 e a EDE-1O, têm propriedades mecânicas de elevado nível.

Para a sorção de antibióticos, são utilizadas resinas de permuta iónica mais caras, por exemplo, os catiões KB-4P-2, KB-2, resinas de permuta iónica porosas de grandes dimensões, fracamente reticuladas, com uma resistência mecânica relativamente baixa. No estado inchado, estando numa camada espessa, são deformadas sob a ação da gravidade e da pressão do fluxo descendente da solução. Neste caso, a porosidade do bocal torna-se muito inferior à porosidade das partículas esféricas não deformáveis (igual a 0,4), pelo que a resistência hidráulica ao fluxo da solução aumenta e a área de contacto dos grãos de resina com a solução diminui. A este respeito, as empresas nacionais passaram a utilizar o fluxo ascendente da solução. A solução é alimentada a uma velocidade crítica ligeiramente superior (relacionada com a secção transversal completa do aparelho), na qual a resistência da camada se torna igual ao peso da camada e os grãos ficam suspensos. A sorção num tal leito fluidizado processa-se mais rapidamente, a capacidade de sorção da resina e a pureza dos eluatos aumentam.

Para uma camada polidispersa, calcula-se o diâmetro da ze- ria equivalente. A velocidade crítica é da ordem das décimas de mm/seg. A fim de evitar o arrastamento de partículas finas de resina, é utilizado um filtro sob a forma de uma coluna de 0,4-0,7 m de diâmetro com uma parte superior aberta alargada feita de vidro orgânico. Na parte superior da coluna, a velocidade da solução é reduzida para valores muito inferiores à velocidade crítica. A resina arrastada pelo fluxo é capturada em calhas e devolvida à parte de trabalho da coluna.

O fluxo ascendente é também utilizado na regeneração, em que a conversão

da resina para outra forma, por exemplo, da forma de hidrogénio da cationite para a forma de sódio, é acompanhada por um inchaço da resina e por uma duplicação do seu volume. Se a solução for alimentada a partir de cima, este inchaço da resina pode destruir a coluna. O fluxo ascendente é também útil para lavar e soltar o leito de resina. A dessorção de antibióticos, acompanhada pela compressão da resina, é efectuada com um fluxo descendente para aumentar a concentração do eluato.
Qualquer filtro iónico tem uma camada de drenagem ou de suporte, um distribuidor inferior e superior e um dispositivo (sifão) para manter o nível da solução 0,1-0,15 m acima do nível da resina. A camada de drenagem é utilizada para manter a camada de resina. Para os filtros com um diâmetro superior a 1,5 mm, é constituída por uma camada de gravilha, antracite ou outro material inerte. Nos filtros de menor diâmetro, utilizam-se placas porosas ou tampas cónicas de plástico com fendas de secção transversal igual à fração fina dos grãos de resina, que são reforçadas por um fundo falso de cascalho. O tecido filtrante é utilizado com menos frequência. Esta camada de drenagem serve também de distribuidor. O distribuidor, sob a forma de um tubo de furo, instalado diretamente acima da camada de resina (tendo em conta o inchaço), serve para distribuir uniformemente o fluxo de líquido através da secção transversal do filtro. Uma distribuição desigual piora fortemente a eficiência do processo de sorção e leva ao aparecimento de zonas mortas, que não são lavadas pela solução.
Os filtros permutadores de iões são geralmente feitos de aço-carbono. Para proteger contra a corrosão causada por soluções ácidas e alcalinas, utiliza-se uma goma ou um revestimento de vidro no corpo do aparelho e nas tubagens. Esta proteção é eficaz devido à ausência de solventes orgânicos e de soluções a alta temperatura. As colunas com um diâmetro inferior a 0,3 m devem ser feitas de plástico vinílico, orgânico ou vidro comum. Os corpos transparentes das colunas são muito convenientes no trabalho. A tubagem de plástico vinílico não é suficientemente forte, pelo que deve ser evitada durante operações prolongadas.
Os aparelhos e a tecnologia de permuta iónica estão a desenvolver-se no sentido da aceleração do processo de sorção, da automatização da preparação de soluções para regeneração, da automatização do controlo da concentração da solução que sai da coluna, da transferência do processo de permuta iónica para um processo contínuo.

15.4 Cristalização

O processo de cristalização na produção de antibióticos é normalmente a fase final e, por isso, requer uma investigação cuidadosa.

A qualidade global do produto depende da forma como é isolado e purificado quimicamente a partir do líquido de cultura e, em especial, da correta observância das condições de cristalização na fase final.
Atualmente, as exigências de qualidade dos medicamentos fabricados são cada vez maiores, o que torna necessário aprofundar ainda mais os processos de cristalização e procurar formas e possibilidades da sua utilização para a obtenção de medicamentos na forma acabada. Os sólidos podem ser cristalinos e amorfos. O estado cristalino distingue-se do estado amorfo pela disposição das moléculas, dos átomos ou dos iões numa ordem definida e rigorosa. A análise de raios X mostrou que muitas substâncias que se pensava serem amorfas têm um arranjo regular de moléculas, mas o termo "cristalino" é mais frequentemente utilizado para denotar um elevado grau de ordenação interna que resulta na formação de faces exteriores definidas de um cristal. Nos gases e fluidos, o movimento das moléculas é livre e desordenado, pelo que as propriedades físicas destas substâncias são as mesmas em todas as direcções, enquanto a maioria dos cristais tem propriedades mecânicas, eléctricas e magnéticas diferentes em direcções diferentes.
Substâncias diferentes que têm formas cristalinas quase idênticas quando cristalizadas são chamadas isomorfas. São frequentemente semelhantes na sua composição química e têm as mesmas fórmulas químicas. As substâncias capazes de se cristalizarem em formas diferentes mas quimicamente idênticas são chamadas polimórficas.
As condições básicas do processo de cristalização são a obtenção de uma solução supersaturada; uma solução em equilíbrio com uma fase sólida é dita saturada com essa fase sólida. A partir de uma solução saturada, é relativamente fácil obter uma solução que contenha uma maior percentagem de fase sólida dissolvida. Esta solução é designada por solução supersaturada. Se a solução for arrefecida sem perda de solvente, a cristalização espontânea não ocorrerá até que sejam atingidas as condições necessárias. Nesta altura, a cristalização pode ocorrer espontaneamente ou pode ser induzida por inóculo, agitação ou choque mecânico. Pode ser necessário um arrefecimento adicional até um novo ponto para iniciar a cristalização, especialmente se a substância tiver boa solubilidade. Embora a tendência para a cristalização aumente quando a zona lábil é ultrapassada, por vezes a cristalização não ocorre devido a um aumento da viscosidade da solução e à transição para um estado vítreo. A supersaturação da solução pode ser alcançada removendo uma certa quantidade de solvente da mesma por nsparenne. A transição através da curva de supersaturação para a zona lábil raramente é efectuada, uma vez que a superfície a partir da qual se dá a evaporação está

normalmente supersaturada em maior grau do que a maior parte da solução. Os cristais formados nesta superfície acabam por penetrar na solução e corroem-na antes de serem atingidas as condições desejadas na maior parte da solução.

Na prática, é mais frequentemente utilizada uma combinação de arrefecimento e evaporação.

Cristalização e dissolução. Normalmente, os processos de cristalização e dissolução são considerados iguais e inter-relacionados e, se fossem de natureza difusiva, a taxa de cristalização seria igual à taxa de dissolução a uma dada temperatura e com as mesmas forças motrizes, ou seja, com os mesmos desvios dos estados saturados de equilíbrio; todas as faces do cristal deveriam crescer e dissolver-se à mesma taxa. Tais condições raramente são alcançadas na prática. Os cristais dissolvem-se normalmente mais depressa do que crescem, e as diferentes faces crescem ou dissolvem-se normalmente a taxas diferentes, embora nem sempre seja esse o caso. Alguns investigadores acreditam que os cristais se dissolvem mais rapidamente porque as superfícies sólidas expostas não são as mesmas em cada caso. Quando um cristal cresce, as suas faces são planas, mas quando se dissolve, as suas faces são normalmente esburacadas, o que leva a um aumento da área de contacto entre as fases sólida e líquida. A solubilidade dos cristais depende do seu tamanho. A solubilidade de cristais muito pequenos aumenta consideravelmente, e se o tamanho do cristal for demasiado pequeno, os cristais pequenos desaparecerão do sistema e os cristais grandes crescerão. Este fenómeno causa algumas dificuldades na fase inicial da cristalização. Os primeiros cristais (germes) não se podem formar devido ao seu tamanho muito pequeno e à sua elevada solubilidade. O tamanho dos cristais depende da tensão superficial da solução, que pode variar consoante o teor de impurezas presentes. Quanto maior for a tensão superficial, mais forte é o seu efeito no sentido de reduzir a superfície interfacial total na fronteira sólido-líquido. Esta condição leva à formação de cristais maiores, porque a sua área de superfície específica (por unidade de peso) é menor do que a área de superfície específica dos cristais pequenos.

. Deve notar-se que os cristais grandes não podem ter um elevado grau de pureza. Devido à aglomeração, contêm inclusões de licor-mãe, enquanto os cristais pequenos se caracterizam pela homogeneidade, mas a sua grande superfície torna-os difíceis de lavar.

Enxame de cristais. Assim que se formam núcleos estáveis, ou seja, partículas maiores do que um tamanho crítico, num sistema supersaturado ou super-resfriado, eles começam a crescer, tornando-se cristais de tamanho visível. O crescimento dos cristais depende de muitas razões. Detenhamo-nos em algumas delas.

Uma série completa de curvas para muitos sistemas foi obtida por D. Tamman. Para todos os sistemas estudados, verificou-se que a temperatura óptima para a nucleação dos centros de cristalização era muito inferior à necessária para o crescimento máximo dos cristais. A temperaturas inferiores à temperatura óptima, a viscosidade aumentava para um valor que impedia a cristalização, enquanto que acima da temperatura óptima a nucleação dos centros de cristalização era dificultada pelo intenso movimento molecular do líquido.

Influência da agitação. A taxa de crescimento dos cristais, a uma dada temperatura e sob condições de supersaturação constantes, pode ser significativamente alterada pela agitação do líquido ou pela rotação do cristal em relação ao líquido. A taxa de crescimento aumenta consideravelmente nos primeiros estágios, mas logo são alcançadas condições em que a agitação adicional não tem efeito. A partir de uma série de estudos semelhantes, concluiu-se que a difusão não é o único e mais importante fator a ser considerado no estudo do processo de cristalização. Deve também notar-se que, num cristalizador em que os cristais são mantidos em suspensão por agitação, os cristais grandes crescerão mais rapidamente do que os pequenos, uma vez que os primeiros serão favorecidos pelas taxas relativas mais elevadas de reação entre o sólido e a solução.

Forma.dos.cristais. A forma dos cristais depende de muitos factores: por exemplo, as propriedades do solvente, o pH da solução, a presença de impurezas, o grau de supersaturação ou de sobrearrefecimento, a velocidade de arrefecimento, a temperatura de cristalização, a intensidade da agitação, etc. O arrefecimento rápido da solução causa frequentemente um crescimento preferencial dos cristais numa direção, resultando na formação de agulhas.

O caso mais frequente é provavelmente a alteração da forma do cristal na presença de impurezas na solução de cristalização. A mudança de forma sob a influência de impurezas é essencialmente um fenómeno de superfície: as moléculas ou iões de impureza são atraídos para as várias faces do cristal e são física ou quimicamente absorvidos à superfície. Este fenómeno reduz a área adequada para a nucleação dos centros de cristalização na superfície para a deposição do soluto, e o crescimento nessa face é retardado.

Cristalização das tetraciclinas. A presença, na molécula das tetraciclinas, de dois grupos eixoviónicos ácidos não dionisíacos permite obtê-las sob a forma de uma base ou de um sal de um ácido, e a capacidade de complexação com metais pesados permite precipitá-las, mesmo a partir de soluções nativas, sob a forma de sais de cálcio. A solubilidade destes compostos em água é diferente e depende do pH da fase aquosa. A tetraciclina e a oxitetraciclina têm a menor solubilidade em valores de pH de 4,0 a 7,0. Esta propriedade dos antibióticos do grupo das tetraciclinas permite a sua precipitação a partir de soluções aquosas sob a forma de compostos cristalinos insolúveis. Por exemplo, a precipitação da oxitetraciclina base é efectuada da seguinte forma. O extrato da fase anterior é tratado com carvão ativado numa quantidade de 1 % para remover as substâncias residuais do extrato e do pigmento. Separa-se o carvão e adiciona-se uma solução de hidróxido de sódio a 10% ao filtrado límpido, sob agitação, até se obter um valor de pH estável da fase aquosa de 4,2-4,5. O precipitado cristalino da base de oxantetraciclina é filtrado do licor-mãe, lavado com água e seco no vácuo a 50 graus centígrados.

A elevada hidrofilicidade do cloridrato de oxitetraciclina impede o seu isolamento a partir de soluções aquosas, mesmo em concentrações elevadas. Por este motivo, para obter o cloridrato de oxitetraciclina cristalino, é necessário utilizar um solvente orgânico, nomeadamente o álcool metílico.

De acordo com os dados obtidos, a solubilidade da oxitetraciclina base em metanol a 20 ^{O}C é de 7,5 mil unidades/ml. Sabe-se também que a solubilidade da oxitetraciclina base em metanol aumenta na presença de cloreto de cálcio. Provavelmente, este aumento da solubilidade da oxitetraciclina base na presença de cloreto de cálcio pode ser atribuído à capacidade das bases de tetraciclina para formar compostos complexos com metais pesados (como quelatos).

Verificou-se que a solubilidade da base de oxitetraciclina em álcool metílico aumenta fortemente com o aumento da concentração de cloreto de cálcio. No entanto, à medida que a concentração de oxitetraciclina aumenta, a viscosidade da solução aumenta, pelo que a sua taxa de filtração diminui e as condições de cristalização deterioram-se. Por outro lado, a solubilidade do cloridrato de oxitetraciclina em metanol ácido diminui com o aumento da concentração de cloreto de cálcio. A comparação destes dados permitiu-nos concluir que a condição óptima para a obtenção de cloridrato de oxitetraciclina cristalino é uma concentração de base de 100-120 mil unidades/ml numa solução de cloreto de cálcio a 7-9 % em metanol. A acidificação desta solução com ácido clorídrico provoca uma cristalização rápida do cloridrato, cuja solubilidade numa solução de metanol com esta composição é mínima.

O processo de cristalização é efectuado da seguinte forma. Dissolve-se a base técnica de oxitetraciclina numa solução metanólica de cloreto de cálcio a 8 %

para obter a concentração acima referida. Adiciona-se ácido clorídrico concentrado à solução tratada com argila activada a 3...5 ^{O}C. A mistura é agitada durante 30 minutos à mesma temperatura, após o que o precipitado cristalino de cloridrato de oxitetraciclina é filtrado e lavado com metanol arrefecido. O precipitado é seco no vácuo a 35...38 °C para obter cloridrato de oxitetraciclina sob a forma de cristais amarelo-limão com uma atividade de 900 U/mg. O processo de cristalização de dois antibióticos representativos do grupo das tetraciclinas (tetraciclina, clortetraciclina) prossegue e é efectuado de forma semelhante, com pequenos pormenores e alterações em cada caso.

É também de salientar que o processo de cristalização, tanto "no caso da obtenção da base como no caso da obtenção do cloridrato de oxitetraciclina, é uma cristalização com reação química.

Cristalização da penicilina. A hidrofilicidade excecionalmente elevada dos sais de potássio e de sódio da penicilina não permite a sua cristalização a partir de soluções aquosas. A cristalização do sal de potássio da penicilina é efectuada a partir de um extrato de acetato de butilo com adição de uma solução aquosa saturada de acetato de potássio. Neste caso, a penicilina, presente no acetato de butilo sob a forma de ácido penicilínico, reage com o acetato de potássio. Como resultado da reação química, forma-se o sal de potássio que, devido à sua reduzida solubilidade em acetato de butilo, precipita. Neste caso, a cristalização prossegue com a reação química. Os cristais precipitados são lavados com butanol para remover o acetato de potássio e secos. O sal de sódio da penicilina é cristalizado por destilação azeotrópica do solvente. Adiciona-se butanol à solução aquosa de penicilina num evaporador de vácuo, que forma com a água uma mistura azeotrópica constituída por 68 partes de butanol e 32 partes de água. A mistura azeotrópica de butanol e água é destilada a 20 ^{O}C e a uma pressão residual de 10 mm Hg. Após a remoção completa da água do resíduo do cubo e o arrefecimento, cristaliza-se o sal de Na da penicilina, que é também lavado com butanol e seco.

15.5 Secagem de antibióticos

Devido à instabilidade dos antibióticos, mesmo num estado ligeiramente humedecido, é necessário secar as preparações até um teor de humidade residual de 0,5-2,0 %. Dependendo do estado agregado do antibiótico no final da purificação e da sua estabilidade a temperaturas mais elevadas, são utilizados quatro métodos de secagem.

1. Os antibióticos precipitados sob a forma de cristais, que têm uma estabilidade relativamente elevada (por exemplo, a tetraciclina), são secos à

pressão atmosférica e a uma temperatura até 90 ^{O}C em secadores de kameriõhnl ou pneumáticos.

2. Os antibióticos pouco estáveis precipitados (penicilinas) são secos em secadores de vácuo a um vácuo técnico e a uma temperatura de cerca de 40 C em armários, secadores-venulet ndr. Os antibióticos obtidos durante o isolamento-purificação sob a forma de concentrado, ou seja, solução aquosa a 5-15 % (estreptomicina, antibióticos do grupo da neomicina) são secos por dois métodos para evitar inadvertências. Os antibióticos obtidos durante o isolamento-purificação sob a forma de concentrado, ou seja, solução aquosa a 5-15 % (estreptomicina, antibióticos do grupo da neomicina), que são muito instáveis no estado dissolvido, são secos por dois métodos que excluem a inativação e a deterioração da qualidade das preparações.

3. A secagem lenta (várias horas) é efectuada a uma temperatura inferior a zero, por sublimação da água de uma solução congelada sob vácuo médio ou profundo. É a chamada secagem molecular.

4. A secagem rápida (em fracções de segundo) tem lugar a temperaturas elevadas de cerca de 130 ^{O}C sob a forma de um aerossol formado a partir da solução numa corrente de ar quente. Esta secagem é designada por secagem por pulverização.

Secagem molecular. O método de secagem por sublimação, descoberto e patenteado pela primeira vez em 1921 pelo engenheiro soviético G. I. Lappa-Starzhenetsky, consiste no facto de uma matéria ou solução húmida (massa bacteriana, soro sanguíneo, solução antibiótica, sumo de fruta, fruta, carne, peixe), congelada a uma temperatura de - 20...-40 °C, ser seca no vácuo com uma pressão residual de cerca de 0,01 mmHg por destilação da água dos cristais.

Neste caso, devido ao vácuo, o comprimento médio do caminho livre das moléculas de água nos poros do material seco (~5 mm) é muito maior do que a secção transversal dos poros capilares (KUMo;^{2} mm) do material congelado, através dos quais os vapores de água são removidos. Nestas condições, as moléculas de água deslocam-se nos poros sob a forma de feixes moleculares (efusão), pelo que o método de liofilização é designado por secagem molecular, por sugestão de A. V. Lykov.

A tecnologia desta secagem é a seguinte. A fim de evitar a formação de espuma na câmara de congelação e a sua libertação no sistema de vácuo, a solução biótica é pré-congelada nas câmaras das instalações de refrigeração convencionais a uma temperatura de -40 ^{O}C. A solução é esterilizada por filtração antes da congelação e vertida em frascos com um doseador semi-automático, 3-5 ml consoante a dose clínica do antibiótico. Quanto mais rápido for o processo de congelação, mais finamente cristalina e mais homogénea será a estrutura do gelo formado pela concentração de antibiótico e mais rápida será a secagem subsequente devido à superfície de sublimação mais desenvolvida.

A humidade é removida a um ritmo constante durante a sublimação, mantendo a forma do material ou solução congelada. Uma vez que a secagem é efectuada a partir da superfície do corpo, quanto mais fina for a dosagem, mais rápida é a secagem. O seu modo ótimo corresponde à temperatura e ao vácuo em que a velocidade de sublimação é mais elevada. Isto é conseguido através da secagem a uma temperatura constante ligeiramente inferior ao ponto de fusão do produto - o ponto de crio-hidratação. A fusão do produto é inadmissível, uma vez que a formação de espuma da solução provoca a sua expulsão da garrafa ou a sua transferência parcial para as paredes da garrafa. Estas "garrafas com espuma" são eliminadas (n)PH"TMe qualidade) TM,(Y1)_ in pePTMD sublimação (5-8 ^ remove cerca de 80% da humidade a uma temperatura do produto congelado-35 ... -40 C e pressão residual de 10-30 mm Hg. No final do período de sublimação, a temperatura das camadas interiores do material sobe para 0 °C e inicia-se o período de evaporação da humidade residual. Nesta fase, o material é gradualmente aquecido até à temperatura ambiente (temperatura do meio de transferência de calor) e a taxa de secagem diminui gradualmente até zero.

As soluções estéreis de antibióticos são secas em frascos abertos, colocadas em cassetes e cobertas com um pano. As cassetes são colocadas em vários barcos de um armário-sublimador retangular ou cilíndrico. Nas prateleiras ocas do armário, após a criação de vácuo no sistema, é introduzida primeiro água fria e depois água aquecida para fornecer o calor necessário à sublimação. No final da secagem, a temperatura da água é aumentada para 80 ^{O}C. O vácuo no armário é criado por duas fases de bombas. A bomba de vácuo (ou balastro de gás), de conceção rotativa, ligada no início da secagem, cria uma pressão residual de alguns milímetros de coluna de mercúrio. A bomba de difusão de jato de vapor reduz então a pressão residual para 10-50 μm. Para reduzir a carga sobre a bomba e para a proteger dos vapores de água condensados, o sistema prevê um condensador de raspagem ou, no caso de instalações de grande capacidade, um condensador tubular. No condensador de raspagem, o vapor de água condensa-se e congela numa superfície cilíndrica arrefecida com refrigerante a temperaturas inferiores às do sublimador, formando uma camada de gelo. O gelo é continuamente raspado com um raspador para o reservatório de gelo, de onde é periodicamente removido.

Secagem por pulverização. A secagem por pulverização é um dos métodos mais modernos e prometedores de desidratação de soluções medicinais de natureza termolábil e de produtos alimentares (leite, ovos). O princípio deste método é que a solução a secar é atomizada com a ajuda de bicos, jactos de ar ou um disco de rotação rápida em partículas de 5-25 microns na corrente de ar que flui através da câmara de secagem, aquecida a uma temperatura de cerca de 160 ^{O}C. A área de superfície das partículas é de cerca de 0 0,5 cm. Uma área de superfície de partículas de aproximadamente 0,5 m^2 por 1 m^3 de solução assegura a secagem numa fração de segundo. O produto seco em forma de pó é separado do meio de transferência de calor residual em separadores de pó especiais.

Filme do processo de secagem de gotas individuais de solução de estreptomicina, realizado por O. A. Kremnev et al. permitiu-nos identificar cinco fases de secagem de gotas de soluções coloidais: aquecimento da gota; secagem a uma taxa constante a uma temperatura igual à temperatura de um termómetro húmido (cerca de 40 °C); formação de uma crosta de estreptomicina seca na superfície da gota a uma humidade de 20,0-25,0 %, impedindo a fuga de vapor, e elevando a temperatura da gota até ao ponto de ebulição (-105 °C); secagem da gota a uma taxa constante no ponto de ebulição; secagem a uma taxa decrescente aproximando-se da temperatura ambiente.

Este carácter da cinética de secagem das gotículas permitiu-nos concluir que é conveniente dividir o processo de desidratação de soluções antibióticas de elevada humidade em duas fases, de forma a intensificar e baratear o processo.

1. Uma vez que na fase de evaporação, desde a humidade inicial de 16,0-20,0 % até à humidade de formação da crosta, a gota tem a temperatura mais baixa, a duração da sua permanência na câmara pode ser escolhida arbitrariamente. É aconselhável utilizar o transportador de calor ao máximo, ou seja, retirá-lo a uma temperatura 3-5 ^{O}C acima da temperatura da solução e levar a humidade relativa a 90 %. A velocidade do transportador de calor através da câmara para intensificar o processo pode ser 3-8 vezes maior do que na câmara de secagem, e o tamanho da câmara deve ser 1,5-2 vezes menor do que o tamanho da tocha de material atomizado.

2. A secagem do teor de humidade da formação do coco (20,0-25,0 %) para um teor de humidade final de 1,5 % é realizada num tempo mínimo, uma vez que a evaporação da solução termolábil ocorre à sua temperatura de ebulição. Isto é conseguido através da utilização de ar muito seco (humidade relativa final de 4-6 %) e baixo consumo de solução altamente concentrada. O líquido

de arrefecimento gasto na fase de secagem a uma temperatura de 100...105 ^{O}C é introduzido na fase de evaporação e é totalmente utilizado.

A aplicação deste método de secagem por evaporação em duas fases para a desidratação da estreptomicina na fábrica de preparações médicas de Kiev permitiu, em comparação com o secador por pulverização de uma fase da empresa dinamarquesa *Niro*, aumentar o coeficiente de utilização do calor do refrigerante de 25 para 75 %, aumentar o rendimento do antibiótico (tendo em conta as perdas na vaporização a vácuo, necessárias no modo de uma fase) de 85 para 93 % e reduzir o preço de custo do processo de desidratação da estreptomicina de 0,98 para 0,34 p/kg de estreptomicina.

O ar é aspirado da atmosfera através de um filtro de tecido de limpeza grosseira por um ventilador e soprado através de um filtro Petryanov, aquecedor de vapor e calorificadores eléctricos para o estágio do evaporador com uma capacidade de 7 m. O ar com uma temperatura de 165 ^{O}C é fornecido à câmara através de um dispositivo de distribuição de gás. A solução estéril de estreptomicina é alimentada a um disco que roda a uma velocidade de 18 mil rpm. Uma corrente de ar que passa entre o teto da câmara e a pluma radial de solução atomizada impede que a solução se deposite no teto da câmara. A evaporação da solução reduz o seu volume por um fator de quatro. A solução com uma humidade de 25,0-30,0 % é separada 98-99 % do ar no ciclone húmido. O ar é descarregado para a atmosfera e o licor é imediatamente pulverizado no disco da câmara de secagem com uma capacidade de 17 m^3. O meio de transferência de calor é fornecido à câmara de secagem a partir de um sistema semelhante de esterilização e aquecimento do ar atmosférico. O pó de antibiótico é separado do ar de exaustão num ciclone e descarregado num dispositivo hermeticamente fechado para o acondicionamento estéril do antibiótico em recipientes. O ar de exaustão que contém cerca de 7 % do pó de antibiótico é encaminhado para a câmara de evaporação, onde é utilizado como agente de secagem secundário devido à sua baixa humidade.

As câmaras de secagem são feitas de aço inoxidável polido e têm a forma de um cilindro com um fundo cónico.

O secador tem uma capacidade de 200 l/h de humidade evaporada. Um sistema de dispositivos automáticos regula a temperatura do transportador de calor na câmara de entrada e o fluxo da solução.

Comparação entre a secagem molecular e a secagem por pulverização. De um ponto de vista económico, os dois métodos são atualmente mais ou menos equivalentes. A secagem molecular requer 2,7 vezes mais área de produção e 2,1 vezes mais consumo de energia, bem como custos de mão de obra mais elevados. Ao mesmo tempo, o rendimento dos antibióticos na secagem molecular (97-98 %) é superior ao da secagem por pulverização (92-94 %). Se tivermos em conta as perdas durante o acondicionamento do pó de antibiótico, a diminuição do rendimento para menos de 90%, observada no trabalho prático das empresas, anula as vantagens económicas do método de atomização. Com um desenvolvimento mais profundo do modo do secador por pulverização de duas fases recentemente desenvolvido e a eliminação das deficiências de conceção, o seu desempenho económico será sem dúvida superior ao da secagem molecular.

No entanto, a secagem molecular tem vantagens na qualidade das preparações - um indicador mais importante para os antibióticos para uso médico parentérico do que o económico. A secagem a temperatura negativa sob vácuo garante a preservação da qualidade - solubilidade, incoloração, apirogenicidade, ausência de opalescência das soluções, etc. Não há necessidade de embalagem posterior, o que garante a preservação da esterilidade

na secagem por pulverização, 7% do antibiótico devolvido da segunda fase para a primeira fase é re-secado. Esta e outras caraterísticas técnicas do processo (por exemplo, a polidispersão do spray) reduzem a qualidade do produto. À medida que o processo de secagem por pulverização for adotado, a qualidade do produto seco melhorará.

Na produção de antibióticos, ambos os métodos considerados para a secagem de soluções antibióticas são prometedores.

15.6. Utilização de antibióticos

As substâncias antibióticas são amplamente utilizadas na medicina, na agricultura, na indústria alimentar e como inibidores específicos na investigação biológica.

A mediação dos antibióticos. A descoberta dos antibióticos revolucionou a medicina. Muitos antibióticos provaram ser agentes terapêuticos indispensáveis no tratamento de doenças infecciosas que anteriormente eram consideradas incuráveis ou altamente fatais. Estas incluem algumas formas de tuberculose, especialmente a tuberculose meníngea, que antes da utilização de antibióticos era 100% fatal, a peste, a cólera asiática, a febre tifoide, a brucelose, a pneumonia, vários processos sépticos e outros.

Alguns antibióticos podem inibir o desenvolvimento de tumores malignos e são activos contra um certo número de vírus.

Até à data, cerca de uma centena de antibióticos foram utilizados na prática médica. A procura de novas substâncias antibióticas, a obtenção de valiosas preparações semi-sintéticas de antibióticos alarga a possibilidade da sua aplicação prática na medicina.

Antibióticos na agricultura. Em primeiro lugar, na agricultura, os antibióticos são utilizados como preparações em medicina veterinária para o tratamento de várias doenças dos animais de criação. Neste caso, tal como na medicina, provaram ser agentes muito eficazes. As substâncias antibióticas são também utilizadas na luta contra os organismos fitopatogénicos - agentes patogénicos das plantas que causam danos consideráveis à produção agrícola. Ao selecionar um antibiótico utilizado na produção vegetal, devem ser observados os seguintes requisitos básicos para o pré^parate;,

- atividade biológica específica contra agentes patogénicos das plantas;
- a capacidade de penetrar facilmente nos tecidos vegetais e de apresentar uma atividade biológica intrínseca;

. a inocuidade das doses terapêuticas da planta,

A planta tem um tempo de atividade biológica relativamente longo, e também uma inativação fácil e rápida quando ingerida no solo.

Um dos requisitos mais importantes para os antibióticos utilizados na agricultura deve ser o facto de estas preparações não serem utilizadas na prática médica, o que constitui uma forma fundamental de reduzir o aparecimento de formas resistentes de microrganismos patogénicos para os seres humanos.

Podem ser utilizados diferentes antibióticos para controlar os organismos fitopatogénicos.

A griseofulvina é produzida por fungos do género *Retsglit (R. iirticae, R. mgncans, R. rustnchi*). É utilizada contra fungos fitopatogénicos, principalmente fungos pertencentes ao género *Botrytis.* É ativo contra o agente causador da ferrugem, do oídio, da fervura da couve.

A tricotecina é produzida pelo fungo *Trichothecium roseurn* e inibe o desenvolvimento de uma série de fungos fitopatogénicos, incluindo *Botrytis cinerea e Helmintosporium.* Uma vez no solo, a tricotecina é inactivada pela enzima tricotecinase formada por fungos do solo do género *Fusarium, Aspergillus, Penieillum.*

A kasugamicina, produzida por *Streptomyces kasugaensis*, é ativa contra uma doença fúngica do arroz denominada prnculariose, que se encontra disseminada no Japão. A doença é causada pelo fungo *Pelicularia oryzae.*

As polioxinas são antibióticos pertencentes a compostos peptidil-pirimidina-nucleósidos com atividade antifúngica. São produzidos por culturas de *Streptomyces cacaoi e* inibem o crescimento de fungos fitopatogénicos dos géneros *Alternaria, Cochliobalus e Pirulana.*

A validamicina A, produzida por *Streptomyces hygroscopicus* var. *limoneus,* tem atividade biológica contra o fungo fitopatogénico *Rizoctonia solam, o* agente causador da doença do arroz. A fórmula total da validamicina A é conhecida: $C2_0H_{35}NO_{13}$ - H_2O. O antibiótico é facilmente degradado pelos microrganismos do solo.

A tetranastina é uma substância antibiótica de origem actinomiceta. O seu produtor é o *Streptomyces aureus*. Tem uma atividade específica contra as aranhas parasitas e os ácaros das árvores de fruto.

As herbicidinas A e B, sintetizadas por *Streptomyces saga-,* inibem o desenvolvimento do agente patogénico do arroz *Xanthomonas oryzae.* O herbicida A atrasa a germinação de sementes de arroz e de couve chinesa e tem uma atividade herbicida selectiva contra plantas dicotiledóneas. Pela sua estrutura química e atividade biológica, as herbicidinas A e B são próximas da Toyocamicina formada pela cultura de *Str.toyocaensis.* _

Antibióticos na indústria alimentar. Para além dos métodos físicos e químicos, os antibióticos são também utilizados para controlar os microrganismos que causam a deterioração dos alimentos. No entanto, os antibióticos utilizados na medicina não podem ser utilizados para estes fins. Esta regra foi introduzida no nosso país e noutros países e está relacionada com a prevenção do aparecimento e propagação de bolores microbianos resistentes aos antibióticos.

Os antibióticos utilizados na indústria alimentar incluem a subtilina e alguns outros.

Subtilina produzida por cultura *de bacilos* e é um polipéptido. É ativa contra microrganismos gram-positivos e gram-negativos, incluindo bacilos resistentes a ácidos. A utilização da subtilina no enlatamento de vegetais permite suavizar significativamente o seu tratamento térmico, o que é de grande importância para a preservação das vitaminas, do sabor e da consistência do produto.

A nisina é um péptido de elevado peso molecular, ou talvez mesmo uma proteína de baixo peso molecular formada por *StrepPKOccuslact**

A nisina não é utilizada na prática médica. É utilizada na produção de conservas de tomate, ervilhas, couve-flor e outros produtos. Obtêm-se bons resultados na conservação de queijos.

O antibiótico inibe o desenvolvimento de uma série de bactérias termófilas formadoras de esporos e não é tóxico para os seres humanos.

A utilização de antibióticos na indústria alimentar deve estar sob o controlo constante e rigoroso de especialistas e das autoridades competentes.

Capítulo 16

PRODUÇÃO DE MELANINA

As melaninas (grego: *rnelanos* - preto) são geralmente pigmentos pretos ou castanhos escuros, imitadores de plantas. Nos animais superiores e nos seres humanos, as melaninas são o principal grupo de pigmentos. Nos animais, as melaninas dão cor à lã, nas aves - à plumagem, nos humanos são responsáveis pela cor dos olhos e da pele.

As melaninas são substâncias amorfas de elevado peso molecular. Os pigmentos de melanina, presentes em todos os organismos vivos, constituem um grupo extenso de fenóis condensados naturais. Podem ser caracterizados como uma classe de compostos com baixa toxicidade e diversos efeitos biológicos. Estas propriedades podem ter uma vasta aplicação na medicina preventiva e clínica. As melaninas das plantas "mamíferas" são mais estudadas: não são solúveis em água, ácidos minerais, solventes orgânicos; são bem solúveis em álcalis e depois precipitam quando as soluções são acidificadas, o que é utilizado para o seu isolamento. As melaninas são destruídas quimicamente por aquecimento acima de 200 °C, fusão com álcalis, oxidação com soluções concentradas de $KMnO_4$nlyH_2O,

De acordo com os precursores das melaninas no organismo, estas dividem-se em eumelaninas, feomelaninas e alomelaninas. As eumelaninas (pretas) e as feomelaninas (amarelas, vermelhas e castanhas) são comuns nos animais, enquanto as alomelaninas (pretas) se encontram nas plantas, fungos e bactérias. O precursor das eumelaninas é a tirosina, a partir da qual se formam no organismo pigmentos contendo C, H, N e O. Os precursores das feomelaninas, a tirosina e a cisteína, são transformados no organismo em pigmentos contendo enxofre. Os precursores das alomelaninas são os difenóis (pirocatecina, etc.), a partir dos quais se formam as melaninas sem azoto. Nos organismos, as melaninas estão complexadas com proteínas.

Muitas das propriedades e funções biológicas das melaninas são determinadas pela sua capacidade de funcionar no organismo como um sistema fenol-semiquinona-quinona. O mecanismo de formação da melanina ainda não foi totalmente elucidado. Pensa-se que as primeiras fases da biossíntese da melanina são enzimáticas e catalisadas por oxidorredutases (por exemplo, tirosinases, polifenol oxidases, etc.), e as fases subsequentes ocorrem espontaneamente com a participação de radicais livres.

As melaninas podem ser obtidas por autoxidação da 3,4-di-hidroxifenilalanina (DOPA), do 5,6-di-hidroxiindole e de outros difenóis.

As melaninas são caracterizadas pela presença de electrões não emparelhados na sua estrutura e têm as propriedades de radicais livres estáveis. Esta caraterística das melaninas é importante para a sua função protetora no organismo. Não só absorvem várias radiações, como também neutralizam e neutralizam os radicais livres perigosos para as células, que se formam durante a ação das radiações ionizantes e de algumas substâncias químicas nos organismos vivos.

As melaninas podem existir em vários estados redox, têm propriedades de transporte de electrões,[(s)],[(mi)]-

Nos animais e nos seres humanos, o processo de formação de melanina no corpo ocorre em células especiais - melanócitos - e é regulado pelo sistema hormonal, principalmente com a ajuda de hormonas hipofisárias (hormonas estimulantes dos melanócitos "- e ß). Alguns factores físicos (luz solar, raios UV e raios X) e reagentes químicos estimulam a formação de melaninas no organismo. O seu teor aumentado é também observado em alguns tumores malignos - melanomas.

Obtenção de melanina de fungos. A melanina de *Aspergillus rnger* foi obtida de acordo com o método geralmente aceite. O cultivo do produtor foi efectuado em meio mineral contendo glucose a 26 ^{O}C até ao aparecimento de uma forte pigmentação do micélio. O micélio foi separado por filtração, lavado com água destilada e congelado a -16 °C; submetido a hidrólise alcalina (0,1 M NaOH) seguida de precipitação com HC1 concentrado. O precipitado foi centrifugado a 7000 g durante 30 min, lavado com água destilada, centrifugado novamente e dialisado. A diálise foi efectuada durante, pelo menos, 24 horas e terminou quando a solução dialisada atingiu um pH = 4,5. A preparação de melanina fúngica dialisada foi seca $^{n}p_{I}$ 4° °C.

Utilizando a mesma metodologia, os pigmentos de melanina foram obtidos a partir dos géneros *Inonotus obUqum* (truta ou chaga), *Phellmus robustas* (falsa truta de carvalho) e *Phellmus ignianus.* Os pigmentos de melanina purificados podem ser utilizados para criar preparações farmacológicas com uma variedade de propriedades protectoras, por exemplo, o medicamento anti-inflamatório e anti-úlcera Befungin é obtido a partir de chaga de bétula, uma forma estéril do fungo ínonotusob/iquus.

Método de produção microbiológica de melanina. A invenção refere-se ao domínio da síntese microbiológica de compostos orgânicos. O método envolve o cultivo de uma estirpe de levedura *Saccharomyces neoformans* var. *nigricans* em meios contendo carbono a 27...35 ^{O}C e pH do líquido de cultura 4,5-5,5 sob arejamento e agitação. A biomassa obtida é separada do líquido de cultura com o subsequente isolamento do produto-alvo. O método permite reduzir o tempo de síntese e aumentar o rendimento da melanina.

As melaninas são pigmentos pretos, castanhos e amarelos. As moléculas de melanina são complexos formados por polímeros de derivados de tirosina e proteínas. O peso molecular da melanina depende do método da sua produção.

Eis um exemplo de produção de melanina.

1. A estirpe de levedura *Saccharomyces neoformans* var. *nigricans* GSP-TB 17D foi cultivada num aparelho, cuja conceção previa o arejamento do líquido de cultura com agitação e controlo da temperatura, com um volume de 5 dm^3 em meio nutritivo, contendo, como fonte de carbono, resíduos da produção de álcool numa quantidade de 4 % do volume do líquido de cultura e, como fontes de nutrição mineral, sulfato de amónio [6 g/dm[(3)]], fosfato de potássio de substituição simples (1,5 g/dm), sulfato de magnésio (0,5 g/dm), sulfato de manganês, sulfato de o
zinco, sulfato de ferro (II) e sulfato de cobre (0,05 g/dm°); o pH do meio de cultura foi de 5 5 a 30 °C, modo de arejamento - 1 ml de gás/ml de meio de cultura - min. Foi obtida uma suspensão com 3,9 % de biomassa durante 20 horas de cultivo. A biomassa foi tratada com 0,5 M de hidróxido de sódio a 0,5 atm de pressão durante 30 min. As células de levedura foram precipitadas por centrifugação. O f-gate foi acidificado com ácido clorídrico a 40% até pH = 3,2. Em resultado das operações acima descritas, a melanina foi precipitada. O precipitado foi centrifugado a 5 000 rpm durante 15 minutos, seguido de lavagens sucessivas com água e álcool etílico. Obteve-se 4,5 g de melanina, o que corresponde a 2,5 % do substrato e a 3,1 % do teor de biomassa.
2. A levedura *de Saccharomyces neoformans* var. *mghcans* foi cultivada num aparelho de 5 dm^3, cuja conceção assegurava o arejamento do líquido de cultura com agitação e termóstato, num meio nutritivo contendo como fonte de carbono uma mistura de melaço e hidrocarbonetos na proporção de 10. 1 na quantidade de 6 por cento do volume do líquido de cultura:1 na quantidade de 6 por cento do volume de líquido natural, e como fontes de nutrição mineral sulfato de amónio (5,8g/dm), fosfato de potássio de substituição simples (1,6g/dm), sulfato de potássio (0,6g/dm), sulfato de manganês, sulfato de zinco, sulfato de ferro (II) e sulfato de zinco PO0.045 g/dm, pH do meio de cultura de 5,6 a 30 °C, regime de aeração -1,1 ml de gás/ml de meio de cultura - min. Foi obtida uma suspensão com 3,5 % de biomassa durante 18 horas de cultivo. A biomassa foi tratada com hidróxido de potássio 0,5M a 0,5 atm durante 30 min. As células de levedura foram precipitadas por zeitrifugação a 5.000 rpm durante 20 min. O fugado continha 70 % de melanina, 15 % de proteínas e 6 % de lípidos. Como resultado, o rendimento do produto foi de 13,8% da biomassa inicial, com

melanina pura obtida como 6,9% do conteúdo da biomassa.

3. A levedura *de Saccharomyces neoformans* var. *mgncans* foi cultivada num aparelho de 5 dm^3, cuja conceção assegurava o arejamento do líquido de cultura com agitação e termóstato, num meio nutritivo que continha resíduos da produção de álcool como fonte de carbono numa quantidade de 4% do volume do líquido de cultura, e, como fontes de nutrição mineral, sulfato de amónio (6 g/dm$^{3)}$, fosfato de potássio monossubstituído (1,5 g/dm$^{(3)}$), sulfato de magnésio (0,5 g/dm$^{3)}$, sulfato de manganês, sulfato de zinco, sulfato de ferro (II) e sulfato de cobre 0,05 g/dm cada; O pH do meio de cultura foi de 5,5 a 30 °C, e o regime de aeração foi de 1 ml de gás/ml de meio de cultura ▪ min. Uma suspensão contendo 3,3 % de biomassa foi obtida durante 18 h de cultivo. A biomassa foi tratada com vibrações ultra-sónicas de 50-100 kHz durante 5 min. As células de levedura foram precipitadas por centrifugação. O fugado foi passado através de um filtro de membrana *Milhpore* com um tamanho de poro de 0,45 µm. O produto obtido continha 98 % de melanina.

4. O soro de leite foi utilizado como matéria-prima contendo carbono para a produção de melanina por síntese microbiológica. A estirpe de levedura *Saccharomyces neoformans* var. *nigricans* foi cultivada num aparelho, cuja conceção previa o arejamento do líquido de cultura durante a agitação e a termóstato, com o volume de Yudm. em soro de leite com o teor de matéria seca de b %. Como fontes minerais foram utilizados sulfato de amónio (4 g/dm), fosfato de potássio de substituição simples (1,0 g/dm$^{3)}$, sulfato de cobre (0,1 g/dm$^{3)}$, sulfato de ferro (II) (0,01 g/dm); o pH do meio de cultura foi de 5,5 a 30 °C, modo de arejamento - 1 ml de gás/ml de meio de cultura - min. Foi obtida uma suspensão com 2,6 % de biomassa durante 20 horas de cultivo. Para extrair a melanina, a biomassa foi tratada num desintegrador ultrassónico a uma frequência de oscilação de 100 kHz durante 30 minutos, depois as células de levedura desintegradas foram precipitadas por centrifugação. O fugado foi acidificado com ácido clorídrico até pH = 3,0 e o precipitado foi separado por centrifugação. O produto obtido continha 91% de melanina.

Como resultado do trabalho experimental efectuado, verificou-se que o peso molecular da melanina obtida depende das condições experimentais.

Capítulo 17

PRINCÍPIOS BÁSICOS DA PRODUÇÃO DE ALCALÓIDES

17.1. Definição de alcalóides

Os alcalóides são substâncias heterocíclicas contendo azoto de natureza alcalina com forte ação fisiológica. Na segunda metade do século XVIII e no início do século XIX, quando se estudava a composição química das plantas, os derivados complexos de heterociclos foram identificados separadamente, recebendo mais tarde o nome unificador de "alcalóides" (latim *alkali* - *alcalino, oid.es* - semelhante, ou seja, semelhante a *alcalino*). O termo foi introduzido por W. Meissner em 1819 e a definição moderna de alcalóides foi dada pela primeira vez em 1910 por E. Winterstein e G. Trier. A definição formula as condições básicas que um alcaloide verdadeiro deve preencher:

. origem vegetal;

. a complexa estrutura molecular do composto;

. sistema heterocíclico atomazote-hora;

. a manifestação de uma atividade farmacológica elevada.

Atualmente, a definição clássica de Winterstein-Trier está um pouco ultrapassada, uma vez que os compostos considerados alcalóides pela maioria dos químicos e farmacologistas não preenchem todos os seus requisitos. Este facto não é surpreendente, uma vez que são conhecidos mais de 5 mil alcalóides e a estrutura foi estabelecida para cerca de 3 mil.

Chamemos a atenção para algumas desvantagens da definição de Winterstein-Trier: muitas substâncias com a estrutura dos alcalóides clássicos são obtidas a partir de materiais^ de origem não vegetal (bactérias, fungos, tecidos animais). A definição "estrutura molecular complexa do composto" é demasiado vaga e não dá uma ideia da posição no seu conjunto. A expressão "elevada atividade farmacológica" não é demasiado correta, uma vez que a atividade farmacológica das substâncias depende em grande medida do nível da dose e manifesta-se, em teor suficiente, por muitas substâncias não relacionadas com os alcalóides. Tendo em conta o que precede, foi proposta uma nova definição do conceito de "alcaloide", que abrange certamente um maior número de compostos, excluindo, no entanto, classes de compostos naturais com azoto como os aminoácidos, os aminoaçúcares, as aminas alifáticas, as proteínas e os péptidos, os nucleótidos, os ácidos nucleicos, as vitaminas, as pterinas e as porfirinas. A nova definição formulada por W. Pletier, era que um alcaloide é um composto orgânico cíclico que contém azoto no grau de oxidação negativo e que tem uma distribuição orgânica entre os organismos vivos. Esta definição satisfazia as condições necessárias e foi aceite por todos. O seu mérito reside no facto de confirmar a classificação como alcalóides da maioria dos compostos tradicionalmente considerados alcalóides, mas que não se enquadram na definição clássica de Winterstein-Trier: por exemplo, a colchicina, a piperina, as ß-feniletilaminas, a ricinina, a genzianina e a bufotoxina.

17.2. Métodos de extração de alcalóides

O principal problema da extração de alcalóides é a separação da substância do material de "lastro" que constitui a maior parte do material vegetal. No caso dos alcalóides voláteis, a separação é efectuada por destilação com vapor de água, mas isto é raro. Como os alcalóides se encontram geralmente na planta sob a forma de vários ácidos, é necessário libertá-los primeiro molhando a planta triturada com uma solução alcalina.

A extração com solventes adequados não é rara para a extração de alcalóides. Estas técnicas dividem-se em dois grupos: extração sob a forma de sais e extração sob a forma de bases livres.

Extração de alcalóides sob a forma de sais. A matéria-prima vegetal é tratada com um solvente adequado, ao qual se adiciona uma pequena quantidade de um ácido (acético, clorídrico, tartárico, cítrico, etc.). A extração é geralmente efectuada em aparelhos de extração cónicos (percoladores), nos quais são carregadas plantas finamente debulhadas.

O solvente é vertido no coletor. Após várias horas de infusão, a solução é lentamente drenada através de uma torneira situada na parte inferior do coletor e a matéria-prima é novamente vertida no coletor com solvente fresco até ser completamente extraída, ou seja, até que a presença do alcaloide deixe de poder ser detectada por reacções qualitativas adequadas numa amostra do líquido que sai do coletor. A percolação contínua é mais perfeita; neste método, à medida que a solução é lentamente drenada da torneira do percolador, a mesma quantidade de solvente fresco é automaticamente adicionada à parte superior do percolador. Se o equipamento estiver disponível, é aconselhável efetuar a extração em vários colectores segundo o princípio da contracorrente: a solução que sai do primeiro coletor vai para a matéria-prima fresca no segundo coletor; da segunda solução enriquecida vai para a matéria-prima fresca no terceiro coletor, etc. Deste modo, é possível obter soluções mais concentradas do alcaloide e dispensar menos solvente. Na produção, são instaladas "baterias de extração" compostas por 5 a 10 colectores.

Os sais de alcalóides são geralmente solúveis em água, álcoois (metílico e etílico) e insolúveis em éter e hidrocarbonetos, pelo que, na extração de alcalóides em vidsolei "como solvente é geralmente utilizada água ou álcool. Embora a extração de alcalóides seja fácil e rápida na maioria dos casos, este método tem, no entanto, uma desvantagem: no álcool, e especialmente na água, um grande número das chamadas substâncias extractivas (proteínas, resinas, taninos, mucilagens, etc.) são extraídas das plantas juntamente com os alcalóides, cuja presença dificulta frequentemente o processamento dessas soluções.

Extração de alcalóides sob a forma de sais livres. É necessário isolar previamente os alcalóides da planta sob a forma de sais, o que se consegue por tratamento com álcali. Por vezes, para este efeito, um pó ligeiramente húmido de material vegetal é cuidadosamente misturado com uma base seca (óxido de magnésio ou cal) e depois submetido a extração. Noutros casos, a planta é molhada e cuidadosamente esfregada com uma solução alcalina (amoníaco, soda, hidróxido de sódio) e depois submetida a extração num percolador. Uma vez que os alcalóides livres são solúveis não só em água e álcool, mas também na maioria dos solventes orgânicos, a escolha de um solvente adequado neste caso é muito mais rica. Na maioria dos casos, utiliza-se o benzeno e o dicloroetano; menos frequentemente, utiliza-se o éter, o clorofórmio, o tetracloreto de hidrocarbonetos, o éter de petróleo e a parafina. A extração propriamente dita é efectuada por percolação, exatamente da mesma forma que no caso da extração em meio ácido.

A escolha de um álcali adequado é um ponto importante, pois muitos alcalóides são muito sensíveis à ação de álcalis fortes e podem sofrer alterações indesejáveis. Por vezes, o alcaloide é uma base tão forte que as bases fracas, como o amoníaco, não são suficientes para o seu isolamento dos sais.

Pré-extração. Para separar uma mistura de alcalóides das substâncias de lastro, é utilizado um método de purificação preliminar das matérias-primas. Para este efeito, a matéria-prima é primeiro tratada com um ácido fraco (ou um sal com uma reação fracamente ácida) e sujeita a extração com benzeno ou éter de petróleo. Os alcalóides ligados sob a forma de sais não passam para estes solventes, e o solvente extrai apenas os extractos neutros ou ácidos. Após uma purificação preliminar, o material vegetal é novamente tratado com um álcali adequado e extraído de novo pelo mesmo método. A solução de alcalóides é assim obtida mais pura, contendo muito menos substâncias estranhas, e a extração de bases puras é muito mais fácil. Contudo, devido ao seu carácter pesado e demorado, este método só é utilizado em casos excepcionais, quando é necessário tratar matérias-primas particularmente ricas em substâncias de lastro ou no caso de alcalóides muito sensíveis e facilmente alteráveis.

Os extractos obtidos de uma forma ou de outra contêm alcalóides (e substâncias de lastro) sob a forma de sais ou livres. Por conseguinte, o seu tratamento posterior é algo diferente.

Os extractos são posteriormente tratados. Neste caso, para o isolamento dos alcalóides a partir de soluções aquosas e ácidas dos seus sais, estas soluções são alcalinizadas e os alcalóides são aspirados (se forem dificilmente solúveis em água e precipitarem diretamente no estado sólido) ou extraídos com um solvente adequado (éter, clorofórmio, benzeno, álcool amílico, etc.), que não se mistura com a água. Este tratamento é frequentemente efectuado várias vezes.

No caso das soluções alcoólicas ácidas, é necessário eliminar primeiro o álcool, o que se faz por destilação em banho-maria; a massa espessa que resta é então tratada com água (ou ácido diluído), permanecendo uma parte da matéria resinosa não dissolvida e separada por filtração. Estas resinas adsorvem frequentemente uma quantidade considerável de alcalóides, pelo que é necessário tratá-las várias vezes com água quente (ou ácido diluído) até os alcalóides serem completamente extraídos.

Recentemente, foi utilizado um método de adsorção mais simples para o isolamento de alcalóides de sumos de difusão aquosos ou ácidos.

Carvão vegetal e adsorventes de permuta iónica: as argilas naturais ou as resinas artificiais são normalmente utilizadas como adsorventes.

As soluções de alcalóides livres num solvente não miscível com a água, obtidas por extração alcalina da planta, são geralmente muito mais puras do que as extracções aquosas e alcoólicas, ou seja, contêm menos substâncias de lastro. Para obter alcalóides, estas soluções são primeiro agitadas com ácido diluído (1-5 %), para o qual são transferidos todos os alcalóides. Estes últimos são assim imediatamente concentrados num volume relativamente pequeno de líquido. Esta solução ácida é submetida à purificação habitual, alcalinizada, e a mistura de alcalóides é aspirada ou novamente extraída com um solvente orgânico

Separação de alcalóides com base em pontos de ebulição diferentes. Este método é utilizado quando os alcalóides de uma mistura diferem muito nos seus pontos de ebulição. Assim, é possível separá-los por destilação por esmagamento

Métodos baseados nas diferenças de solubilidade. A diferença de solubilidade dos alcalóides e dos seus sais em diferentes solventes constitui a base dos métodos mais frequentemente utilizados para a sua separação e purificação. Já na extração da "soma de alcalóides" da solução ácida primária obtida por extração, pode conseguir-se uma separação parcial da mistura utilizando diferentes solventes orgânicos imiscíveis. Assim, por exemplo, ao agitar a solução alcalinizada com éter, "este transfere uma parte dos alcalóides, enquanto uma parte permanece na solução aquosa e só é extraída desta quando se utiliza outro solvente, como o clorofórmio ou o benzeno. Esta separação parcial de uma mistura de alcalóides em dois ou mais grupos foi utilizada, por exemplo, no caso dos alcalóides do cato *Anhalonium*. É claro que esta separação nunca é completa e representa apenas um primeiro fracionamento grosseiro.

Separação. com base em diferentes "forças de basicidade". O método baseia-se no facto de os diferentes alcalóides possuírem diferentes "forças de basicidade". Se a uma mistura destes alcalóides for adicionada uma quantidade de ácido insuficiente para neutralizar toda a massa, as bases mais fortes ligar-se-ão primeiro ao ácido, enquanto as mais fracas permanecerão livres. Pelo contrário, se a uma solução de uma mistura de alcalóides numa quantidade teórica de qualquer ácido se adicionar
a quantidade de álcali insuficiente^ para libertar toda a soma de alcalóides, os sais das bases mais fracas serão decompostos primeiro, enquanto os mais fortes permanecerão na forma ligada ao ácido. A separação por este método é geralmente incompleta, especialmente em misturas complexas, e "fracções individuais observaram o enriquecimento de uma das bases. Para uma separação e purificação completas, este método é combinado com outros métodos baseados na cristalização de bases co-ligadas ou livres.

Separação baseada em diferentes capacidades de adsorção (cromatografia). O método cromatográfico consiste em fazer passar uma solução de ensaio contendo vários alcalóides através de uma coluna cheia de adsorvente. Depois de a solução ter penetrado completamente na camada de adsorvente, a coluna é lavada com um solvente orgânico ou uma mistura de vários solventes e as fracções individuais do líquido que sai da coluna são recolhidas. O processamento de rotina posterior das fracções individuais permite o isolamento de compostos individuais.

Separação por obtenção de derivados de alcalóides. Este método é utilizado quando os alcalóides da mistura diferem em caraterísticas químicas tais que podem ser separados através da obtenção de quaisquer derivados adequados. Este método de separação baseia-se no facto de um dos alcalóides reagir com um reagente e o outro permanecer inalterado. As propriedades do derivado do primeiro alcaloide assim formado (solubilidade, etc.) são frequentemente muito diferentes das da substância parental e permitem a sua separação pelo método habitual de cristalização. A condição principal é que o alcaloide seja facilmente recuperável a partir do derivado e não sofra alterações significativas.

Capítulo 18

RECUPERAÇÃO DE PRODUTOS DE FERMENTAÇÃO

18.1 Fermentação do ácido lático

Na fermentação do ácido lático, o produto final é o ácido lático, que as pessoas conhecem há muito tempo. A fermentação do leite, o fabrico de massa fermentada, o kefir, a acidificação de legumes são o resultado da fermentação do ácido lático do açúcar do leite ou dos hidratos de carbono das plantas. Este tipo de fermentação é efectuado com a ajuda de bactérias do ácido lático, que se dividem em dois grandes grupos (dependendo da natureza da fermentação): *homofermentativas*, formando a partir do açúcar apenas ácido lático, e *heterofermentativas*, formando para além do ácido lático álcool, ácido acético, dióxido de carbono.

A fermentação láctica homofermentativa é causada por bactérias do género *Lactobacillus* e Streptococcus. Podem fermentar vários açúcares com seis (hexoses) ou cinco (pentoses) átomos de carbono e alguns ácidos. No entanto, a gama de produtos que digerem é limitada.

As bactérias do ácido lático não dispõem de qualquer aparelho enzimático para utilizar o oxigénio do ar. O oxigénio é-lhes indiferente ou inibe o seu desenvolvimento

A fermentação do ácido lático pode ser descrita pela equação

$$C_6H_{12}O_6 \rightarrow 2CH_3 \cdot CHOH \cdot COOH + 21{,}8 \cdot 10^4 \text{ Дж.}$$

A fermentação heterofermentativa do ácido lático é um processo mais complexo do que a fermentação homofermentativa: a digestão dos hidratos de carbono leva à formação de uma série de compostos que se acumulam em função das condições do processo de fermentação. Algumas bactérias produzem álcool etílico e ácido carbónico para além do ácido lático, outras produzem ácido acético; algumas bactérias heterofermentativas do ácido lático podem produzir vários álcoois, glicerol, manitol.

A fermentação heterofermentativa do ácido lático é causada por bactérias dos géneros *Lactobacterium* e *Streptococcus.* A química destas fermentações não é tão bem compreendida como a da fermentação alcoólica ou homofermentativa do ácido lático.

As bactérias heterofermentativas formam ácido lático de uma forma diferente. O passo final, a redução do ácido pirúvico a ácido lático, é o mesmo que no caso da fermentação homofermentativa. Mas o próprio ácido pirúvico é formado por uma clivagem diferente da glucose - hexose monofosfato. O rendimento energético é muito inferior ao da fermentação alcoólica

As bactérias heterofermentativas digerem um número limitado de substâncias: algumas hexoses (com uma estrutura específica), pentoses, álcoois de açúcar e ácidos.
A fermentação do ácido lático é muito utilizada na produção de produtos lácteos: massa fermentada, acidophilin, queijo fresco, natas ácidas. Na produção de kefir, koumiss, para além da fermentação do ácido lático causada por bactérias, há uma fermentação alcoólica causada por leveduras.
A fermentação do ácido lático ocorre na primeira fase do fabrico do queijo, depois as bactérias do ácido lático são substituídas por bactérias do ácido propiónico.
As bactérias do ácido lático são utilizadas na conservação de frutas e legumes e na silagem de forragens. A fermentação pura do ácido lático é utilizada para produzir ácido lático à escala industrial.
O ácido lático é utilizado na produção de couro, tingimento, detergentes para a roupa, plásticos, produtos farmacêuticos e muitas outras indústrias, na indústria de confeitaria e na preparação de refrigerantes.
Fermentação láctica típica, inotípica. Os agentes causais da *fermentação típica do ácido lático* são os seguintes microrganismos: 1) *Bact. Streptococcus lactis* - pequeno bacilo sem esporos, a cultura jovem tem o aspeto de estreptococo; a temperatura óptima para o desenvolvimento da bactéria é de 30...35;C; *fermenta a lactose, a glucose, a galactose e a maltose; o ácido lático é fermentado* pela *lactose*....35;C; fermenta a lactose, a glucose, a galactose e a maltose; o ácido lático acumula-se no meio cerca de 1 %; 2) *O Vase Deìbriicki* é um bacilo longo, sem esporos, que se desenvolve a uma temperatura de 45...48 °C; é utilizado na produção de ácido lático; 2) *O Vase Deìbriicki* é um bacilo longo, sem esporos, que se desenvolve a uma temperatura de 45...48 °C....48 °C; é utilizado para a produção de ácido lático, cuja quantidade atinge 2,2 %; na presença de agentes neutralizantes (giz), é possível acumular até 10 % de ácido lático; 3) *Baci, bulgancum,* ou bacilo búlgaro, é um bacilo imóvel, sem esporos, com um comprimento de 10 a 20 μm, cuja temperatura óptima para a sua atividade vital é de 40 ...48 ^{O}C. Esta bactéria acumula a maior quantidade de ácido lático. Esta bactéria acumula a maior quantidade de ácido lático igual a 3,2 %. As bactérias do ácido lático podem digerir diferentes açúcares, dependendo da presença de certas enzimas.
A fermentação atípica do ácido lático é aquela em que, juntamente com o ácido lático, se formam outros produtos como o álcool etílico, os ácidos acético e succínico, o dióxido de carbono e o hidrogénio.
A quantidade de produtos obtidos é variável. Em média, o ácido lático é

formado até 40 % do açúcar fermentado, o ácido succínico - cerca de 20 %, o ácido acético e o álcool etílico - U % cada, e 20 % são gases. *B. coif, B. pentoaceticum* e outras são representantes das bactérias que provocam a fermentação atípica do ácido lático. As pentoses também são objeto de fermentação láctica atípica. A fermentação das pentoses produz ácidos lático e acético:

$$C_5H_{10}O_5 = CH_3 \cdot CHOH \cdot COOH \cdot CH_3COOH.$$

пентоза молочная кислота уксусная кислота

pentose ácido lático ácido acético

Existem também as chamadas bactérias falsas da fermentação do ácido lático, que se multiplicam a uma temperatura de 25...35 ^{O}C e formam outros ácidos juntamente com o ácido lático.

A fermentação típica e atípica do ácido lático é amplamente utilizada em vários domínios da economia nacional. A primeira é utilizada para a preparação de produtos lácteos (leite azedo, kefir, koumiss, etc.), pão preto azedo, produção de ácido lático, conservação de frutas e legumes. A fermentação das pentoses é importante na ensilagem das forragens, uma vez que o feno, a palha e algumas plantas contêm pentosanos hidrolisados em pentoses, que se convertem nos ácidos acima referidos, conferindo à silagem um sabor azedo e protegendo-a do apodrecimento.

18.2 Preparação de produtos de fermentação do ácido propiónico (vitamina B_{12})

A vitamina Bj_2, ou ciancobalamina, é um importante composto biológico, um fator hematopoiético ativo em mamíferos e um fator de crescimento para muitas espécies de microrganismos e animais.

A história da vitamina B_{12} começou com a investigação sobre a anemia maligna (periciclosio-anemia), uma doença que afecta principalmente os idosos, mas que por vezes se manifesta em crianças.

Até 1926, esta doença era incurável e geralmente terminava em morte. Produz glóbulos vermelhos anormalmente grandes, subdesenvolvidos e instáveis, cujo número total foi significativamente reduzido (uma vez e meia a duas vezes). A doença também afecta outros tecidos de crescimento rápido, como a membrana esquizoide do estômago (em consequência, a secreção de HC1 pára) e os tecidos nervosos. A administração intramuscular de 3b microgramas de vitamina B_{12} é suficiente para induzir a remissão num doente com anemia perniciosa.

Em 1926, J. Minot e W. Murphy descobriram que era possível fazer face à anemia periciositária consumindo fígado cru ou ligeiramente frito à razão de 1/4 kg por dia. Só 22 anos mais tarde é que os primeiros cristais vermelhos de vitamina B_{12} contendo cobalto foram isolados do fígado de bovinos. Mais tarde, descobriu-se que os meios líquidos de fermentação de bactérias poderiam ser uma fonte mais rica da vitamina.

A estrutura da vitamina B_{12} foi determinada pela primeira vez em 1956 por D. Hodge-Keene por difração de raios X. Foi a maior molécula orgânica cuja estrutura pôde ser determinada por análise estrutural de raios X. O sistema cíclico da vitamina B_{12} é semelhante ao sistema cíclico das porfirinas; consiste em quatro anéis de pirrol com um átomo de cobalto no centro

Os níveis sanguíneos normais de vitamina B_{12} são de ~2. Milne é ligeiramente superior, mas os vegetarianos podem ter níveis inferiores a metade deste valor. A deficiência de ácido fólico também pode causar anemia megaloblástica, e um grande excesso pode reduzir a anemia até certo ponto em doentes com anemia maligna.

Nos tecidos animais, a concentração de vitamina é muito baixa (1 mg/kg no fígado de bovino) para utilizar esta fonte para fins industriais. As lamas de depuração activadas contêm 4-10 µg/kg de vitamina, mas isto requer a separação de um grande número de formas diferentes (análogos).

A síntese química da vitamina B_{12} é muito complexa. Foram necessários mais de 10 anos para que o pessoal de dois grandes laboratórios - D. Woodworth e O. Eschenmoser - efectuasse a síntese química da vitamina B_{12}, incluindo a 70etadia. Por conseguinte, atualmente, a vitamina $B_{(12)}$ é produzida na indústria exclusivamente por meios biossintéticos. Das 10 toneladas de vitamina $B(_{12)}$ produzidas anualmente no mundo, 3,5 toneladas são de ciancobalamina (vitamina $B(12_{)}$ propriamente dita), 2 toneladas de hidroxocoba-lamina, 1 tonelada de coenzima B_{12} e uma pequena quantidade de metilcoba-lamina; estas formas são utilizadas em medicina nestas quantidades. O resto da vitamina é utilizado na criação de animais.

A vitamina B_{12} é utilizada no tratamento da anemia perniciosa, da cirrose hepática e de perturbações nervosas e mentais. É amplamente utilizada na produção de alimentos para animais. Atualmente, a maioria dos alimentos compostos para suínos e aves são enriquecidos com vitamina B_{12}, sendo especialmente favorável para os animais a combinação de vitamina B_{12} com pequenas doses de antibióticos, em particular a biomicina. A vitamina B_{12} afecta a função hematopoiética e o metabolismo das proteínas, participa na regulação do teor ideal de metionina, valina, treonina, leucina e isoleucina no organismo animal.

Nas aves de capoeira, a redução do teor de B_{12} nas gemas leva a uma queda acentuada da eclodibilidade da descendência. Quando o B_{12} é adicionado à ração (10-15 mg/t), o crescimento dos leitões aumenta em 10-15%, o dos frangos - até 20%, a produção de ovos das galinhas - de 180 para 208 ovos por ano. Ao adicionar B_{12} à ração, é possível substituir a proteína animal por proteína vegetal. A indústria microbiológica nacional produz vitamina B_{12} de dois tipos: A - 200 mg/kg, B - pelo menos 500mg/kg de preparação.

Os seres humanos obtêm a vitamina B_{12} dos alimentos e não podem utilizar a vitamina produzida pelas bactérias intestinais. Os animais obtêm a vitamina B_{12} dos alimentos e utilizam a vitamina produzida pela microflora intestinal.

Estrutura molecular. A vitamina B_{12} é o primeiro composto organometálico isolado de um sistema biológico. De entre os compostos orgânicos não poliméricos, é o que apresenta a estrutura mais complexa. A molécula é constituída por duas estruturas cíclicas quase planas _|_O

e uma região linear. O metal Co está ligado a um macrociclo que se assemelha fortemente ao núcleo porfirínico do heme. A segunda estrutura anelar é uma base azotada, 5,6-dimetilbeno-zimidazol (5,6-DMB). Está ligada ao primeiro sistema de anéis por uma cadeia lateral heterogénea constituída por 1-amino-2-propanol (isopropanol), fosfato esterificado 3-mononucleótido, ligado à base 5,6-DMB por uma ligação Na-gly-cosídica

A estrutura da vitamina B_{12} (Fig. 13) não só é muito complexa, como também contém algumas partes invulgares: 1) uma estrutura de corrina, que não era previamente conhecida em química orgânica (até à descoberta da vitamina B_{12} em 1948 independentemente por S. Rix e D. Smith); 2) uma ligação Na-glicosídica. S. Rix e D. Smith); 2) ligação Na-glicosídica, que é muito rara na natureza e só se encontra em alguns compostos que contêm ribose-3-fosfato; 3) 5,6-DMB, que pertence a compostos únicos e só se encontra na natureza como parte de cobalaminas.

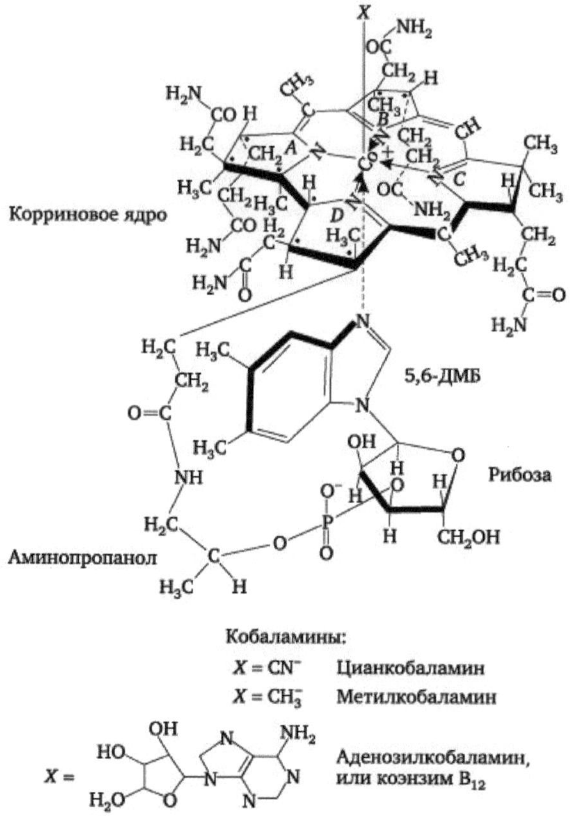

Корриновое ядро

5,6-ДМБ

Рибоза

Аминопропанол

Кобаламины:

$X = CN^-$ Цианкобаламин

$X = CH_3^-$ Метилкобаламин

Аденозилкобаламин, или коэнзим B_{12}

Cobalaminas:

= X CN Cianocobalamina

$X =$ **CH_3 Metilcobalamina**

Adenosilcobalamina, ou coenzima B_{12}

Figura 13: Estrutura da cobalamina

O átomo de cobalto tem b ligações de coordenação: 4 delas são ocupadas por anéis de pirrol, uma por H-3-5,6-DMB e a última pelo ligando superior (U), cuja natureza pode variar. Na vitamina B_{12} comercial (ciancobalamina), o ligando é CN-rpynna (um artefacto do processo de separação).

O ligando inferior($_x$)-5,6-DMB pode ser substituído por adenina (pseudo-dovitamina $B_{12)}$, guanina (fator *C*), 2-metiladenina (fator *A*) e outros. Podem ser activos para alguns microrganismos mas são inactivos para os seres humanos. De todos os compostos semelhantes à vitamina B_{12}, apenas o Co-B_{12}-1 e o Co-B_{12}-I (CH_3-$B_{(12)}$)) são activos a nível celular e, como cofactores, estão envolvidos na catálise de dois tipos de reacçõesAdenosil B_{12} é utilizado em reacções em que há um rearranjo das ligações carbono-carbono. O metil B_{12} intervém nas reacções de transferência de grupos metilo, como na síntese da metionina a partir da homocisteína.

Biossíntese. A biossíntese da vitamina B_{12} envolve etapas de ob(formação . (:).

- do núcleo da porfirina;
- do núcleo corrino;
- cobalamina

A via para a uroporfirina III está bem estudada, em contraste com as etapas subsequentes da UPG P1 para o ácido cobírico.

Nos últimos anos, foi descoberto um certo número de intermediários pigmentados, os metilcorrinóides. A fonte dos grupos CH_3- é a S-adenosil-metionina. A dimetilcorritrina é idêntica à siro-hidroclorina (o siro-heme da sulfito redutase microbiana), pelo que este intermediário e possivelmente outras corritrinas têm uma função biológica independente da vitamina

A formação da cobalamida consiste na amidação dos sete grupos carboxílicos do anel da corrina, na incorporação de um resíduo de isopropilamino (derivado da treonina), na ativação da cobipamida com GTP e na formação de uma base nucleotídica.

A incorporação do átomo de cobalto no sistema ocorre pouco depois da formação do ácido cobírico. Na bactéria *Prop, shermami*, todos os corióides amidados conhecidos mais do que o ácido cobírico estão na forma 5 - adenosil. As formas aeróbias e aerotolerantes sintetizam o 5,6-DMB a partir da riboflavina via FMN. O oxigénio é necessário para a síntese.

Os anaeróbios formam o 5,6-DMB de uma forma diferente, necessitando de glicina e metionina. O ácido 6-aminolevulínico (6-ALA) é formado a partir da glicina e do succinil-CoA nos aeróbios e a partir do glutamato (como nas plantas) nos anaeróbios.

A biossíntese da vitamina B_{12} nas bactérias ocorre por duas vias independentes que conduzem à formação de 5'-desoxiadenosilcobinamida-guanosina difosfato e a-ribazole-5'-fosfato, que são substratos para a fase final da síntese.

Os ribossomas capazes de sintetizar a vntaminB$_{12}$ no sistema de reação foram isolados de células mutantes *de E.* cob. O principal catalisador da síntese é a proteína 18L. As proteínas 5S RNA também catalisaram a síntese da vitamina. A vitamina B_{12} sintetizada com a participação de ribossomas isolados foi bnologicamente ativa.

O heme tem um efeito inibidor sobre as vias gerais de síntese da corniona e da porfirina. A síntese da vitamina B_{12} é regulada ao nível da moyometilcorfirina. É regulada pela cobalamina e por análogos em que o

5,6-DMB é substituído por adenina ou metiladenina. O fator B não tem atividade reguladora. A biossíntese da vitamina B_{12} pelas bactérias propiónicas é estimulada pelo ião NH^{4+}; na sua ausência, as células não sintetizam a vitamina. A glutamina e a asparagina podem substituir o NH*. O estimulador da síntese de B_{12} no microrganismo *Ps. demtnficans* é a beta-in(trimetilglicina).

Produtores. As vitaminas são sintetizadas por muitas bactérias. As leveduras e os fungos celíacos não formam córnios. No homem e nos animais, a vitamina B_{12} é sintetizada exclusivamente pela microflora bacteriana intestinal.

Quadro 10

Formação de vitamina B_{12} por diferentes estirpes

Estirpe	Fonte de carbono	Rendimento, mg/l
Micromonospora sp. *Nocardia rugolaa*	Glicose	11,5
Propioníbacieriumfreudenreichii	Melaço de cana com glucose	14
Propioníbaderium Khermanii	Glicose	25
Propionibacterium vannielii	Glicose	23-40
Pseudomonas denitrificans Streptomyces oliváceos	Glicose	25
Bactéria FM-O2T	Melaço de beterraba sacarina	59
Methanobacillus omelianskii	Glicose	35
Protaminobacter ruber	Lactose	2,6
Corynebacterium	Metanol	8,8
Rhodopseudomonas	Parafinas	2,5

O quadro 10 enumera os microrganismos que, devido ao elevado nível de biossíntese da cobalamina, foram considerados em diferentes alturas como seus potenciais produtores na indústria. Atualmente, são utilizadas principalmente três estirpes bacterianas: *Pseudomonas demtnficans,* representantes do género *Propionibacterium* e bactérias metanogénicas (cultura mista). Em todos os casos, independentemente da estirpe utilizada e das condições de cultivo, são adicionados iões de cobalto e frequentemente 5,6-DMB ao meio. A adição de precursores corióides, como a glicina, a treonina, o 6-ALK e o aminopropanol, pode ter um efeito estimulante na formação de vitaminas.

Produção de vitamina B_{12} por bactérias do ácido propiónico. Atualmente, são utilizados os seguintes microrganismos para a obtenção de vitamina $B_{,2}$: *Prop,freudenreichu* ATCC 6207, *Prop,shermanu* ATCC 13673, *Prop,shermanü* BKM-103, as suas variantes. As estirpes capazes de efetuar uma síntese independente de 5,6-DMB são de grande interesse. Uma vez que a síntese do 5,6-DMB ocorre melhor com acesso ao ar, é efectuado um processo em duas fases, no qual se obtém o maior rendimento do produto. Na primeira fase, a cultura é cultivada em condições anaeróbicas até à utilização completa do açúcar. A segunda fase inclui arejamento, criando assim condições para a síntese de 5,6-DMB e a conversão de etiocobalamina em desoxicobalamina. Ambas as fases são efectuadas em dois fermentadores diferentes ou num só. As células cultivadas anaerobicamente podem ser recolhidas por centrifugação e a suspensão espessa incubada ao ar e, se necessário, na presença de 5,6-DMB e cianeto. A adição de DMB só é efectuada na segunda fase da fermentação (se as bactérias não a sintetizarem por si próprias), uma vez que as formas completas da vitamina, que inibem a sua síntese, são formadas na sua presença. O meio de fermentação contém normalmente glucose ou melaço invertido$_y$ (10-100 g/litro), grandes quantidades de sais de Fe, Mn e Mg e Co (10-100 mg/litro), fontes de azoto. É adicionado ao meio extrato de milho (30-70 g/l) contendo ácidos lático e pantoténico, que favorecem o crescimento bacteriano. Recomenda-se a adição adicional ao meio de ácido pantoténico, que estimula igualmente a síntese de vnta-min. As bactérias são cultivadas a 30 °C, mantendo o pH a 6,5-7,0 através da adição de $(NH_4)OH$. A fermentação é efectuada em tanques que contêm 340 litros de meio inoculado com 7 litros de inóculo. Nas primeiras 80 horas, a cultura é cultivada sob uma baixa pressão de N_2 com fraca agitação (sem arejamento); nas 88 horas seguintes, inclui-se o arejamento (2 m°/h) e a agitação. É possível alguma variação no cultivo. A vitamina B_{12} é retida nas células bacterianas, pelo que a sua extração é efectuada da seguinte forma

- libertam a vitamina das células e convertem-na em cianocobalamina;
- O produto bruto (80 % de pureza), que pode ser utilizado na criação de animais, é extraído;
- posteriormente purificado a 91-98 % (para fins médicos). ™"Dl™P^{ac}C™

$^{a\ ina}$ das células são aquecidas a 80...120 ^{O}C durante 10-30 min a pH 6,1-8,5. A conversão em CN-ko-balamina é conseguida através do tratamento da solução quente ou da suspensão celular com cianeto ou tiocioato, frequentemente na presença de $NaNO_2$ ou cloramina B. Os coronóides são absorvidos em diversos suportes: amberlite IRC-50, $A1_2O_3$, carvão ativado - e eluídos com álcoois aquosos ou misturas vodio-fiol. A partir de soluções aquosas, os cornonóides são extraídos com fenol ou cresol ou com uma mistura destes álcoois com benzeno, butanol, tetracloridomiclorofórmio carbónico.

A evaporação de vários solventes produz precipitados ou cristais da vitamina, que são dissolvidos numa solução adequada com a concentração necessária. O rendimento da vitamina B_{12} utilizando subprodutos do ácido propiónico é de 25-40 mg/litro. No entanto, existe um relatório de patente (França) sobre a obtenção de um rendimento incrivelmente elevado de 216 mg/litro.

Produção de vitamina B_{12} utilizando a bactéria *Pseudomonas denitrificans*. Várias estirpes do género *Pseudomonas* produzem quantidades significativas de *Bia*, mas a mais frequentemente utilizada é a mutante *Ps.* ***denitrificans***, que, como resultado da mutação, produziu uma ureia de vitamina B_{12} que aumentou de 0,6 mg/l (estirpe selvagem) para 60 mg/l. As bactérias foram cultivadas com arejamento e agitação periódica (ou condições de fluxo) no seguinte meio: melaço de beterraba - 100 g, extrato de levedura - 2 g, $MgSO_4$ - Zg, $MnSO_4$ - 200 mg, $CoNO_3$ - 188 mg, 5,6-DMB - 25 mg, $ZnSO_{(4)}$- 20 mg, Na_2MoO_3 - 5 mg, água da torneira - até 1 litro, pH $7_{,4}$. Melassa é rica em betaína e ácido glutâmico, que têm um efeito positivo na produção de vitaminas. A betaína estimula a síntese de b-ALA e altera eventualmente a permeabilidade das membranas.

A cultura é liofilizada e mantida no meio acima referido. A cultura é transferida para um tubo de ensaio com meio denso. Composição do meio: melaço de beterraba sacarina - 60 g, levedura de cerveja - 1 g $MgSO_4$ - 1 g, $MnSO_4$ - 200 mg, $ZnSO_4$ - 20 mg, $MoSO_4$ - 5 mg, ágar - 25 g, água da torneira - até 1 litro, pH 7,4. Incubar durante 4 dias a 28 ^{O}C. Em seguida, as células são transferidas para 150 ml de meio líquido com a mesma composição (mas sem ágar) colocado num balão de Erlenmeyer de 1 litro. Incubar durante 3 dias a 28 ^{O}C num balancim. Transferir o conteúdo do frasco para um fermentador de 5 L com 3,3 L de meio (ver supra), esterilizado durante 75 minutos a 120 ^{O}C$^{\cdot}$ Incubar durante 90 h a 29 ^{O}C com agitação (420 rpm) o

e arejamento (0,2 m°/h). A vitamina B_{12} pura é obtida através de operações sucessivas.

Produção de vitamina B por bactérias metanogénicas. Nas células das bactérias *metanogénicas*, a vitamina ^ está presente desde 4,1 nM/mg de células secas em *Methanosarcma barken* até 0,65 nM/mg de células secas em *Metanobacterium formicum.* A biossíntese de cobalaminovarchebacterium (estudada em M. *barken*) é semelhante à biossíntese de corrinoides em eubactérias anaeróbias. No *metanotrófico Mtb. thermoautotrophicum*, a maior parte da cobamida celular está localizada na fração membranar e ligada a proteínas membranares. Presume-se que o complexo proteico integral da membrana que contém cobamida desempenha um papel significativo no metabolismo destas bactérias na utilização de $H_2 + CO_2$, que é aparentemente reduzido à transferência de electrões. Os corinóides nas bactérias produtoras de metano estão também envolvidos no catabolismo do acetato de metanol. A conversão de metanol em metano em *M. barken,* ocorre através da formação de CH_3-CoM, na metilação da qual duas metiltransferases dependentes de cobamida estão envolvidas para o metanol. O corrinoide aparentemente serve como o grupo protético da enzima.

Em França, as bactérias metaiogénicas mesófilas foram isoladas a partir de lamas de depuração e incubadas em associação com outras bactérias num regime de semi-fluxo num meio contendo metanol (3-12 g/litro), melaço, extrato de milho, NH_4, Co, orto-keylidia e 5,6-DMB. A fermentação é efectuada a 35 ^{O}C num fermentador de 1.000 m^3 com substituição diária de 10% do substrato em fermentação por meio fresco. A biomassa é separada em cena- radores e seca num secador por pulverização. O concentrado seco é calculado com giz para uma atividade padrão de 1 mil µg/g do medicamento, que é utilizado nesta forma como aditivo alimentar. O concentrado seco antes do cálculo da média contém 3 mil µg/g de vitamina B_{12}, o que corresponde a 45-50 % da soma dos corrinoides, fator III - 10-15 % e outros corrinoides incompletos - 40-50 %. As estirpes termofílicas de bactérias *metanotróficas* dos géneros *Metanobacillus* e *Metanobactenum* produzem 2 mg/litro de cobalamina quando o meio contém 8g/litro de metanol

1! Na Rússia, a produção de vitamina B_{12} para a alimentação animal baseia-se na transformação de bardo (resíduo da produção de acetona-butílico ou álcool) por uma biocenose de bactérias que efectuam a fermentação metanólica termofílica de águas residuais.

É utilizado um consórcio complexo de microrganismos anaeróbios, incluindo bactérias formadoras de hidratos de carbono, amonificadoras, sulfatadas e metano. Metanol - até 2 %, CoC_{12}-$6H_2O$ - 10 g/m^3, ureia - 300 g/m^3 e levedura forrageira seca - 230 g/m . A dosagem dos enriquecimentos é efectuada automaticamente.

O bardo é alimentado na parte inferior do fermentador do digestor (4-5 mil $m^{3)}$, no qual os parâmetros do processo são ajustados automaticamente, permitindo o controlo da temperatura, do pH (7,5-8,0) e da duração da fermentação. A fermentação é efectuada continuamente todos os dias, substituindo 20-25 % do líquido de fermentação por bardo fresco. O óleo de peixe é utilizado como antiespumante.

Para obter uma preparação forrageira, o fermento é evaporado e seco. Uma vez que a vitamina B_{12} é instável durante o tratamento térmico, especialmente em meio alcalino, é estabilizada. Para o efeito, o líquido obtido no processo de fermentação antes da evaporação é acidificado a um pH de 5,0-5,3 e adiciona-se sulfito de sódio (0,1-0,25%). O teor de vitamina B_{12} no líquido fermentado inicial é de 4,4 g/m^3. O espessamento do bardo fermentado é efectuado em evaporadores (até 14-17 % de teor de sólidos) e a secagem - num secador por pulverização. A concentração de vitamina B_{12} na preparação seca é de 500-600 mg/kg. A vitamina verdadeira representa 20-25 % da soma dos corrinóides, o fator III - 35-40 %, o fator B e outros - 40-45 %. A preparação resultante é designada por BMP-12.

As bactérias metanogénicas mesófilas e termofílicas, incluindo *Metanobactenum therrnoautoOrophr Mb. therrnoforrnicurn, Mbbryanta, Metanosarcina barken, Ms. vacuolata, Ms. mazei, Methanococcus hatopilus*, sintetizam exclusivamente o fator III.

A verdadeira vitamina B_{12} é formada por *metilotróficos* não formadores de esporos: *Eubactenum limosum, o* estreitamente relacionado *Butynbactenum methylotrophicum e Acetobacterwoodi.* Através da criação de biocenoses artificiais e da seleção das condições de fermentação, é possível regular o processo de biossíntese da vitamina B_{12} de uma forma orientada.

Novos desenvolvimentos. Com o objetivo de reduzir o custo da produção de vitamina B_{12} e de utilizar matérias-primas renováveis baratas, foi estudada a formação de corrinóides pela bactéria *Prop, ashbrgoryuta* ATCC 25562 durante o crescimento em xilose como principal constituinte dos hidrolisados de hemicelulose. Utilizando xilose, a bactéria acumulou 0,35 mg de corrinoides em 11 de meio sem a adição de sal de Co. Para a produção de corrinóides a partir da xilose, é mais adequado um reator UFR que funcione com recirculação de células de ultrafiltração.

Células imobilizadas. No Japão, a estabilidade e a produtividade do biocatalisador foram comparadas quando as células foram incorporadas em 240 y

Propionibacterium sp. em géis de kappa-carragenina, Na-alginato, arapa e fluoropolímero uretano. O substrato ideal foi o fluoropolímero PU-9, cuja matriz polimérica não reduziu a atividade das células incluídas. Em condições óptimas de fermentação, 5 células imobilizadas re-sintetizaram e excretaram 900 µg de vitamina durante 18 dias de fermentação periódica repetida, demonstrando a possibilidade de síntese complexa em várias etapas (há poucos exemplos deste tipo conhecidos).

Melhoramento das estirpes produtoras. O melhoramento foi conseguido por mutação e seleção. Por este método, a produtividade vitamínica de *Ps.derntnficans* foi aumentada em 50 vezes. Para bactérias Gram-positivas *Propionibacterium, Bacillus, Streptotnyces,* a fusão de protoplastos é aplicável, para bactérias tramotríticas como a *Pseudomonas*, estão disponíveis plasmídeos conjugativos como o Inc PI. Até à data, não foram obtidos resultados práticos significativos utilizando estes métodos poderosos, mas foi dado um primeiro passo. Clonámos 11 genes que codificam enzimas de biossíntese de vntamina em *V.* megatenum. *megatenum*. Pensa-se que o genoma contém apenas 20-30 desses genes, pelo que o ADN de *Vas. megaterium foi sujeito a fragmentação. O* ADN de *Vas. megaterium* foi sujeito a fragmentação e os fragmentos maiores foram incorporados em plasmídeos, que foram depois utilizados para transformar mutantes auxotróficos por B_{12}. Esses mutantes adquiriram a capacidade de sintetizar vitamina B_{12}. O método pode ser utilizado para produzir estirpes à escala de produção.

Os genes foram clonados na bactéria *E.* soi. *Prop .techrncurn.*responsáveis pela síntese da vitamina B_{12}. A bactéria *Prop, techmcum* não contém plasmídeos, pelo que o ADN foi isolado, purificado e parcialmente degradado desta estirpe, obtendo-se fragmentos de 15-20 kilobases. Estes fragmentos foram incorporados no plasmídeo dividido pVK322 e o plasmídeo híbrido resultante foi transformado em *E. coli.* Os novos transformantes diferiam da estirpe de controlo em termos de caraterísticas morfológicas e fisiológicas.

18.3 Fermentação com acetona-butilo

A fermentação acetónica-butílica é um tipo bioquimicamente mais complexo de fermentação ácido-óleo, em que os ácidos gordos formados na primeira fase são transformados em produtos finais neutros - acetona, álcoois butílicos *e* isopropílicos. Enquanto na primeira fase da fermentação a acidez aumenta, na segunda fase a acidez não só não aumenta, como até diminui. Assim, o pH do meio (acidez) regula a conversão dos ácidos em produtos neutros. A fermentação acetobutílica dos hidratos de carbono é provocada pelo *Clostridium acetobutylicum* e por espécies estreitamente relacionadas. *O CLbutylicurn* efectua uma fermentação de tipo muito semelhante à fermentação acetona-butílica, mas difere pelo facto de se formar álcool isopropílico em vez de acetona.

Produção de acetona e butanol. A produção de acetona e butanol é um dos processos de fermentação mais importantes. Foi realizado pela primeira vez à escala industrial por D. Weisman durante a Primeira Guerra Mundial. A acetona era necessária para a produção de cordite e como explosivo na artilharia pesada. A acetona de baixa qualidade era obtida por destilação seca da madeira, mas para os fins acima referidos era necessário um solvente de alta qualidade.

O processo de fermentação baseou-se na conversão de 3,8 % (peso/volume) de amido por bactérias anaeróbias formadoras de esporos *Clostridium acetobutylicum.* Até 30"/" do substrato foi sujeito a transformação, resultando numa mistura de solventes (60% butanol, 30% acetona, 5-10% etanol, isopropanol e mesitóxido). O resto do substrato foi convertido em hidrogénio e dióxido de carbono durante o processo de fermentação, como apresentado no esquema (Figura 14).

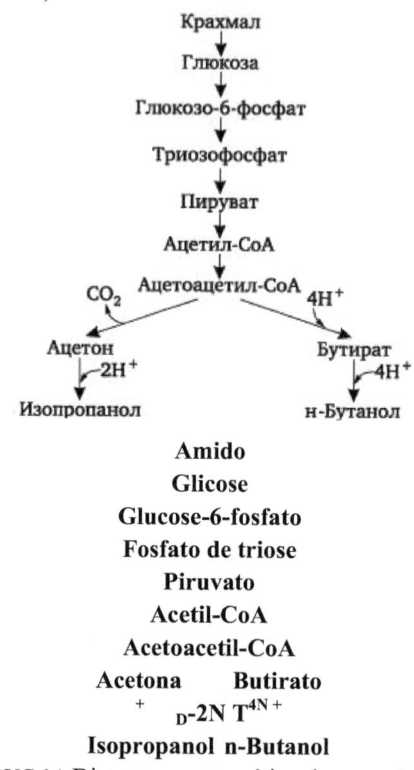

Amido
Glicose
Glucose-6-fosfato
Fosfato de triose
Piruvato
Acetil-CoA
Acetoacetil-CoA
Acetona Butirato
+ D-2N T4N +
Isopropanol n-Butanol

PUC.14. Diagrama esquemático das reacções fermentação da acetona-butilo

Dado que se formavam grandes volumes de gases, a mistura não era necessária para a produção em grande escala e a principal dificuldade consistia em extinguir a espuma. A relação acetona/álcool variava um pouco consoante as estirpes. Muitos micróbios degradadores de amido e formadores de solventes podem também digerir o melaço com teores de açúcar até 6 % (peso/volume). A sensibilidade dos organismos envolvidos no processo ao n-butanol (limite superior de cerca de 1,2 % em volume) e à acetona (0,4 %) foi considerada um fator que determina a quantidade de substrato utilizado3 . Posteriormente, tornou-se claro que os microrganismos envolvidos no processo podiam ser "imunizados" por várias ressequências na presença de bacteriófagos. Verificou-se que a infeção por fagos era específica para cada estirpe.

Os solventes eram separados do meio por destilação. No final da Primeira Guerra Mundial, a produção de butanol tornou-se um ator importante: era utilizado na produção de uma vasta gama de substâncias, incluindo plásticos de formaldeído urinário, plastificantes e líquidos de travões. O subproduto hidrogénio era utilizado na produção de metanol sintético para a hidrogenação de óleos alimentares; o dióxido de carbono era liquefeito ou convertido em gelo seco. Os resíduos sólidos continham níveis elevados de riboflavana (vitamina $B_{2)}$ e podiam ser utilizados como aditivo alimentar rico em proteínas.

Após a Segunda Guerra Mundial, a produção fermentativa destes solventes foi severamente reduzida, uma vez que o custo relativo dos produtos petroquímicos em comparação com os açúcares e polímeros diminuiu. A produção de n-butanol por fermentação continuou apenas na África do Sul. No entanto, atualmente, a produção de butanol por fermentação está a tornar-se cada vez mais favorável. A principal desvantagem das estirpes existentes é a baixa estabilidade dos produtos finais e os rendimentos relativamente baixos em solventes.

Atualmente, o álcool n-butílico de acetona é produzido por digestão de cereais, melaço de cereais ou melaço. Se o meio for preparado a partir de cereais, por exemplo milho, obtém-se em primeiro lugar farinha grosseira, que é misturada com água à razão de 6-8 kg de farinha por UOl de água. Em seguida, ferve-se o mosto durante 2 horas sob pressão de 0,2 MPa e esteriliza-se. Arrefecido a 37 ... 42 ^{O} C massa fermentada durante 2 dias, pH médio 5-7. No processo de fermentação, a glicose é formada por uma mistura contendo partes de álcool do tipo boo, 1 parte de álcool etílico e 3 partes de acetona. Praticamente 1 kg de solventes orgânicos é obtido a partir de 3 kg de amido.

Foram desenvolvidos métodos de produção de acetona e álcool butílico a partir de álcali sulfito e hidrolisados de madeira.

Na fermentação acetona-butílica, formam-se os ácidos acético e butírico no primeiro período, libertando-se hidrogénio e dióxido de carbono. O ácido butírico é depois reduzido a álcool butílico. A acetona é formada a partir do produto de condensação do ácido acético, o ácido acetonacético, por descarboxilação. Durante a fermentação, acumula-se na vereda uma grande quantidade de riboflavina, que é tanto maior quanto mais intensa for a formação de acetona

Obtenção de riboflavina. Foram desenvolvidos métodos de obtenção de uma preparação alimentar de riboflavina a partir de bardo de acetona-butilo após separação de solventes orgânicos. Para este efeito, utiliza-se como substrato o bardo de acetona-butilo decantado contendo 2,0-2,5% de sólidos. A fermentação tem lugar a 55...57 "C em cultura não estéril^ em duas fases: na primeira fase formam-se ácidos gordos e metano, na segunda fase - metano, dióxido de carbono e vitamina B_2. A duração do processo num aparelho é de 2,5-3,5 dias, em dois aparelhos consecutivos - 2-2,5 dias. A concentração de vitamina na fermentação atinge 850 µg/litro. Paralelamente, forma-se gás (65 % de metano e 30 % de dióxido de carbono)em quantidades consideráveis, até 20 m^3/m^3. O licor tem uma reação ligeiramente alcalina. Para estabilizar a vitamina, é acidificado com ácido clorídrico ou fosfórico, depois espessado até 20 % de sólidos num evaporador e seco num secador por pulverização. O teor de B_2 na preparação seca é de até 100 µg/g.

Aparelhos para a fermentação da acetona-butilo. Uma vez que a fermentação da acetona-butilo é um processo anaeróbio, para efeitos de fermentação, são utilizados aparelhos^ de processos anaeróbios, que são bastante simples e são utilizados nos processos de conversão de matérias-primas vegetais, incluindo resíduos vegetais, bem como vários resíduos industriais. Na fermentação do metano para a produção de biogás e em vários outros processos (acetona, produção de vinho de champanhe) são utilizados aparelhos de fermentação (tanques de metano), que têm diferentes concepções (desde simples fossas a estruturas metálicas complexas ou estruturas de betão armado) e volumes (de vários a centenas de metros cúbicos). As instalações de metanização estão equipadas com um sistema de alimentação, um sistema de permuta de calor por tubos para estabilização da temperatura, um dispositivo de mistura simples para distribuição homogénea da matéria-prima e da biomassa de produção, um exaustor de gás e um dispositivo de volume variável (suporte de gás) para recolher o biogás produzido.

Utilizações da acetona. A acetona técnica é obtida pelo método do cumeno no processo de síntese do fenol, pela fermentação da acetona-butilo e como subproduto em várias indústrias. A acetona é utilizada na indústria de tintas e vernizes, no fabrico de plásticos, borracha sintética e fibras químicas, e serve de matéria-prima para a síntese de muitos outros produtos orgânicos. É utilizada na produção de anidrido acético, cianohidreto de acetona, difenilolpropano, para desengordurar superfícies, como solvente em várias indústrias.

As perspectivas de utilização de álcoois inferiores (metanol, etanol), bem como de acetona e outros solventes como combustíveis para motores de combustão interna têm suscitado grande interesse nos últimos anos devido à possibilidade da sua produção em grande escala em processos microbiológicos utilizando várias matérias-primas vegetais.

Instalações industriais para a obtenção de produtos da fermentação acetónica-butílica. A fermentação da acetona-butila a partir de 1t de batatas pode produzir 25 m° de hidrogénio, 340 kg de butanol e 8 kg de acetona.

O biohidrogénio a partir da biomassa pode ser produzido por fermentação butílica ou acetona-butílica da sacarose ou do amido. Neste processo, são produzidos 80 m(3) de hidrogénio a partir de 1 tonelada de melaço. Isto significa que podem ser produzidos até 140 m'm de hidrogénio a partir das plantações de beterraba sacarina (melaço), ou seja, em termos de todo o melaço produzido em 2003, 88 milhões de metros de hidrogénio. Além do hidrogénio, uma tonelada de melaço produz 114 kg de butanol e 36 kg de acetona, enquanto o volume anual total de melaço produz 125 000 toneladas de butanol e 40 000 toneladas de acetona.

Até ao final dos anos 70, estavam em funcionamento 4 fábricas de acetona-butilo: em Grozny, Nalchik, Talitsa (Oblast de Sverdlovsk) e Efremov (Oblast de Tula). No final da década de 1990, restavam as fábricas de Grozny e Efremov, e a fábrica de Efremov pôde ser restaurada. Produzia até 50 toneladas de solventes (butanol/acetona/etanol - 13/4/1) e até 29 000 m° de hidrogénio por dia, ou seja, 15 000 toneladas de solventes e até 8,7 milhões de m(3) de hidrogénio por ano, enquanto a fábrica de Grozny produzia 74 toneladas de solventes e 43 000 m° de hidrogénio por dia, ou seja, até 22 000 toneladas de solventes.

e 12,9 ml m de hidrogénio por ano. Infelizmente, todo o hidrogénio produzido nessa altura foi libertado para a atmosfera (o dióxido de carbono foi utilizado para produzir dióxido de carbono líquido e sólido).

Em 1967, na Efremov ABZ e em 1969, na Grozny ABZ, foram postas em funcionamento duas unidades de produção de vitamina B_2 para alimentação animal por fermentação metanólica termofílica de resíduos líquidos destas indústrias - bardo (3 mil m^3/dia). Para além da vitamina B_2, cada loja produziu até 30 mil m^3 de biogás por dia, que foi inteiramente utilizado para produzir energia térmica para todo o ciclo de produção.

No final dos anos 60, foi estabelecida a produção industrial de biocombustíveis a partir da biomassa (biohidrogénio, biometano, biobutanol, bioacetonebioethaiol)

Na República da Bielorrússia "atualmente, o produtor de acetona e butanol é a fábrica JSC "Belchem", mas existem fontes de melaço e outras matérias-primas que podem ser utilizadas na síntese microbiana de produtos de fermentação de acetona-butilo.

18.4 Fermentação alcoólica

O álcool etílico (etanol) é um líquido incolor que se evapora facilmente. O álcool que contém 4-5% de água é designado por álcool rectificado e o álcool que contém apenas uma fração de um por cento de água é designado por álcool absoluto. Este álcool é obtido por tratamento químico na presença de agentes de remoção de água (por exemplo, CaO recentemente calcinado).

O álcool etílico é um produto de tonelagem múltipla da indústria química. É obtido por vários métodos. Um deles é a fermentação alcoólica de substâncias que contêm substâncias açucaradas na presença de enzimas (por exemplo, zimase, uma enzima de levedura). Este álcool é designado por álcool alimentar ou álcool vínico.

O álcool etílico pode ser obtido a partir de celulose pré-hidrolisada. A glucose resultante é então submetida a fermentação alcoólica. Este álcool é designado por álcool hidrolisado.

Como é sabido, existem também métodos sintéticos para a produção de álcool etílico - ácido sulfúrico ou hidratação direta do etileno. O custo do álcool obtido por este método é muito inferior ao obtido a partir de produtos alimentares.

O álcool etílico é amplamente utilizado em vários domínios da indústria, principalmente na indústria química. É utilizado para produzir borracha sintética, ácido acético, corantes, essências, película fotográfica, pólvora e plásticos. O álcool é um bom solvente e antissético, pelo que é utilizado em medicina e perfumaria. O álcool etílico é utilizado para produzir licores e bebidas espirituosas.

O álcool etílico utilizado para fins técnicos é deliberadamente contaminado com substâncias mal cheirosas. Este álcool é designado por álcool desnaturado (o álcool é colorido para o distinguir do álcool puro).

Peculiaridades da tecnologia do álcool etílico. Até ao início dos anos 30, o álcool etílico era obtido exclusivamente através da digestão de matérias-primas que continham hidratos de carbono e da transformação de cereais (centeio, cevada, milho, aveia, painço). De 1930 a 1950, foram descobertos vários métodos de produção de álcool sintetizado a partir de matérias-primas químicas

Nos EUA, em 1976, foram produzidas cerca de 800 000 toneladas de etanol, das quais 550 000 toneladas por hidratação direta (o restante por digestão de matérias-primas alimentares). Na CEI, em França e noutros países, o etanol é também produzido por hidratação do etanol em duas fases a 75...80 °C.

Em vários países, o álcool etílico é obtido por digestão dos produtos de hidrólise das matérias vegetais. A purificação dos álcoois industriais é efectuada por vários métodos. O álcool alimentar bruto é geralmente libertado de impurezas (óleos xaroposos, etc.) por retificação. O álcool etílico sintético é purificado a partir de éter etílico, acetaldeído e outros por retificação na presença de álcali e hidrogenação em catalisadores de níquel em fase de vapor a 105 "C.

O álcool recalcitrante é uma mistura atiotrópica de álcool etílico e água (95,57% de álcool com um ponto de ebulição de 78,15 °C). Muitas aplicações requerem álcool etílico desidratado e absoluto.

Vários açúcares, como o açúcar de uva ou a glucose, são utilizados há muito tempo para produzir álcool etílico. A glicose é convertida em etanol através da fermentação por enzimas (enzimas) produzidas por fungos de levedura.

Na sua forma livre, encontra-se, por exemplo, no sumo de uva, cuja fermentação produz vinho de uva com um teor alcoólico de 8 a 16 por cento

O polissacárido - amido contido nos tubérculos de batata, centeio, trigo e grãos de milho - pode servir como produto de partida para a preparação de amido. Para se transformar em substâncias açucaradas (glucose), o amido é previamente sujeito a hidrólise. Para este efeito, a farinha ou as batatas cortadas em pedaços são fervidas com água quente e, após arrefecimento, adiciona-se malte cruzado, sendo depois secas e trituradas com grãos de cevada em água. O malte contém diastase (uma mistura complexa de enzimas), que catalisa a sacarificação do amido. No final da sacarificação, é adicionada ao líquido resultante uma levedura, cuja enzima produz álcool. Este é destilado e depois purificado por destilação.

Atualmente, um outro polissacárido, a celulose (fibra), que constitui a massa principal da madeira, é também sujeito a sacarificação. Para isso, a celulose é hidrolisada na presença de ácidos (por exemplo, a serradura a 150...170 ^{0}C é tratada com 0,1-5 % de ácido sulfúrico sob pressão de 0,7-1,5 MPa). O produto assim obtido contém glucose e é fermentado em álcool por levedura. A partir de 5500 toneladas de serradura seca (resíduos de uma serração de produtividade média anual) é possível obter 790 toneladas de álcool (com 100 %-i). Isto permite poupar cerca de 3.000 toneladas de cereais ou 10.000 toneladas de batatas.

Dependendo da matéria-prima inicial e do grau de purificação, o álcool-rectifnkat divide-se em lux extra, de purificação superior e o primeiro $^{TM}r_{g;1}$.

O álcool potável 95 % é uma mistura de aguardente rectificada da mais alta pureza e de água amaciada, filtrada e envelhecida.

O álcool rectificado serve de matéria-prima para a produção de produtos de

destilaria.
A vodka é uma bebida alcoólica forte que contém 40-56% de álcool. É feita a partir de álcool rectificado, água amolecida, filtrada através de carvão ativado, adicionada de: açúcar granulado, bicarbonato de sódio, vinagre, ácido cítrico, mel e sal.
A destilaria utiliza cereais para produzir álcool etílico a partir de matérias-primas amiláceas. As principais culturas de cereais utilizadas na produção são o centeio, o trigo, a cevada e o cu-"- - -.
O principal indicador é o teor de amido condicional, que é utilizado para calcular o rendimento do amido.
Quando o grão chega, o índice de mistura de grãos é determinado pela presença de outros tipos de grãos e determina-se se se trata de uma cultura pura ou de uma zerio-mistura.
O laboratório da fábrica recolhe amostras para determinar a qualidade do grão em conformidade com os requisitos da norma GOST 13586-83 "Grão. Regras de aceitação e métodos de amostragem". Quando o grão é transportado por caminho de ferro, para verificar se a qualidade do grão cumpre os requisitos normativos, a amostra média do lote recebido é analisada e é emitido um documento sobre a qualidade do grão. Quando os cereais são entregues por transporte motorizado a partir de explorações colectivas, é permitida uma nota sobre a qualidade no documento de entrega.
A partir do momento em que o grão chega aos armazéns da fábrica e durante todo o período de armazenamento, a qualidade e o estado de cada lote são controlados. Para avaliar o estado do grão durante o armazenamento, são utilizados os seguintes indicadores: temperatura, humidade e, nos lotes de grãos maltados, a energia e a capacidade de germinação são controladas adicionalmente.
Os grãos recebidos são pesados, limpos e transformados em silagem de grãos ($U = 48m^3$).
Para produzir a aguardente rectificada, é também utilizada aguardente bruta, que é entregue na destilaria por camiões-cisterna e armazenada numa instalação de armazenamento de álcool de tipo aberto.
O álcool rectificado é produzido na fábrica através da fermentação de matérias-primas que contêm amido e açúcar com estirpes especiais de leveduras, da destilação do briquete alcoólico resultante e da retificação em instalações de retificação de bragg, bem como através da retificação de álcool bruto numa instalação de retificação em funcionamento contínuo.
O álcool etílico rectificado a partir de matérias-primas alimentares é produzido sob a forma de uma mistura de álcool e água, cuja concentração de

álcool, dependendo do grau, é de 96,2-96,6% em volume. De acordo com a norma GOST 5962-67, é produzido o álcool etílico rectificado "Lux", "Extra", "Alta purificação".
O álcool "Super-Lux" é uma inovação da RUE "Kristall" e é produzido de acordo com a norma TURB0179 7526.542-97.
Para além da água, o álcool etílico rectificado contém várias impurezas (aldeídos, ésteres, álcoois superiores e outros compostos químicos) em quantidades muito reduzidas, que formam o sabor e o aroma do álcool em função do tipo de matéria-prima transformada.
De acordo com os indicadores organolépticos, o álcool etílico e o álcool rectificado devem cumprir os seguintes indicadores (GOST 5962-67):
- aspeto - líquido transparente sem partículas estranhas;
. a cor é um líquido incolor;
- sabor e odor - caraterísticos de cada tipo de álcool etílico produzido a partir da respectiva matéria-prima, sem qualquer sabor ou odor residual de outras substâncias.
A qualidade da água utilizada para fins tecnológicos tem uma grande influência nos processos tecnológicos e na qualidade dos produtos acabados. Os indicadores mais importantes são a dureza, a acidez e a pureza bacteriana. A água não deve conter organismos aquáticos visíveis a olho nu, bem como substâncias nocivas estranhas que inibem a levedura e deterioram a qualidade dos produtos acabados.
Dependendo do local de utilização no processo de produção, aplicam-se diferentes requisitos à água. Para a mistura é utilizada água técnica com uma temperatura não superior a 50 °C, um pH de pelo menos 5,0 e uma dureza não superior a 12 mg/eq/l.
Para o funcionamento normal do processo, a água fornecida para o arrefecimento dos permutadores de calor e para o arrefecimento a vácuo tem uma temperatura $_{U}$ superior a 12 °C.
Para alimentar as caldeiras, é utilizada água reciclada do deflagrador com uma temperatura de 60...65 C. Para evitar a formação de incrustações, a água é previamente amaciada para remover os iões de cálcio e magnésio. A mesma água é utilizada para a destilação do álcool bruto durante a retificação. O controlo é efectuado pelo laboratório da fábrica.
A formalina (NSON) é uma solução aquosa e metanólica de formaldeído e destina-se a ser utilizada como anti-sético.
O ácido sulfúrico (H_2SO_4) é utilizado para a acidificação do mosto de levedura. O teor de monohidrato é de, pelo menos, 92,5 %.
A ureia (H_2N-CO-NH_2, ureia) é utilizada na planta como alimento azotado

para a cultura de leveduras. O teor de azoto em termos de matéria seca é de 46,3 %.

A cal clorada ($CaC1_{2)}$ é utilizada para a desinfeção de cereais maltados, bem como para a desinfeção de cubas de fermentação, condutas, vários contentores, pavimentos e outros locais contaminados. A cal clorada é um pó branco com um teor de cloro ativo de 32-35%.

Os subprodutos do processo de digestão são EAF, xarope $^{(óleo)}$- $^{(óleo}$)- .

A fração principal de álcool TU RB 00966671-494-95 (alteração introduzida em 10.09.1999) é uma mistura constituída por álcool metílico, aldeído acético, ácidos, ésteres de ácidos carboxílicos e outras impurezas. É utilizada para a obtenção de álcoois técnicos e desnaturados "para diversos fins".

O produto da produção, depois de ter passado a casca de controlo, é enviado para armazenamento no armazém de álcool, em tanques metálicos especialmente equipados.

O óleo de xarope de acordo com GOST 17071-91 - uma mistura de álcoois amílico, nzobutílico, n-propílico e etílico, água e quantidades insignificantes de outros compostos orgânicos - serve como matéria-prima para a obtenção de álcoois técnicos utilizados nas indústrias alimentar, de perfumes, farmacêutica, de tintas e vernizes.

Durante a destilação do processo de destilação, formam-se produtos intermédios na destilaria: destilado destilado, epurato, álcool não pasteurizado, álcool xaroposo, água de lavagem do ERC, água de bardo e água de lauter. Com a água de bardo e a água de lauterização, a parte não volátil do destilado é removida. Letu - 250 /

As impurezas são eliminadas com a fração de cabeça de álcool etílico, óleo de seringa e aguardente destilada.

O grão que chega do armazém é carregado na tremonha de receção equipada com uma grelha de proteção destinada a separar os objectos de grandes dimensões do grão. No sem-fim em espiral, o grão é alimentado ao sem-fim e entra na tremonha de armazenamento do grão descascado. A partir daí, passa para o separador de ar-peneira, onde as impurezas mecânicas e orgânicas são separadas por meio de uma peneira. Os resíduos vão para uma tremonha especial.

A partir do separador, o grão é conduzido para a tremonha de grão limpo e, em seguida, para o doseador de pesagem para determinar a quantidade de grão limpo. A partir do doseador-pesador, o grão em porções até 50 kg é alimentado ao silo por elevadores.

No processo de preparação do grão são emitidas poeiras, que podem formar uma mistura explosiva, pelo que todos os sem-fins, tremonhas, tocas e separadores de peneiras de ar estão equipados com aspiração, constituída por ventiladores e ciclones, por onde entram as poeiras.

A partir dos silos, o grão é introduzido na caixa de armazenagem de produção.

A cozedura da matéria-prima amilácea em unidades de funcionamento contínuo é efectuada na forma triturada. O grão limpo do tanque de armazenamento é alimentado por gravidade aos trituradores de martelos e triturado neles. O grão triturado pode conter resíduos grosseiros (7-8%) com um diâmetro de 1 mm.

O grão moído é continuamente alimentado por gravidade para os misturadores. No mesmo local, através de rotâmetros, é alimentada a quantidade necessária de água a uma temperatura de 40-45 °C. Para a preparação de masha, 1 kg de grão moído requer 2,5-3,5 litros de água, dependendo do grau de amido da matéria-prima. A concentração do mosto na dosagem correta deve ser de 16-18%, de acordo com o sacarómetro.

O mosto de cereais, por bomba de êmbolo, através do aquecedor do tipo "pipe-in-pipe", onde é aquecido por vapor secundário, a partir do tanque de retenção até à temperatura de 55...Ó5 °C, é alimentado à cabeça de contacto do estágio L, onde é aquecido até à temperatura de 65...75 °C. 65...75 °C. Na cabeça de contacto da 2ª fase, a mistura de grãos é aquecida até à temperatura máxima possível de 138.140 °C. Ao aquecer a uma temperatura mais elevada, a quantidade de vapor fornecida à coluna de cozedura da 1ª fase é reduzida.

O aparelho de cozedura é constituído por uma coluna de 1 fase e três colunas de 2.ª fase. A uniformidade da ebulição da mistura é conseguida através da multi-seccionalidade do aparelho e da conceção especial da coluna da fase L. O tempo de cozedura deve ser de 40-50 minutos à temperatura de 138...140 ^{O}C. Para o milho, recomenda-se a cozedura a 144...150 ^{O}C durante 60 min. Nas colunas de cozedura da 2ª fase não é fornecido vapor. O aparelho de cozedura funciona com a mesma pressão nas colunas de cozedura 1-i e 2-stage e no corpo do regulador de nível, o que é assegurado pela ligação entre elas através de uma linha de equalização. A transferência de massa é efectuada apenas devido à diferença de níveis nas colunas.

A massa fervida da última coluna da 2ª fase é expelida do recipiente através do regulador de nível. No regulador de nível, a válvula de purga está localizada abaixo do nível de trabalho da massa no recipiente em pelo menos 500-600 mm. Os gases e vapores não condensáveis são periodicamente, após 15 min, durante 15s, descarregados para a conduta de vapor através da válvula de circulação localizada na parte superior das colunas, e

posteriormente para a atmosfera da cuba.
Uma sobrepressão constante de cerca de 0,02 MPa é mantida na incubadora, o que corresponde a uma temperatura de amassadura de 105 ^{O}C. A mistura é mantida na incubadora durante 15-20 min. A massa crua é mantida na incubadora durante 15-20 minutos. A qualidade da digestão é determinada visualmente, pelo menos 4 vezes por turno. A amostragem é efectuada a partir de um amostrador montado no tubo de insuflação.
A quantidade calculada de amilossubtilium é pesada ou medida em litros e adicionada a um recipiente de consumo contendo água a uma temperatura de 20...30 ^{O}C. 10-15 minutos antes de a solução ser introduzida no sacarificador, a quantidade calculada de glucavamorina é adicionada do tanque de medição sob agitação constante.
A sacarificação é a hidrólise do amido digerido em açúcares digeríveis sob a ação de enzimas amilolíticas, que contêm materiais sacarificantes (preparações enzimáticas). Ao mesmo tempo, sob a ação de enzimas proteolíticas, as proteínas são hidrolisadas.
Na sacarificação contínua, é utilizada uma instalação especial para arrefecer a polpa sob vácuo. Antes de entrar no sacarificador, a polpa cozida é passada através de um evaporador no qual a temperatura da polpa é reduzida para 62 ... 63 °C porque o vácuo no evaporador é de 0,08-0,081 MPa.
O vácuo no evaporador é mantido por uma queda brusca de temperatura e pela condensação dos vapores libertados pela massa fervida. O vácuo no evaporador é criado por meio de condensadores barométricos e de uma bomba de vácuo de ar seco. Os vapores condensados, juntamente com a água fria fornecida aos condensadores barométricos, são descarregados num tanque de recolha, de onde são enviados para o sistema de esgotos. A massa arrefecida do evaporador entra no sacarificador, onde é misturada com preparações enzimáticas e rapidamente arrefecida a uma temperatura de 57...B8 °C. Se a temperatura não atingir a temperatura requerida, é efectuado um arrefecimento adicional utilizando a camisa de água do sacarificador. A duração da sacarificação não é inferior a 10 minutos. O leite salgado é doseado por volume, sendo o seu consumo de 16-18% do volume da decocção. A solução de preparação enzimática é doseada em função da atividade e do grau de amido da massa sacarificada. A massa açucarada é bombeada por centrifugação através de permutadores de calor, onde é arrefecida a uma temperatura de 18...2O °C, no brodnlnychan.
O principal objetivo da fermentação alcoólica é a digestão dos açúcares do mosto pela levedura em álcool. O processo de fermentação intermitente é realizado do início ao fim num único aparelho. Ao encher as cubas de

fermentação esterilizadas e arrefecidas, a quantidade necessária de levedura é introduzida diretamente com o mosto. O seu consumo deve ser de 6-8 % do volume de mosto fermentado. O enchimento da cuba de fermentação não deve exceder 8 horas. Tempos de enchimento mais longos levam a uma deterioração do mosto fermentado. A duração da fermentação, contada desde o início do enchimento da cuba até ao início da destilação da fermentação madura, é de 72 horas. A temperatura durante a fermentação periódica em três fases deve ser de 18 ... 20 ^{O} C. Durante a fermentação principal a temperatura é de 29...30 °C, durante a pré-fermentação - 27...29 °C. A redução da temperatura durante a fermentação evita a fome das leveduras e ajuda a prevenir o aumento da acidez da fermentação. A temperatura é regulada através do fornecimento de água fria às cubas de fermentação com camisa de água e medida com um termómetro de mercúrio numa manga de proteção, não devendo o caldo ser arrefecido em demasia, uma vez que tal abrandará a sua fermentação. Durante a fermentação, as cubas de fermentação são ligadas ao coletor de álcool para a condensação dos vapores de spntartovyh, arrastados pelo dióxido de carbono libertado durante a fermentação. A água de lavagem do separador de álcool é levada para um tanque de recolha, de onde é enviada diretamente para a unidade de destilação. A concentração de álcool na água de lavagem não deve exceder 7 %o. O teor alcoólico da água de lavagem é determinado com um alcoómetro de vidro. No final da fermentação, a fermentação madura das cubas de fermentação é enviada para o departamento de destilação. As cubas de fermentação são lavadas com anti-sético e vaporizadas a uma temperatura de 105 ^{O} C após a libertação da fermentação. Durante a destilação, as cubas de fermentação são completamente esvaziadas por meio de bombas de êmbolo.

Os parâmetros normativos de uma fermentação madura são a acidez, a quantidade de hidratos de carbono não fermentados e a força. №O aumento da acidez na fermentação madura 1ı(|M)Λ T' em condições normais de produção não deve exceder 0,15-0,20 graus de acidez. O teor de hidratos de carbono não fermentados em desempenho excelente - até 0,25g/100 ml; em bom desempenho - de 0,25 a 0,35 g/100 ml; em desempenho satisfatório - até 0,45 g/100 ml. A força de fermentação em condições normais de produção deve ser de 7,5-9,0 %o.

Para o controlo operacional do processo de fermentação na transformação de matérias-primas amiláceas, determinar o teor de sólidos no filtro da fermentação por sacarómetro. A concentração visível da fermentação madura, dependendo do tipo de matéria-prima, deve ter os seguintes valores: milho - 0,4; painço - 0,2; centeio - 0,7; cevada - 0,7; aveia - 0,9 %.

O objetivo do processo é produzir levedura madura cultivada em mosto de levedura especialmente preparado e utilizada para fermentação nas cubas de fermentação.
O objetivo do processo é conduzir o processo de forma a maximizar a acumulação de células de levedura na ausência do desenvolvimento de microrganismos estranhos.
Para a produção de leveduras, o mosto é preparado a partir de várias culturas de cereais. Os grãos de casca grossa (cevada, aveia, painço) devem ser misturados com grãos não moldados, de modo a excluir completamente a fermentação de cobertura.
Na produção de álcool, o processo de propagação da levedura ocorre com uma elevada acidez do meio (pH 3,8-4,2), o que inibe o desenvolvimento de bactérias lácticas e cria condições normais para o desenvolvimento de células de levedura. O ácido sulfúrico é utilizado para acidificar o mosto de levedura.
Quando se processam matérias-primas de cereais de qualidade normal, com exceção do milho, o mosto de levedura é preparado sem nutrição adicional de malte. No caso de transformação de matérias-primas defeituosas e de milho, é adicionada ao mosto de levedura uma alimentação suplementar de malte.
As instruções tecnológicas prevêem as seguintes normas de nutrição adicional de malte: 0,8 kg/dal de mosto de levedura - quando se processa milho; 0,6 kg/dal de mosto de levedura - quando se processam outras matérias-primas.
O processo tecnológico da cultura de leveduras consiste em duas operações: a preparação do mosto de levedura e a digestão deste mosto para acumular células de levedura, que são utilizadas como levedura de semente para a fermentação do mosto em cubas de fermentação.
Preparação do mosto de levedura. A cuba de preparação do mosto de levedura deve ser bem lavada antes do início do processo, desinfectada com solução de lixívia durante 254 *anos*.
25_ZO"IL'"3"aTeM B "PTM água morna e vaporizada a uma temperatura de 100 ^{O}C durante pelo menos 20 minutos. Nesta célula de levedura, o mosto é retirado do clarificador após a alimentação da levedura com todo o material sacarificante
A concentração do mosto deve situar-se entre 17 e 18 %. Este volume de mosto é mantido durante 1 h para a sacarificação completa do amido e, em seguida, pasteurizado a 80 °C, arrefecido a 50 °C e acidificado com ácido sulfúrico a partir de um copo de medição, com agitação cuidadosa, até atingir uma acidez de 0,7-0,8 grad, o que corresponde a um pH de 3,84,0. Para acidificar o mosto de levedura, utilizar ácido sulfúrico diluído, respeitando

todas as normas de segurança. Depois de arrefecer o mosto de levedura a uma temperatura de 30 ^{O} C, introduz-se nele uma bomba de centrifugação de levedura madura, numa quantidade de 8-12% do volume do mosto. O mosto é então arrefecido a uma temperatura de 18 ... 2O °C.

Fermentação do mosto de levedura. O processo de fermentação do mosto de levedura é realizado em tanques de levedura com um controlo rigoroso da temperatura e da pureza da fermentação. O aumento da temperatura de fermentação acima de 30, C não é D^{OP}U$^{(C)™}$, como it0 indica o desenvolvimento de microflora estranha.A levedura é considerada madura ao atingir otbroda visível, igual a 1/3 da concentração inicial do mosto de levedura.

Requisitos para a levedura madura: as células de levedura devem estar bem nutridas; a presença de células mortas não deve exceder 3,0 %; não devem estar presentes microrganismos estranhos no microscópio.

O esquema tecnológico da unidade de destilação com baixo vácuo sob baixo vácuo do tipo BRUVAK-M consiste em quatro colunas: colunas de destilação, de epuração, de retificação e de retificação extractiva.

O licor do compartimento de fermentação é bombeado para o aquecedor da coluna de retificação, onde é aquecido a uma temperatura de 53...55 ^{O}C. Depois o licor vai para o aquecedor da coluna de destilação, onde é aquecido a uma temperatura de 53...55 ^{O}C. Em seguida, o licor vai para o aquecedor da coluna de destilação, onde é aquecido a uma temperatura de 85...90 "Sparom, destilado. O digerido aquecido é enviado para um separador, onde é libertado do dióxido de carbono. A partir daí é colocado no prato de alimentação da coluna de destilação, e o dióxido de carbono numa mistura com outros gases e vapores de água-álcool vai para o condensador do separador de destilação e depois para o coletor de álcool da coluna de destilação, onde são condensados, e o condensado é alimentado ao 36º prato de alimentação da coluna de evaporação. Os gases não condensáveis do coletor de álcool da coluna de destilação são descarregados para a atmosfera através de uma barreira corta-fogo e de uma válvula de respiração. Na coluna de destilação, o álcool e outros componentes voláteis são extraídos do licor. O bardo é descarregado do cubo da coluna através de um regulador de bardo para o coletor de bardo.

O vapor de água-álcool da cuba superior da coluna de destilação é transferido para o espaço intertubular do aquecedor de destilação da coluna de destilação. O destilado e a sua parte aquosa passam para o 28.º prato de alimentação da coluna de epuração. Parte do destilado da parte aquosa do aquecedor de infusão da coluna de destilação regressa ao prato superior da coluna de destilação através do rotâmetro para a sua irrigação. O destilado proveniente do condensador da coluna de destilação e do seu coletor de álcool vai para o 36º prato de alimentação da coluna de epuração. O destilado da panela de ebulição da coluna de evaporação é recolhido num coletor, a partir do qual, sob a influência do funcionamento do injetor, é alimentado ao 23º prato de alimentação da coluna de evaporação. Ao mesmo tempo, o nível no coletor é mantido constante.

Os vapores hidroalcoólicos da coluna de epuração são conduzidos em série, para condensação, ao seu desfolhador, condensador e separador de álcool. A fleuma proveniente destes permutadores de calor é reenviada para o prato superior da coluna de epuração. A fração principal de álcool etílico é retirada do condensador da coluna de evaporação e, através de um refrigerador, um filtro, um rotâmetro, um evacuador e um dispositivo de medição de álcool, é levada para a secção de receção de álcool.

O epurato do cubo da coluna de epuração é direcionado para o prato da coluna de retificação.

Os vapores de álcool provenientes da coluna de retificação são condensados sequencialmente no aquecedor de licor da coluna de retificação, no seu deflegmador, no condensador e no separador de álcool. O álcool não pasteurizado é retirado do condensador da coluna de retificação, cujo caudal é regulado por um rotâmetro, e enviado para o prato superior da coluna de epuração. O excesso de álcool não pasteurizado é devolvido ao prato superior da coluna de retificação.

O álcool rectificado é retirado dos pratos 71-73, 75. 77 e 79 da coluna de destilação e, através do refrigerador de álcool, da epsuvette e dos aparelhos de medição de álcool, é enviado para o departamento de receção de álcool.

A água de lavagem da coluna de retificação é desviada através de um separador de vapor, passando por um coletor de vapor, para o coletor de água de lavagem, de onde é bombeada para o tanque de pressão de água de lavagem. A partir deste coletor, a água de luther é alimentada através de um rotâmetro para o prato superior da coluna de retificação extractiva e para lavar o óleo de licor na coluna de bicos descontratores.

Das zonas 5, 7, 9 e 11 dos pratos inferiores da coluna de cracking extraem-se os vapores de óleo xaroposo que são injectados no cubo da coluna de extração e retificação. Os vapores são encaminhados para o fleumador e para o condensador da coluna de extração e retificação. O destilado heterogéneo do deflegmador é encaminhado para o separador, cuja camada inferior é devolvida ao prato superior da coluna de extração-retificação, e a camada superior, enriquecida com álcoois superiores, é alimentada através do rotâmetro para a coluna de bicos do descontratante, onde é misturada com água de luterna. No descontratante, a fração xaroposa sobe até ao topo do descontratante, de onde o óleo xaroposo sedimentado é recolhido no coletor de óleo xaroposo. O resíduo do cubo da coluna de extração e retificação e as camadas de xarope do descontratante são enviados para o 12º prato da coluna de destilação ou para os 7º e 9º pratos da coluna de retificação.

A partir das 19ª, 21ª, 23ª e 24ª zonas dos pratos da coluna de destilação, os álcoois xaroposos são introduzidos, por meio de um injetor, no prato inferior da coluna de epuração e, periodicamente, são levados, através de um frigorífico de ensaio, para a cuba de medição de álcool do FEA, álcoois xaroposos na quantidade de 0,5 %.

O vácuo na coluna de epuração e na parte superior da coluna de retificação é criado por uma bomba de vácuo através do condensador barométrico, para o que os separadores de álcool das colunas de epuração e retificação são ligados por uma conduta de gás à parte inferior do condensador barométrico e, posteriormente, à bomba de vácuo. A água fria é introduzida no condensador barométrico para capturar o álcool e outras substâncias voláteis, e o líquido água-álcool é encaminhado para o 12º prato da coluna de destilação.

O vácuo no topo das colunas é regulado pelo fornecimento de água de arrefecimento a partir do coletor de água fria nas superfícies de permuta de calor do equipamento de permuta de calor da coluna. A água quente após o equipamento de permuta de calor da coluna é descarregada para o coletor de água quente. O condensado de vapor das caldeiras das colunas de retificação é devolvido à casa das caldeiras.

Para controlar as perdas de álcool na água de bardo e de lauterização, a unidade está equipada com refrigeradores de amostras. Para proteger as colunas de deformação devido a sobrepressão ou vácuo profundo, a parte superior e inferior da coluna de destilação, a parte inferior da coluna de retificação e a parte inferior da coluna de extração e retificação estão equipadas com disjuntores de vácuo.

Durante a transformação da aguardente bruta, esta é alimentada do armazém de álcool para o coletor de aguardente bruta, a partir do qual é bombeada para a bomba de pressão.

coletor de álcool bruto. A partir daí, o álcool bruto passa pelos rotâmetros e pelo misturador, onde é misturado com a água amolecida do tanque de pressão, e vai para o aquecedor de álcool bruto, onde é aquecido a uma temperatura de 73...75 ^{O}C. A mistura aquecida de álcool bruto e água amolecida é alimentada aos pratos 23 e 28 da coluna de sucção. A mistura aquecida de álcool bruto e água amolecida é alimentada aos pratos 23 e 28 da

coluna de separação.
O álcool rectificado obtido na unidade de destilação é descarregado em tanques de armazenagem após ter sido doseado por aparelhos de medição do álcool.
A conceção do serviço de receção do álcool prevê a possibilidade de descarregar o álcool rectificado numa cuba separada para contabilização individual e a possibilidade de controlar a descarga em qualquer momento.
As amostras são recolhidas dos reservatórios de armazenagem em conformidade com o procedimento estabelecido para o controlo químico e qualitativo do álcool rectificado. Todos os tanques de armazenagem estão ligados no topo a dispositivos de transbordo para evitar o enchimento excessivo dos tanques com álcool rectificado e perdas por derrame.
Transferir o álcool rectificado dos tanques de armazenamento por gravidade para os tanques de medição, onde o seu volume e temperatura são medidos, e depois para o armazém de álcool para armazenamento.

Capítulo 19

ISOLAMENTO E PURIFICAÇÃO DE PREPARAÇÕES HORMONAIS

As hormonas (grego: hormao - pôr em movimento, excitar) são substâncias biologicamente activas de natureza química diferente, formadas por células especializadas das glândulas de secreção vítrea, que são segregadas diretamente no sangue e na linfa e regulam o metabolismo e as funções fisiológicas do organismo. São conhecidas cerca de 60 secreções biologicamente activas, que são produzidas pelas glândulas endócrinas e têm atividade hormonal.

As hormonas distinguem-se pela sua estrutura química:

- de natureza proteica: proteínas simples (insulina, prolactina, hormona do crescimento) e complexas (folatropina, lutropina, tirotropina);
- natureza peptídica: glucogénio, calcitonina, somatostatina, oxitocina va-zopressi;
- derivados de aminoálcoois: adrenalina, noradrenalina, oxitocina
- natureza lipoide (hormonas esteróides): corticosteróides, androgénios, estrogénios, prostaglandinas;
- tecido (para-hormonas): gastrina, secretina, heparina.

As hormonas endócrinas são obtidas por síntese química, engenharia genética e isolamento a partir de matérias-primas animais. Existem também técnicas de biotransformação. Por exemplo, uma estirpe do bolor do pão *Rhizopus arrhizus* é utilizada na síntese inicial do derivado esteroide cortisona por hidroxilação da progesterona na 11ª posição.

Foram sintetizadas a insulina e algumas hormonas proteicas da hipófise (corticotropina, somatotropina), etc. As preparações de hormonas esteróides, os derivados de aminoácidos e os péptidos (oxitocina, vasopressina) são obtidos por síntese química. A produção de hormonas polipeptídicas não é rentável devido às múltiplas etapas e à complexidade.

Seguem-se exemplos de como algumas hormonas são obtidas de várias fontes.

19.1. Produção de insulina.

Isolamento de insulina a partir de matérias-primas animais

A insulina é uma hormona pancreática produzida pelas células ß dos ilhéus de Langerhans e desempenha um papel importante no metabolismo dos hidratos de carbono.^ A molécula de insulina humana é constituída por duas cadeias polipépticas, *A* e *B,* ligadas por duas ligações dissulfureto. *A cadeia A* é composta por 21 e a *cadeia B* por 30 resíduos de aminoácidos.

Em 1952, a insulina foi isolada pela primeira vez na forma cristalina. Atualmente, existem vários métodos para isolar a insulina do pâncreas de bovinos e suínos.

A produção de insulina é composta por várias fases:

- Trituração de glândulas pancreáticas congeladas e extração com uma solução alcoólica ácida;

. deposição de proteínas de lastro e libertação de lípidos;

- precipitação isoeléctrica da fração de insulina (a pH = 5,5) e precipitação com álcool, acetona, éter;
- Purificação da insulina: precipitação de sais, fracionamento por cromatografia, filtração em gel;
- precipitação da insulina sob a forma de cristais;

. reprecipitação de zinco-insulina.

As glândulas pancreáticas frescas ou congeladas são trituradas (B) com um triturador sem-fim e extraídas por bnsmaceração, numa primeira fase, com etanol a 80-85 % num reator com agitador. A segunda extração é efectuada com etanol a 57 % acidificado com ácido ortofosfórico (clorídrico ou sulfúrico) até pH = 2,8-3. A extração é efectuada durante 1,5-4 h, com agitação constante. O álcool acidificado contribui para a inativação da enzima tripsina, localizada no pâncreas, o que permite manter a insulina num estado inalterado. A fábrica de medicamentos endócrinos de Minsk utiliza um aparelho de extração por rotor-pulsação, que torna a extração mais intensiva e reduz o tempo para 1,5 horas.

Os extractos resultantes são combinados e deixados em repouso durante 48 horas para libertar quaisquer proteínas indesejáveis que precipitem.

O precipitado é separado por centrifugação e removido. Em seguida, é utilizada a cromatografia de permuta iónica para o isolamento e a purificação da insulina. A insulina é absorvida a partir de um líquido claro na sulfocatnonite macroporosa KU-33-30/100 a um pH = 3,0-3,3 num modo de fluidização. A gordura é removida por lavagem da catnonite com etanol a 65-67 % e as proteínas de lastro - com solução tampão de acetato 0,3 M. A insulina é dessorvida utilizando uma solução tampão de amónio 0,01-0,05 M (pH 10) e imediatamente acidificada com ácido clorídrico até pH = 4,5 e adicionada acetona. O precipitado de substâncias de lastro é removido. A insulina é precipitada com uma solução de acetato de zinco (pH = 6,2). Obtém-se a zinco-nsulinopurificação pelo método de estalonização, depois dissolve-se em água acidificada a pH = 2,8 com ácido cítrico. A solução é sedimentada durante 1 h. O filtrado é misturado com acetona, adiciona-se cloreto de tsnik e fenol arrefecido a 0 C. Para a cristalização lenta da insulina, criam-se condições com alterações sucessivas do pH da solução. A solução é alcalinizada a pH = 8,5, deixada durante 2-3 min, altera-se o pH para 6,8, agita-se durante 1 h; a pH = 6,5, agita-se durante 2 h; pr" pH, igual a 6,2 e 6,0, - 2 h e repousa durante 20 h; a pH 5,8 - 2 h e repousa durante 96 h a 5 ^{O}C. Os cristais de insulina precipitados são separados por centrifugação e lavados num funil de Buechner com água fria, acetona e éter. A secagem é efectuada ao ar numa câmara de exaustão e num exsicador.

A empresa dinamarquesa *Novo Industries* produz insulina humana utilizando um método baseado na substituição de um resíduo de alanina na cadeia *B* por um resíduo de treonina. Isto é conseguido por substituição enzimática seguida de purificação cromatográfica do produto, resultando numa insulina humana de componente único com 99% de pureza do fármaco.

Criação da produção industrial de insulina geneticamente modificada. A primeira tentativa de criar tal produção na URSS pode ser considerada uma fábrica-piloto da VNIIA, baseada na tecnologia desenvolvida em conjunto com a empresa alemã *Genbiotech GmbH* em 19871989. O processo baseava-se na produção de proteína recombinante (massa molecular de cerca de 17 kDa) por uma estirpe geneticamente modificada de soja E que continha uma sequência de aminoácidos líder ligada através de um resíduo de aminoácido de metionina à proinsulina humana. O esquema tecnológico inicial incluía as seguintes fases:

- fermentação (cultivo da estirpe produtora num fermentador);

-Departamentos de biomassa;

- rutura celular com a libertação de corpos de inclusão;
- * A proteína recombinante foi sequenciada por cromatografia de troca iónica em DEAE-Sepharose FF e filtração em gel em SephadexC-25M;

- de clivagem de proteínas recombinantes por bromocianina;

. sulfitólise oxidativa da proinsulina;

- purificação cromatográfica do hexassulfonato de proinsulina por filtração em gel em Sephadex G-50 F, permuta iónica e cromatografia em DEAE-Sepharose FF e filtração em gel em SephadexC-25;

. renaturaçãoproinsulina;

- Purificação cromatográfica da proinsulina nativa por cromatografia de permuta iónica em DEAE-Sepharose FF;
- clivagem enzimática da proinsulina;
- Purificação cromatográfica da insulina por cromatografia de permuta iónica em S-Sepharose FF, ultrafiltração e filtração em gel em NephadexC-50 5C;
- liofilização do sal de Na da insulina humana.

Apesar do óbvio incómodo do esquema acima descrito do processo tecnológico, a fábrica-piloto VNIIA produziu lotes-piloto de insulina humana geneticamente modificada (GICh) e o correspondente artigo farmacopeico temporário (TPA). No entanto, com o colapso da União Soviética e as consequências económicas e organizacionais que o acompanharam, a produção do medicamento foi interrompida.

Em 1996, de acordo com o Decreto do Presidente da Federação Russa "Sobre Medidas de Apoio Estatal a Pessoas com Diabetes Mellitus", o Programa Federal "Diabetes Mellitus" foi adotado pelo Governo da Federação Russa. Nesta base, sob os auspícios da RAO "Biopreparat", foi retomada a investigação em grande escala sobre o desenvolvimento da tecnologia industrial e a produção de preparações de insulina humana geneticamente modificada no Instituto de Química Bio-Orgânica (IBC) da Academia Russa de Ciências e no Centro Científico Estatal de Microbiologia Aplicada (Obolensk). Como parte do trabalho conjunto, foram criadas estirpes altamente eficazes que produzem pré-proinsulina humana e foi desenvolvida tecnologia laboratorial para a produção de substâncias insulínicas. Até à data, a CJSC National Bnotechnologies (sucessora legal da RAO Bio-Preparation) em Obolensk iniciou a produção-piloto de substâncias de insulina humana geneticamente modificadas, mas não há possibilidade de produzir medicamentos prontos a usar.

O processo tecnológico de produção da substância HCH no IBCH RAS é efectuado de acordo com o seguinte esquema:

- obtenção de um inóculo da estirpe produtora:
- revitalização da cultura das conservas;
- Cultivar uma cultura-mãe;
- cultivo do inóculo;
- biossíntese de proteínas híbridas:
- cultura do produtor num fermentador (fermentação);
- extração de biomassa (separação);
- desintegrando a suspensão pulmonar;
- isolamento e lavagem dos corpos de inclusão (centrifugação);

. isolamento e purificação da proteína recombinante:

- solubilização dos corpos de inclusão e recuperação da proteína recombinante;
- Renaturação da proteína recombinante;
- purificação cromatográfica da proteína recombinante;
- Clivagem enzimática da proteína recombinante:
- Purificação cromatográfica da insulina 1;

- Purificação cromatográfica da insulina 2;
- purificação cromatográfica da insulina 3; - preparação da insulina cristalina.

O ADN plasmídico recombinante contém um gene artificial que codifica um polipéptido híbrido constituído por um domínio de ligação G 1g da proteína *A* de *Staphylococcus aureus, o* péptido de ligação His_6GlySerArg e a proinsulina humana. O plasmídeo (massa molecular ZD MDa 5051 pb) contém como marcador genético o gene da ß-lactamase, que determina a resistência à ampicilina das células bacterianas transformadas com ele. A expressão da proteína recombinante pela estirpe produtora é induzida pelo *isopropil-β-D-tiogalactosídeo* (devido à presença de um *promotor tac* no plasmídeo) e atinge 30% da proteína celular total.

As células do produtor de pré-proinsulina humana recombinante são separadas, desintegradas a alta pressão para recolher os corpos de inclusão, e os corpos de inclusão resultantes são repetidamente lavados para remover as proteínas solúveis em água e outros componentes celulares. Num ciclo, obtêm-se 15-25 kg de corpos de inclusão húmidos com mais de 13% de proteínas recombinantes. Os corpos de inclusão obtidos são solubilizados numa solução tampão que contém ureia e ditiotreitol (DTT) para restabelecer as ligações dissulfureto intra e intermoleculares da proteína recombinante. A proteína recombinante reconstituída é então exposta ao oxigénio do ar em alta diluição, pelo que a proteína é oxidada para formar ligações dissulfureto correspondentes à conformação nativa da insulina (refolding). A proteína recombinante é renaturada.

A proteína recombinante renaturada é purificada por cromatografia de permuta iónica e submetida a clivagem enzimática com azul-trip e carboxipeptidaseB numa relação de massa 4000 :2 : 1. Após precipitação e pré-tratamento, obtém-se um soro de insulina com 86-88 % de pureza. Na primeira fase de purificação por cromatografia hidrofóbica, o teor de insulina atinge 96%; na segunda fase de purificação por cromatografia de permuta iónica, procede-se à libertação final das impurezas imunogénicas; a filtração final em gel ocorre em condições estéreis e permite elevar a qualidade da preparação ao nível da farmacopeia. No final do processo, obtém-se a ci-insulina cristalina, que é seca até ao grau de humidade necessário. O rendimento do produto é de, pelo menos, 100 g por mil litros de fluido de cultura da estirpe produtora.

Benefícios do processo:

- Purificação numa só fase da proteína recombinante renaturada;
- clivagem co-enzimática da proteína recombinante

catripsinomicarboxipeptidaseB;

- Utilização eficaz da cromatografia a baixa pressão para a purificação da insulina.

Os requisitos de qualidade para as substâncias de insulina humana estão definidos nas secções relevantes da Farmacopeia Americana (USP) e da Farmacopeia Europeia (EP). A insulina deve ser caracterizada qualitativamente. O primeiro indicador é determinado por cromatografia líquida de alta resolução (HPLC) em comparação com o padrão, comparando os perfis cromatográficos da insulina e da insulina padrão clivada em 4 fragmentos por uma enzima específica (método do mapa peptídico) e estabelecendo a bioidentidade (*in vivo* em coelhos por comparação do teor de glucose no sangue). A quantificação é igualmente efectuada por HPLC de fase inversa. A quantidade de hormona é geralmente estimada em unidades internacionais (ME), sendo 1 ME (IU) = 0,0347 mg de insulina. Thyroidin - preparação para a tiroide

Esta preparação hormonal é obtida a partir das glândulas tiróides desengorduradas secas de bovinos abatidos. As glândulas tiróides são extraídas imediatamente após o abate de animais saudáveis e normalmente desenvolvidos, em matadouros ou instalações de transformação de carne. Antes do processamento, as glândulas selecionadas são descongeladas, lavadas em água, limpas de gordura, tecido conjuntivo, músculo, grandes vasos, etc. Em seguida, as glândulas são trituradas e a papa resultante é espalhada em placas esmaltadas planas e seca numa estufa de vácuo a temperaturas superiores a 40 °C, após o que o material é desengordurado num aparelho Soxhlet com solventes orgânicos de baixo ponto de ebulição, extraindo bem as gorduras. Os resíduos de solventes orgânicos são removidos da matéria-prima por secagem em secadores de vácuo a temperaturas não superiores a 40 °C. A massa seca desengordurada é triturada em moinhos de bolas de porcelana. A preparação é normalizada de acordo com o teor de iodo ligado organicamente, que deve ser de 0,17-0,23 %. Se necessário, a preparação é diluída com açúcar de leite. A ação desta preparação deve-se à presença de tiroxina e triiodotironina. Quimicamente, a tiroxina difere da triiodotironina pela presença de um átomo de iodo adicional. A tiroxina é prescrita em caso de insuficiência da função tiroideia.

19.2. Preparações hipofisárias

Preparações como a corticotropina injetável, a suspensão de zincorticotropina, a tirotropina e a adiposina são obtidas a partir do lobo anterior da glândula pituitária de animais abatidos para uso médico. **Corticotropina.** A hormona adrenocorticotrópica (AChE) é produzida nas células basais do lobo anterior da glândula pituitária. Trata-se de uma hormona polipeptídica constituída por 39 aminoácidos. A sua atividade é determinada biologicamente e expressa em unidades de ação. A corticotropina é um estimulante fisiológico do córtex suprarrenal.

Em 1987, foi desenvolvido no Instituto de Investigação de Tecnologia de Substitutos do Sangue e Preparações Hormonais de toda a Rússia um método generalizado de produção industrial de hormonas a partir da glândula pituitária, que consiste no processamento complexo de matérias-primas, em que são isoladas sequencialmente hormonas separadas do ligamento anterior da pituitária.

Os lóbulos da hipófise anterior recentemente congelados são picados e extraídos com acetona acidificada (solução de HC1 a 1% em 90% de acetona). O extrato ácido de água e acetona é centrifugado. O filtro contém ACTH e a hormona lactogénica precipitada pela acetona. A concentração de acetona na mistura atinge 92 %. Esta mistura é conservada no frio a -2...-5 ^{O}C durante 10-12 horas. Obtém-se um precipitado acetonado ácido, que é separado, lavado num filtro de Nutch com acetona a 98 % arrefecida e seco ao ar. Dissolve-se o pó acetonado ácido em água acidificada com ácido acético e adiciona-se gradualmente uma solução de amoníaco até pH = 5,0. A hormona lactogénica precipita no ponto isoelétrico. O precipitado é separado por centrifugação e utilizado para preparar uma preparação de lactina. Após a separação da hormona lactogénica do resíduo, adicionou-se uma solução-tampão de acetato de amónio (pH = 5,0), que foi passada através de uma coluna cheia de cationite KM-Sephadex K-25. Após a conclusão da sorção da corticotropina na resina de permuta iónica, esta é dessorvida com uma solução etanólica de tampão de acetato de amónio. A hormona adrenocorticotrópica é precipitada do eluente com etanol. O precipitado é separado por centrifugação, lavado com etanol e acetona e seco ao ar. A preparação é normalizada.

As hormonas folículo-estimulantes, luteinizantes e tiroideias são produzidas a partir dos resíduos das matérias-primas originais.

Foram desenvolvidas várias técnicas para uma libertação gradual semelhante das hormonas luteinizante, folículo-estimulante e tiroideia a partir dos tecidos, após a libertação da hormona do crescimento, mas a partir da hipófise humana.

19.3. Hormona de crescimento

A hormona do crescimento foi descoberta em 1920 e obtida em forma cristalina a partir da glândula pituitária de animais em 1944 pelos cientistas D. Lai-emiSevans.

Em 1956, a somatotropina humana foi isolada e, em 1958, um endocrinologista do New England Medical Centre em Boston M. Raben administrou-a pela primeira vez a uma criança que não estava a crescer porque o seu corpo não produzia a hormona. O tratamento resultou e o bebé cresceu.

Nessa altura, a única fonte de hormonas era o cérebro humano - cérebro de cadáveres - uma vez que a hormona animal é ineficaz para os seres humanos. A maior parte do material dos cadáveres provinha de África. A hormona era extraída da glândula pituitária e, uma vez que é destruída pelo calor'era pasteurizada em vez de ser esterilizada nas fábricas farmacêuticas. Nos anos 80, três crianças que receberam hormona de crescimento desenvolveram uma doença viral rara chamada doença de Creutzfeldt-Jacob (DCJ). Esta doença caracteriza-se por demência progressiva e perda de controlo muscular. Em cerca de 5 anos, a pessoa afetada morre.

Após a descoberta de uma doença em udetes tratados com hormona do crescimento, a distribuição do medicamento foi interrompida. Em 1991. Em 1991, sete crianças nos Estados Unidos desenvolveram DII, e registaram-se 50 casos da doença associados a injecções de hormona de crescimento em todo o mundo. E o número de doentes pode aumentar, porque a doença é causada por um agente infecioso, que pode não dar quaisquer sintomas durante muito tempo (até 15 anos). Uma vez que os cérebros de cadáveres tiveram de ser abandonados como fonte de hormonas, surgiu o problema da obtenção de hormonas sintéticas. A hormona do crescimento é a maior proteína produzida pela glândula pituitária e é constituída por 191 aminoácidos.

Em 1985, *a Genenteçh* criou o segundo medicamento da história que utiliza ADN recombinante. ADN - somatotropina. A hormona de crescimento geneticamente modificada diferia da sua homóloga humana num único aminoácido. E embora esta pequena discrepância não tenha tido qualquer efeito na eficácia do medicamento no corpo humano, abriu a porta à concorrência. No ano seguinte, a empresa farmacêutica *Eli Lilly*, sediada em Indianápolis, criou uma nova hormona de crescimento de 191 aminoácidos (Humatotrope) que era 100 por cento idêntica (física, química e biologicamente) à produzida pela glândula pituitária humana. Atualmente, devido ao monopólio destas empresas, o tratamento com este medicamento custa entre 14.000 e 30.000 dólares por ano, o que cria dificuldades económicas.

Depois de a hormona ser segregada pela glândula, entra na corrente sanguínea, onde se liga imediatamente à albumina e a outros transportadores específicos. Apenas 5% da hormona segregada permanece no sangue num estado não ligado. Com a corrente sanguínea, a hormona é distribuída e entra em contacto com todos os órgãos e tecidos. No entanto, a sua ação específica começa após a ligação a receptores sensíveis apenas a esta hormona. Sabe-se que os receptores de hormonas com estruturas peptídicas, proteicas e de aminoácidos estão localizados na superfície celular, enquanto os receptores de hormonas derivadas de ácidos gordos e esteróides estão localizados no interior da célula (no citoplasma ou na membrana do núcleo). A absorção selectiva específica do sinal hormonal explica-se pela maior afinidade e sensibilidade dos receptores e das hormonas. A deficiência hormonal no corpo pode ocorrer por várias razões e estas devem ser sempre estabelecidas. Por exemplo, a falta de insulina pode dever-se ao facto de ser pouco produzida no organismo, de ser rapidamente decomposta pela insulinase, de entrar em novos compostos; além disso, a estrutura dos sistemas eferentes com a iim não interage. Cada uma destas causas pode dever-se a factores diferentes. Assim, uma produção deficiente de insulina pode ter por base: a) o esgotamento das células produtoras; b) a supressão da função das células produtoras por aloxano, ácido desidroascórbico, ninidrina, etc.; c) a perturbação de algumas partes da síntese de insulina. Daqui se conclui que os preparados hormonais só são eficazes em determinadas condições.

De acordo com a especificidade da farmacodinâmica das preparações hormonais, estas são mais frequentemente utilizadas para compensar a falta de hormonas no organismo (em caso de excesso de hormonas, são normalmente utilizados agentes farmacológicos que neutralizam a hormona ou que reduzem a função da glândula produtora de hormonas), para farmacoterapia específica e farmacoestimulação em doenças não relacionadas com a falta de hormonas no organismo.

O uso de drogas hormonais e esteróides no desporto é amplamente conhecido. A sua deteção já não é de importância primordial e os laboratórios de controlo são necessários para detetar pequenas quantidades de drogas artificiais. Os contraceptivos hormonais são utilizados ativamente.

As preparações hormonais são utilizadas tanto na medicina como na criação de animais. Estão a ser desenvolvidas técnicas para criar porcos utilizando injecções regulares de insulina para acelerar o aumento de peso através da administração de hormona folículo-estimulante.

19.4. Produção de esteróides importantes para a indústria

Os esteróides incluem um grande grupo de compostos biologicamente importantes, incluindo hormonas sexuais, glicosídeos cardíacos, ácidos biliares, vitaminas, alcalóides e reguladores do crescimento das plantas. Os

esteróides baseiam-se no esqueleto do peridrociclopentanophe-nantreno
Os processos de biotransformação são reacções de transformação de compostos orgânicos iniciais (precursores) no produto-alvo por meio de células de organismos vivos ou de enzimas isoladas dos mesmos. A capacidade das células microbianas para efetuar uma biotransformação altamente específica é utilizada na produção de esteróides. A utilização da estereoespecificidade absoluta e da especificidade do substrato das enzimas celulares permitiu o estabelecimento de uma multiplicidade de reacções químicas para os rearranjos estruturais dos esteróides. Como resultado, foram obtidos novos compostos com melhores propriedades farmacológicas. A biotransformação dos esteróides envolve geralmente uma ação selectiva sobre uma das posições do esqueleto esteroide.

A importância da transformação microbiana desenvolvida é determinada pelo facto de os processos de hidroxilação da progesterona e dos seus prões estarem na base da síntese industrial de muitos produtos valiosos: medicamentos anti-inflamatórios e antitumorais, tranquilizantes, anestésicos, hormonas sexuais, etc. Os processos de hidroxilação da progesterona e dos seus prões estão na base da síntese industrial de muitos produtos valiosos.

Para além da biotransformação, as hormonas esteróides também podem ser produzidas por culturas celulares. Por exemplo, a cultura celular de células da raiz de *Dioscorea deltoidea* produz fito-rnn, diosgenina e os seus derivados glicosídicos (saponinas). É significativo que a capacidade de supersíntese de glicosídeos de furostanol de várias estirpes de Dioscorea, e da estirpe DM-OH, tenha sido mantida de forma estável durante 27 anos. Assim, o cultivo *in vitro* de células vegetais representa uma nova solução para o problema da produção industrial de metabolitos secundários.

No futuro, prevê-se a utilização de células imobilizadas para a produção de hormonas esteróides, a utilização de uma combinação óptima de transformações biológicas e químicas, bem como a melhoria da tecnologia de purificação dos compostos obtidos.

Capítulo 20

BIOTECNOLOGIA
PRODUÇÃO DE ENZIMAS

20.1 Fontes de preparações enzimáticas

As enzimas são encontradas em praticamente em praticamente todas as plantas, animais e microorganismos. Uma vez que o processo de biossíntese de enzimas no organismo está relacionado com o metabolismo celular e a quantidade de enzimas sintetizadas é estritamente determinada pelas necessidades vitais do organismo, esses objectos não podem servir como fonte de preparações enzimáticas. Apenas os microrganismos, algumas plantas ou órgãos individuais de plantas e animais capazes de acumular quantidades significativas de enzimas são adequados para este fim.

Matérias-primas vegetais. A fonte de enzimas pode ser o grão germinado de vários cereais (malte). Pode ser utilizado diretamente como uma preparação enzimática técnica ou servir como matéria-prima para a preparação de preparações enzimáticas purificadas. Nos países tropicais e subtropicais, o látex do melão, o látex de plantas pertencentes à espécie ficus, por exemplo, folhas e rebentos de figos, sumo de massa verde de ananás, etc., são utilizados como matérias-primas para a produção industrial de proteinases.

Órgãos e tecidos animais. Todas as fábricas de transformação de carne recolhem matérias-primas que contêm enzimas, conservam-nas e utilizam-nas para produzir preparados enzimáticos. Estas matérias-primas são o pâncreas, as membranas mucosas do estômago e do intestino delgado dos suínos, o coalho dos bovinos, o coalho dos vitelos leiteiros e dos cordeiros, os testículos dos animais sexualmente maduros. O pâncreas contém um grande número de enzimas diversas: quimotripsina, colagenase, elastase, tripsina, amilase, lipase e outras. A mucosa do estômago dos suínos e o coalho dos bovinos são fontes de pepsina e de lipase. O coalho (enzima do coalho) é obtido a partir do coalho dos vitelos leiteiros e dos cordeiros. Os testículos dos bovinos sexualmente maduros contêm a enzima hialuronidase.

Microrganismos: Em condições especialmente criadas, os microrganismos são capazes de sintetizar uma grande variedade de enzimas. São indiferentes à composição do meio nutriente, mudam facilmente da síntese de uma enzima para outra e têm um ciclo de crescimento relativamente curto (16-100 h). Tanto as estirpes naturais de microrganismos isolados de objectos naturais como as estirpes mutantes são utilizadas para a produção industrial de preparações enzimáticas. Vários microrganismos podem ser produtores de enzimas: bactérias, fungos, leveduras, actinomicetos. Os microrganismos podem sintetizar simultaneamente todo um complexo de enzimas, mas há alguns (especialmente entre as estirpes mutantes) que são monoenzimáticos e produzem grandes quantidades de apenas uma enzima.

Classificação e nomenclatura das enzimas e das preparações enzimáticas. De acordo com a classificação moderna, todas as enzimas estão divididas nas seguintes classes principais: (1) oxidorredutases; (2) transferases; (3) hidrolases; (4) liases; (5) isomerases; (6) ligases (sintetases). A maioria das enzimas de importância industrial, cuja procura é determinada por dezenas de milhares de toneladas, pertence à terceira classe, as hidrolases. Normalmente, as preparações produzidas por empresas de diferentes países são complexas, contendo, para além da enzima principal, um número significativo de enzimas e proteínas relacionadas. Por este motivo, na tecnologia enzimática, as preparações são mais frequentemente classificadas de acordo com o componente principal da mistura de enzimas presentes numa determinada preparação: amilolíticas, proteolíticas, lipolíticas, etc.

No nosso país, existe um determinado sistema de designação das preparações enzimáticas, que tem em conta a enzima principal, a fonte de produção e o grau de purificação. O nome de cada preparação inclui o nome abreviado da enzima principal, o nome da espécie do produtor e da preparação, e o sufixo -pn. Por exemplo, as preparações amilolíticas derivadas de *Aspergillus oryzae* e *Bacillus subtilis* são designadas por amilorhizina e amilossubtilina, respetivamente. É então atribuído um índice para indicar o método de produção e o grau de purificação da enzima a partir de substâncias de lastro. No caso da cultura em profundidade, a letra "G" é colocada a seguir ao nome, e no caso da cultura à superfície - "P". Se se tratar de uma cultura em bruto de um produtor, segue-se a letra "X". Entre as letras "P", "G" e "x" pode haver um número que indica o grau de pureza da preparação. O índice 2 indica o concentrado líquido bruto da cultura inicial; 3 - preparação enzimática seca obtida por secagem (pulverização) de uma solução enzimática bruta (extrato de cultura de superfície ou fluido de cultura); 10 - preparações secas obtidas por precipitação de enzimas com solventes orgânicos ou por salga. Os índices 15, 18 e 20 designam as preparações parcialmente libertadas não só das substâncias de lastro, mas também das enzimas que as acompanham. A nomenclatura das preparações com um índice superior a 20 não é utilizada, uma vez que, nestes casos, se trata de preparações enzimáticas altamente purificadas e mesmo homogéneas, que são designadas de acordo com a nomenclatura e classificação clássicas das enzimas.

Caracterização da atividade das preparações enzimáticas. As enzimas são substâncias de natureza proteica, pelo que é impossível determinar a sua quantidade numa mistura com outras proteínas. A presença de uma enzima numa determinada preparação pode ser estabelecida pelos resultados da reação catalisada pela enzima, ou seja, pela quantidade de produtos de reação formados ou pela redução do substrato inicial. Em termos quantitativos, a atividade de uma enzima é convencionalmente determinada pela velocidade inicial da reação enzimática, a qual depende de muitos factores, sendo os mais importantes a temperatura, a concentração de substrato, o pH da mistura reacional e o tempo decorrido desde o início da reação. Por este motivo, por sugestão da Comissão de Enzimas da União Bioquímica Internacional, foram adoptadas regras para a determinação das actividades das drogas e a sua expressão em unidades de atividade.

Unidade padrão de atividade. Este valor para qualquer enzima denota a quantidade que catalisa a conversão de 1 µmol de substrato em 1 minuto sob determinadas condições regulamentadas. Em russo e alemão esta unidade é designada pela letra E, em inglês, francês, italiano e espanhol - U. Muitas vezes, a quantidade de substrato não pode ser expressa em termos de micromoles porque a massa da molécula não é conhecida, por exemplo, quando actua sobre proteínas, amido, pectina, celulose. Nestes casos, determina-se o microequivalente dos grupos afectados pela reação. Assim, na hidrólise das proteínas, é tido em conta o número de grupos carboxilo ou amina livres formados, ou seja, as ligações peptídicas clivadas, em vez do número de moléculas hidrolisadas; na hidrólise do amido e dos polissacáridos, é tido em conta o número de ligações glucosídicas hidrolisadas, etc

A Comissão de Enzimas recomendou as seguintes condições para a determinação da atividade enzimática: a concentração de substrato, a concentração de enzima e o pH são escolhidos para serem óptimos para a enzima, a temperatura é de 30 °C; a atividade é determinada a partir da taxa de reação inicial quando a concentração de substrato é suficiente para saturar a enzima e corresponde a uma cinética de reação de ordem zero.

Se a quantidade de substrato reagido for muito pequena ou grande, é aceitável expressar os resultados em miliunidades (MU e MU) e quilounidades (kEic).

Atividade das preparações enzimáticas. O conteúdo enzimático de uma determinada preparação é convencionalmente expresso em unidades padrão de atividade enzimática por 1 ml de solução enzimática ou 1 g de preparação. A atividade de uma preparação enzimática é expressa em micromoles de

substrato que reage na presença de 1 ml de solução enzimática ou de 1 g de preparação, em determinadas condições, durante 1 minuto. Se a enzima for homogénea, a sua atividade específica pode ser expressa em unidades-padrão por 1 mg de enzima. Se, no entanto, a preparação contiver lastro sob a forma de proteína inativa, a sua atividade específica é expressa em unidades-padrão por 1 mg de proteína na preparação enzimática. A atividade molecular é o número de milimoles de substrato ou equivalentes de grupos afectados que reagem em 1 minuto com 1 mmol de enzima em concentrações óptimas de substrato, ou o número de unidades-padrão contidas em 1 mmol de enzima.
Se uma enzima contém um grupo crostativo caraterístico ou vários centros catalíticos que podem ser medidos, a sua atividade pode ser expressa em termos da atividade de um centro catalítico. Corresponderá à atividade molecular se a molécula de enzima tiver um centro ativo; se o número de centros catalíticos for *n,* a atividade de um centro será n vezes inferior à atividade molecular.

Atividade de uma preparação condicional. Na tecnologia enzimática, para além da noção geralmente aceite de atividade das preparações enzimáticas, é habitual utilizar a noção de atividade de uma preparação enzimática condicional. Isto é necessário para avaliar o trabalho da empresa, para o comparar com instalações semelhantes, ou seja, para comparar os indicadores para todos os tipos de produtos. Para efeitos de tal recálculo, parte-se do princípio de que a empresa produz produtos comercializáveis sob a forma de uma preparação padrão com uma atividade definida com precisão, medida pela enzima principal em unidades padrão na preparação por unidade de massa da preparação. A atividade da enzima principal numa tal preparação condicional normalizada é estabelecida por regulamentos e é referida como a atividade da preparação normalizada.
Para 1 ust de preparação enzimática é tomada 1 tonelada de preparação com atividade padrão. A fórmula é utilizada para converter os produtos comercializáveis produzidos em toneladas condicionais

$$Qusl - QTOV\ \mathrm{F\ /usl'}$$

em que Qu_{SL} - quantidade de medicamento acondicionado, toneladas; Q_{tov} - quantidade de medicamento comercial, toneladas; A_f - atividade real do medicamento comercial, unidades/g; $A_{(usl)}$ - atividade do medicamento acondicionado, unidades/g.

20.2 Aplicações e fontes de enzimas

A produção de preparações enzimáticas ocupa uma das posições de liderança na biotecnologia moderna. O volume da sua produção está a aumentar constantemente e o âmbito da sua aplicação está a expandir-se. As enzimas são biocatalisadores altamente activos e não tóxicos de origem proteica. A sua vantagem sobre os catalisadores químicos é a sua ação à pressão normal, à temperatura de 20...70 C e a um pH de 4 a 9. Têm uma elevada especificidade de substrato, o que torna possível visar apenas determinados compostos numa mistura complexa de substratos.

De acordo com a "nomenclatura" de classificação aceite, foram identificadas cerca de 2 mil enzimas. Cerca de 250 itens são produzidos comercialmente, e 99% das vendas totais de preparações enzimáticas são apenas 18 enzimas.

As proteinases, amplamente utilizadas em detergentes sintéticos, e as amilases para a transformação do amido ocupam a maior parte das preparações produzidas. Estes dois tipos de preparações representam 60% da produção total de preparações enzimáticas no estrangeiro.

Outras grandes indústrias consumidoras de enzimas são[são]

- produção de vinho e de sumos (10%);
- produção de álcool (8%);
- s "R? Dejaye(5%);

- panificação (5%);

. fabrico de cerveja(b%);

. outros sectores" %).

Além disso, na Rússia, as enzimas estão a ser introduzidas na produção de forragens.

As preparações enzimáticas altamente purificadas ocupam um lugar especial no volume total de produção de enzimas. A sua quota-parte no volume total é muito pequena, uma vez que a tecnologia é complexa e exige custos de material e tempo elevados. Estas preparações são muito importantes para a medicina, para fins analíticos e para a investigação científica.

As enzimas são formadas em todos os seres vivos, mas apenas os objectos naturais com um teor de enzimas de, pelo menos, 1 % da enzima utilizada são utilizados para o seu isolamento.

As fontes de enzimas podem ser:

. grãos germinados de vários cereais (malte) - para obtenção de proteinases, látex de ficus, látex de melão - para obtenção de proteinases;

. tecidos e órgãos individuais de animais (pâncreas, membranas mucosas dos estômagos e intestinos delgados, coalho de queijo de bovinos);

. microorganismos. Em condições específicas, os microrganismos são capazes de sintetizar um grande número de enzimas. Passam facilmente da síntese de uma enzima para outra e têm um ciclo de crescimento curto (de 16 a 100 h). Para a produção industrial de enzimas, são utilizadas tanto estirpes naturais como as obtidas por mutagénese, seleção e indução da biossíntese.

As enzimas podem ser sintetizadas por bactérias, fungos, leveduras, actinomicetos; os microrganismos podem ser mono ou poli-enzimas.

20.3. Seleção da estirpe e condições de cultivo

A viabilidade da utilização de microrganismos para a produção de enzimas é a seguinte:

1) As manipulações genéticas podem aumentar o nível das enzimas catabólicas em mil ou mais vezes e o nível das enzimas biossintéticas em várias centenas de vezes;

2) O crescimento de células microbianas em grande escala justifica-se em termos energéticos devido à utilização de meios pouco dispendiosos e ao rápido crescimento dos microrganismos;

3) a grande variedade de reacções de que os microrganismos são capazes, o que é especialmente verdadeiro para o metabolismo secundário;

-1) os microrganismos servem de fonte não só das enzimas encontradas nos animais e nas plantas, mas também de uma série de enzimas únicas que não se encontram noutros locais (por exemplo, celulose, tanase, hidrogenase, etc.). Entre os microrganismos, existem espécies que se desenvolvem a temperaturas extremamente elevadas (B7 -C), pelo que é potencialmente possível criar estirpes termoestáveis;

5) a capacidade dos microrganismos de se adaptarem a diferentes condições ambientais, o que permite que a cultura seja transferida para instalações de produção onde se desenvolve em substratos baratos.

A produção e aplicação industrial de enzimas baseia-se em dois factores importantes: em primeiro lugar, as enzimas são formadas em células vivas; em segundo lugar, podem exercer a sua ação específica de forma independente nas células vivas.

O isolamento inicial das estirpes baseia-se no pressuposto de que os microrganismos estão adaptados à cotiledonização de substratos abundantes nos seus habitats e, por conseguinte, produzem enzimas que reagem com esses substratos. Por esta razão, os produtores de celulase e de enzimas lignolíticas são isolados de solos florestais e os produtores de pectinase de frutos e plantas.

As enzimas de estirpes estreitamente relacionadas têm propriedades semelhantes, enquanto as de estirpes distantes podem diferir muito. O primeiro passo na produção de enzimas é selecionar o organismo que produz a enzima desejada em maior quantidade. São tidos em conta os seguintes requisitos gerais para o produtor:

- a formação obrigatória de enzimas extracelulares porque são mais fáceis de isolar;

. elevado rendimento enzimático num curto espaço de tempo;

- fácil purificação da enzima a partir do fluido de cultura;
- as estirpes não devem produzir antibióticos, substâncias tóxicas ou estar relacionadas com estirpes produtoras de toxinas.

Para induzir a supersíntese de enzimas, são utilizados vários métodos que envolvem a alteração das condições de crescimento e que conduzem a alterações na genética do organismo.

20.4. Tecnologia de cultivo de microrganismos produtores de enzimas e isolamento de enzimas

O processo tecnológico pode ser dividido em três fases: . receção de material de semente;

- desenvolvimento de uma cultura de produção por métodos de cultivo superficial ou profundo;
- isolamento de preparações enzimáticas técnicas ou purificadas a partir da cultura de produção acabada.

O método de superfície consiste na cultura de microrganismos na superfície de farelo esterilizado humedecido, espalhado em cuvetes. A incubação é efectuada numa sala especial termo-metatizada com controlo constante da temperatura, da humidade e do fornecimento de ar.

O método profundo é mais económico. Para a sua implementação, são utilizados fermentadores de aço inoxidável, equipados com dispositivos para misturar e fornecer ar esterilizado ao meio nutritivo líquido.

O mais avançado é o método de fluxo, que permite o fornecimento contínuo de meio nutriente e de materiais de semente ao fermentador, a recolha contínua de amostras de produtos biológicos e de massa microbiana. A vantagem do método é a possibilidade de manter o crescimento da cultura de microrganismos em modo automático durante um longo período de tempo (até 200 dias).

O isolamento e a purificação de enzimas a partir de culturas microbianas. - O isolamento e a purificação de enzimas a partir de culturas microbianas é um processo bastante trabalhoso e dispendioso, pelo que, se a enzima puder ser utilizada sob a forma de uma preparação em bruto, não é purificada. Na indústria, as preparações comerciais com uma pureza de apenas 0,1 % (ou seja, 99,9 % de impurezas) são amplamente utilizadas. Estas indústrias incluem as indústrias do álcool, do couro, têxtil, agrícola e química doméstica.

As preparações brutas são obtidas por secagem suave da cultura microbiana juntamente com o meio nutritivo residual. Estas preparações são obtidas quer a partir do extrato de cultura de um produtor cultivado à superfície, quer a partir do filtrado líquido de cultura de um produtor cultivado em profundidade.

A maioria das aplicações alimentares, de investigação e médicas requerem preparações enzimáticas purificadas. A fonte de extração de enzimas pode ser biomassa microbiana, extrato ou filtrado de fluido de cultura. A biomassa microbiana deve ser cuidadosamente pulverizada, até à destruição das estruturas subcelulares: lisossomas, mitocôndrias, núcleos, etc.

As preparações são depois purificadas por precipitação com solventes orgânicos, sais seguidos de diálise, cromatografia de afinidade, reprecipitação, filtração em gel, sorção, cristalização, etc.

Uma vez que as enzimas são de natureza proteica, é dada especial importância à observância de regimes que preservem a sua atividade, inactivando simultaneamente as proteínas de lastro associadas. As enzimas purificadas são armazenadas a baixa temperatura (até -80 °C). Para estabilizar as enzimas, são adicionados coenzimas e substratos às suas preparações.

As enzimas são amplamente utilizadas como catalisadores biológicos em vários domínios da atividade humana. As suas fontes podem ser animais, plantas e microorganismos. Até à data, foram identificadas mais de duas mil enzimas e várias centenas delas foram obtidas como substâncias individuais.

Os microrganismos produtores de enzimas são de particular interesse porque o seu metabolismo, e consequentemente o trabalho dos sistemas enzimáticos, é efectuado a uma intensidade muito elevada.

Se caracterizarmos a intensidade total das reacções enzimáticas na absorção de oxigénio molecular sob a forma do coeficiente *QO* (número de milímetros de oxigénio) consumido por 1 mg de biomassa seca numa hora, então para as células do fígado é igual a 2-5; rim - 1020, célula de levedura - 50-110; para as bactérias do *género Acetobacter* - 1,8 mil, *para Azotobacter* - *2* mil.

Para além da elevada intensidade do metabolismo, há que ter em conta a taxa de crescimento muito elevada da biomassa microbiana, o que permite obter, durante curtos períodos de tempo (por vezes 24-72 h), quantidades de matérias-primas para o isolamento de enzimas que não podem ser comparadas com as fornecidas pelas plantas e pelos animais.

Uma propriedade importante de muitos microrganismos é a sua capacidade de crescer em vários substratos baratos, incluindo aqueles que não têm valor nutricional (celulose, hidrocarbonetos de petróleo, metano, metanol, etc.). Alguns substratos utilizados pelos microrganismos são tóxicos para o homem e para os animais.

O conteúdo de enzimas individuais nas células dos microrganismos pode ser

muito elevado. Por exemplo, a quantidade de ribulose bifosfato carboxilase nas bactérias fototróficas atinge por vezes 40-60% de todas as proteínas solúveis.
Muitos microrganismos produzem enzimas que são libertadas em grandes quantidades no meio de cultura. Estas enzimas pertencem principalmente às hidrolases que decompõem as proteínas, o amido, a celulose, as gorduras e outras substâncias insolúveis em água.
O isolamento de preparações enzimáticas a partir de células microbianas e especialmente do meio de cultura após o seu cultivo é mais fácil e mais económico do que a partir de tecidos vegetais e animais.
Algumas enzimas encontram-se apenas em microrganismos. Estas enzimas incluem: tanase, que decompõe o digalato em ácido gálico, racemases de muitos aminoácidos, queratinases, que hidrolisam proteínas que contêm enxofre - queratinas, que fazem parte do cabelo, penas, chifres e cascos. Alguns microrganismos possuem descarboxilases específicas de aminoácidos, como a penicilinase, que decompõe a penicilina em ácido dopenicilínico e água
Uma enzima como a nitrogenase, que está envolvida na formação de amoníaco a partir de azoto molecular, só foi encontrada em bactérias capazes de fixar H_2.
Algumas bactérias são capazes de oxidar substratos inorgânicos: amoníaco, nitrito, sulfureto e outros compostos, bem como ferro divalente, o que se deve à presença de enzimas especiais. Algumas bactérias e algas sintetizam hidrogenases que catalisam a oxidação e a formação de hidrogénio molecular.
Um número significativo de bactérias é capaz de sintetizar enzimas que lhes permitem utilizar metano, metanol, aminas metiladas, monóxido de carbono e outros compostos de um carbono como substratos para o crescimento.
A capacidade das enzimas produzidas pelos microrganismos para decompor componentes plásticos, pesticidas e outros compostos tóxicos permite limpar o ambiente de uma série de poluentes.
A capacidade dos microrganismos para se desenvolverem em ambientes extremos, ou seja, a baixas e altas temperaturas, na ausência de oxigénio molecular em ambientes ácidos ou alcalinos, em concentrações elevadas de sal, é frequentemente determinada pela natureza das suas enzimas.
A levedura psicrófila *Candida gelida* tem um crescimento ótimo a 15 °C; quando aquecida a 35 °C, morre: apenas a piruvato carboxilase é irreversivelmente inactivada. Na estirpe obrigatoriamente psicrófila *Micrococcus cryophilus*, o aquecimento a curto prazo a 25 °C altera a

estrutura secundária e terciária da glutamina e da prolina-TP-NK sintetases. Como resultado, as células perdem a capacidade de ligar o ARNt ao aminoácido adequado. Algumas pseudomonadas apresentam um crescimento ativo a 3...4 °C e as suas enzimas estão activas a -5...-10 °C. Uma posição excecional entre os seres vivos é ocupada pelas bactérias termofílicas, que têm um crescimento ótimo a 60...80 °C ou mais. A possibilidade de desenvolvimento destas bactérias a altas temperaturas é condicionada pela termoestabilidade das proteínas. Por exemplo, o termófilo extremo TTzertnusaquaticus possui enolase com ação óptima a 90;C

O fungo *Malbrancheapulchella* var. *sulfúrica*, que pode crescer a 45 °C, segrega uma proteinase termoestável no meio que permanece ativa a 73 °C.

Alguns microrganismos mesófilos também produzem enzimas com elevada termoestabilidade, que apresentam uma atividade máxima a uma temperatura mais elevada do que a necessária para o crescimento.

A forma de vida dos microrganismos halófilos é invulgar; o seu crescimento é observado mesmo em soluções saturadas de Nad. As enzimas destes microrganismos requerem concentrações elevadas de sais para a sua atividade máxima. A relação das enzimas microbianas com a acidez e a alcalinidade do meio também é única em muitos casos.

A atividade amilolítica do *Asperg nger* é assegurada por duas amilases, uma das quais é estável a valores de pH muito baixos.

Em contrapartida, algumas amilases requerem condições fortemente alcalinas para a sua atividade. Por exemplo, a amilase *de Bacillus* sp. apresentou atividade máxima a pH 10,5. Bactérias da cal que crescem num ambiente alcalino (pH 9,0 e superior) e produzem enzimas com um pH elevado.

Os microrganismos anaeróbios são de grande interesse como produtores de enzimas, muitos dos quais convertem aminoácidos, purinas, pirimidinas e outros substratos por vias diferentes das conhecidas para os microrganismos aeróbios, animais e plantas.

Nos últimos anos, foi estabelecido que, entre os anaeróbios estritos, existem bactérias capazes de crescer em condições quimiolitoautotróficas. Neste caso, possuem sistemas de assimilação de dióxido de carbono que não são típicos de outros organismos, o que se deve à presença de enzimas especiais. Algumas bactérias redutoras de metano, acetato e sulfato pertencem a esses autótrofos.

A atenção dada aos anaeróbios explica-se pela possibilidade de obter etanol, butanol, metano, acetato e outros produtos úteis a partir da sua atividade durante a transformação de resíduos vegetais e outras matérias-primas baratas. O cultivo de anaeróbios elimina a necessidade de arejamento e mistura do meio nutritivo; a possibilidade de infeção causada por esterilidade insuficiente do ar é reduzida. Além disso, a utilização de microrganismos anaeróbios permite que o processo seja efectuado em grandes recipientes com um elevado volume de meios.

Uma propriedade de muitas enzimas de origem microbiana é a sua indutibilidade. Por exemplo, a síntese da ß-galactosidase em *Eschenchia coli* é induzida pela lactose e inicia-se em menos de 3 minutos após a sua introdução e, quando o indutor é removido, a síntese pára rapidamente. Por esta razão, alterando as condições de cultivo, é possível obter a formação de grandes quantidades de muitas enzimas práticas pelos microrganismos

Sabe-se que as enzimas que catalisam a mesma reação, mas obtidas de organismos diferentes, podem diferir significativamente nas suas propriedades. Um exemplo disto é a glutaminase, que efectua a desamidação da glutamina para formar glutamn-ácido novo. As glutaminases derivadas de células de *Azotobacter agilis* têm um pH ótimo = 6,0-7,0; de *Clostridium welchii*, 5,0; de *Mycobacterium tuberculosis*, 8,3. Os cloretos inibem a glutaminase de *Pseudomonas* sp. mas não afectam a sua atividade *em E. coli* e activam a glutaminase de *Cl. welchii*. As asparaginases de *E. coli* e *Alcaligenes euirophus* diferem na especificidade do substrato.

Em resumo, é de salientar que os microrganismos têm uma atividade muito elevada de reacções enzimáticas e são capazes de realizar muitos processos ausentes nos macroorganismos devido à presença de enzimas específicas.

As enzimas de função semelhante nos micro e macroorganismos podem ser diferentes nas suas propriedades e, *nos* microorganismos, necessitam por vezes de condições especiais para manifestar a sua atividade, pelo que o estudo das enzimas de diferentes microorganismos é uma tarefa muito importante.

Obtenção de produtores activos. Na maioria dos casos, os mutantes são auxotróficos num certo número de compostos, uma vez que sofreram certas perturbações metabólicas que provocaram a hipertrofia de algumas funções celulares. Normalmente, as estirpes activas identificadas a partir de fontes naturais são expostas a mutagénicos várias vezes, ou seja, é efectuada uma seleção por etapas. Como resultado, obtêm-se estirpes altamente produtivas. O efeito combinado de agentes mutagénicos de natureza química e física é frequentemente eficaz. Por exemplo, a utilização de etilenimina e radiação ultravioleta em combinação com a seleção por etapas tornou possível a obtenção de estirpes muito activas de *Asp. awamori* utilizadas como produtoras de complexos enzimáticos amilolíticos, proteolíticos e outros. A seleção de estirpes com valor industrial está também a ser realizada noutras

empresas.
Uma condição indispensável para um processo industrial corretamente organizado são as medidas de preservação dos microrganismos produtores. Existem vários métodos para preservar estirpes valiosas para a produção, assegurando a sua elevada atividade bioquímica. Nos museus de culturas vivas dos laboratórios das fábricas, as culturas são cruzadas periodicamente. No entanto, a ressemeadura em curtos intervalos de tempo pode reduzir a atividade dos microrganismos, pelo que, após o desenvolvimento da cultura num meio denso, é vertido óleo de vaselina estéril. Em muitos casos, o melhor método de armazenamento é a liofilização das culturas.
Meios nutritivos para a cultura de microrganismos. Os meios nutritivos, de acordo com o seu objetivo, dividem-se em três grupos principais: para a manutenção de produtores de estaminas no laboratório e no museu; para a obtenção de inóculo; utilizados em grandes volumes no processo de produção principal. Se o primeiro grupo de meios é selecionado com base nas necessidades fisiológicas dos microrganismos, os dois últimos devem satisfazer as exigências da indústria, ou seja, devem ser suficientemente baratos. A composição dos meios para a acumulação de uma determinada enzima pode diferir significativamente da composição dos meios utilizados para o isolamento e manutenção das culturas produtoras.
Como já foi referido, algumas enzimas de microrganismos são induzíveis e requerem a presença de um indutor no meio para a sua síntese, e o indutor pode nem sempre ser o substrato sobre o qual a enzima actua. Assim, por exemplo, se para a síntese da lipase *de Aps. niger a lipase* é favorecida pela presença de óleo vegetal no meio e de ácidos nucleicos no meio para a síntese da ribonuclease, enquanto que para o aumento da síntese da α-amilase de *Vas. potymyxa não basta a presença do substrato. Para a síntese de α-amilase de Vas. potymyxa*, a presença de amido solúvel no meio não é suficiente, sendo necessária a adição de hidrolisado de cazenne. Quando os compostos orgânicos de azoto foram substituídos por compostos inorgânicos, a enzima não foi sintetizada. A fim de reduzir o custo da produção de enzimas, são selecionadas as fontes mais baratas de matérias-primas adequadas para o cultivo de microrganismos produtores.
Na produção industrial de hidrolases, são normalmente utilizados vários resíduos que contêm substratos específicos. Assim, na produção de enzimas pectolíticas, são utilizadas matérias-primas que contêm pectina, como o bagaço de beterraba; para as enzimas celulolíticas, são utilizados palha, farelo e outros substratos que contêm celulose. No entanto, a utilização de meios com tais substratos insolúveis na indústria nem sempre é tecnologicamente

viável, e também complica a fermentação direcional durante a cultura profunda dos produtores.

A utilização de meios com compostos de carbono solúveis torna possível eliminar estas desvantagens, encurtar o tempo de fermentação e conduzir o processo ao mesmo nível. O soro de leite, um subproduto barato da produção de queijo, queijo cottage e caseína, é reconhecido como uma matéria-prima promissora para a produção de algumas exoenzimas microbianas (pectinase, celulase, etc.). A utilização de soro de leite como meio nutriente permite também a realização de um método contínuo de obtenção de uma série de exoenzimas.

Foi selecionado um meio nutritivo barato com so- loma de trigo vvidechekimuki para a produção de celulase utilizando uma estirpe termotolerante de *Asp. terreus.*

A biomassa de outros microrganismos sujeita a hidrólise ou extração pode ser utilizada na preparação de meios para a cultura industrial de produtores de enzimas

Foi desenvolvido um método de extração da biomassa de fungos produtores de pectinase e a subsequente introdução de extractos no meio nutriente, o que permite utilizar plenamente toda a biomassa obtida, reduzindo a quantidade de extrato de polpa de beterraba em 9% e intensificando a biossíntese de pectolntntnickhfermeitov. 2,4 vezes.

Foi igualmente desenvolvido um esquema tecnológico fechado para a produção de enzimas pectolíticas, que permite poliotilizar os resíduos microbiológicos de produção, reintroduzindo-os no processo tecnológico.

A procura de novos meios nutritivos que satisfaçam os requisitos da produção moderna de enzimas e possam substituir as matérias-primas iniciais (alimentos para animais e produtos alimentares) é um problema urgente da biotecnologia.

20.5. Extração e estabilização de enzimas

Os métodos de isolamento e purificação das enzimas microbianas são diferentes e são determinados em função da localização da enzima (nas células ou no meio de cultura) e do objetivo da aplicação. As preparações enzimáticas não purificadas são obtidas por secagem e trituração de micélio fúngico juntamente com substrato sólido (farelo, bolo, etc.) ou por secagem do produtor juntamente com o líquido de cultura num secador por pulverização. A atividade enzimática específica destas preparações é baixa, mas são mais baratas e suficientemente estáveis durante a armazenagem. Este método é utilizado para produzir amnlase-proteases, celulases para a agricultura e algumas indústrias.

Os xaropes são obtidos por espessamento do líquido de cultura separado da biomassa do microrganismo que contém a enzima.

Na prática laboratorial e na indústria existem vários métodos de concentração, mas apenas alguns deles podem ser utilizados para espessar soluções enzimáticas.

Na produção industrial de enzimas, juntamente com a atividade, a sua estabilidade térmica, o pH e a estabilidade são parâmetros importantes. Deve também ter-se em conta que um aumento da concentração de soluções enzimáticas brutas pode ser acompanhado por um aumento do teor de impurezas inibidoras até ao ponto crítico com decomposição simultânea e remoção de produtos estabilizadores. Mas, normalmente, a diminuição do teor de água durante o espessamento leva à diminuição da velocidade dos processos químicos e bioquímicos.

Existem vários métodos de concentração: 1) sem mudança de fase (concentração por membrana); 2) com mudança de fase (evaporação, evaporação). A concentração com membranas baseia-se no facto de a composição do líquido poder ser alterada fazendo-o passar através de uma membrana com permeabilidade selectiva. A membrana ideal deve permitir que a substância desejada passe rapidamente através da solução, mas também deve atuar como uma barreira para todos os outros componentes.

Também é possível outra variante de membrana, na qual a substância necessária é retida e todos os outros componentes são deixados passar. Na prática, são utilizadas membranas de ambos os tipos.

Para espessar os líquidos termossensíveis, é utilizada uma técnica baseada na cristalização selectiva da água em solução a um arrefecimento inferior a O ^{O}C. A essência deste método de concentração é que a água da solução espessada se transforma em cristais de gelo, aumentando assim a concentração das substâncias solúveis. A essência deste método de concentração é que a água da solução espessada se transforma em cristais de gelo, aumentando assim a concentração de substâncias solúveis. Os cristais de gelo são removidos por centrifugação ou prensagem. A operação é repetida várias vezes até se obter a concentração enzimática pretendida. Nestas condições, a perda de componentes termoestáveis da solução é completamente excluída (não há destruição térmica).

O desenvolvimento de novos métodos de concentração de fluidos biológicos não diminui a importância de uma técnica tão conhecida como a evaporação em vácuo. A abundância de modelos de evaporadores e a investigação de ponta neste domínio oferecem grandes oportunidades de utilização do processo de evaporação.

O significado físico da evaporação de soluções é separá-las em duas partes: a água removida como vapor e o concentrado enriquecido com substâncias solúveis. Na produção de enzimas, o processo de concentração de soluções aquosas sob vácuo é muito comum. Por exemplo, o espessamento do extrato aquoso do micélio de *Asp.* oryzae é efectuado desta forma para obter a preparação de proteorisina. Um grande número de preparações enzimáticas é produzido utilizando o método de concentração sob vácuo.

As preparações enzimáticas são secas em vácuo por pulverização ou congeladas. Após a secagem, a preparação, em caso de não estabilidade, deve ser misturada com um estabilizador ou com um agente de enchimento (amido, dextrinas, compostos inorgânicos neutros, talco, etc.). Em alguns casos, a enzima é estabilizada pela adição de agentes quelantes ao fluido de cultura. Assim, a protease alcalina de *Vas. subtìlis* foi estabilizada pela adição de tripolifosfato de sódio, nitrilotriacetato de sódio e etilenodiaminotetraacetato ao meio.

As enzimas são também utilizadas como proteínas homogéneas. A preparação de enzimas na forma pura é efectuada por vários métodos, dependendo das suas propriedades e aplicação. O esquema habitual para a preparação de exoenzimas pode ser o seguinte:

I. Fluido de cultura	II. Preparação de enzimas
↓ *centrifugação* Líquido sobrenadante	Solução dessalinizada
↓ *diálise*	↓ *precipitação com acetona*
Dialisato	Filtrado
↓ *evaporação por vácuo*	↓ *fracionamento em acetona*
Concentrado	Precipitado
↓ *precipitação de sais de amónio*	↓
	Solução aquosa
↓ *diálise*	↓ *filtração em gel*
Solução aquosa	Solução enzimática
↓ *filtração em gel*	↓ *secagem por vácuo*
Solução dessalinizada	III. Enzima pura
↓ *evaporação*	

Na indústria, nem sempre é necessário um elevado grau de purificação das enzimas. A purificação deve ser muito elevada se as enzimas forem utilizadas

como agentes terapêuticos.
A purificação e a separação das enzimas que formam complexos são efectuadas por meio de resinas de permuta iónica. O método de permuta iónica permite, por exemplo, a separação de enzimas do complexo pectolítico de fungos, a purificação e o isolamento de pectinesterases, poligalacturonases e pectina traszliminases.
A microencapsulação é por vezes utilizada para utilizar uma enzima como agente terapêutico. A enzima, encerrada em cápsulas especiais, chega ao órgão ou tecido onde deve mostrar a sua atividade, onde a cápsula se dissolve e a enzima entra no tecido.
Atualmente, as chamadas enzimas imobilizadas, ou seja, enzimas firmemente ligadas a vários suportes, são cada vez mais utilizadas. Para além da imobilização de enzimas altamente purificadas, o método de imobilização de células inteiras de microrganismos que possuem uma ou outra atividade enzimática é muito promissor. Neste caso, a enzima é mais estável.
O processo de purificação da enzima a partir de substâncias de lastro reduz-se à sua libertação de substâncias insolúveis, substâncias solúveis concomitantes e outras enzimas. Os processos de obtenção de preparações purificadas a partir de culturas superficiais e profundas são algo diferentes. É mais difícil obter preparações de elevado valor a partir de culturas superficiais devido à grande quantidade de substâncias de lastro. É ligeiramente mais fácil obter preparações purificadas a partir de culturas profundas, mas tem de se proceder à extração de soluções diluídas. Isto é mais difícil se a enzima for intracelular, caso em que é necessário destruir as células microbianas.
A partir do quadro 11, é evidente que o extrato da cultura de superfície ou o filtrado da cultura constitui o material de partida para a obtenção de enzimas com diferentes graus de purificação. Na primeira fase de isolamento, o resíduo do processo é a parte insolúvel do bioshrot de cultura que contém inclusões insolúveis do meio e da biomassa do produtor.
Além disso, dependendo das propriedades da enzima extraída e do lastro que a acompanha, o esquema de purificação e preparação da preparação enzimática pode incluir várias técnicas e métodos, tais como concentração, diálise, precipitação com solventes orgânicos, sais, filtração em gel, cromatografia de afinidade, imobilização,

Quadro 11

Esquema principal de preparação de preparações enzimáticas purificadas a partir de culturas de microrganismos

Fase de purificaçã	Volu me,	Prote ína	Atividade da glucosaminilase	Atividade amilolítica	Atividade transglucosi

o	ml	total, mg	total, unidades.	específica, unidades /mg de proteína	rendimento, %	grau de purificação	total, unidades.	rendimento, %	dase*
Líquido de cultura inicial	1200	13 600	28 500	2,1	100,0	1,0	9500	100	Glucose, isomaltose, panose.
Separação de biomassa, concentração, separação de lastro	560	11 100	25 600	2,3	90,0	1,1	8500	89,00	
Precipitação em acetona, dissolução em água	350	2040	19 800	9,7	69,5	4,6	1050	11,30	
Ultrafiltração	55	1610	18 200	11,3	64,0	5,4	860	9,10	
Cromatografia em DEAE-celulose	555	298	15 000	50,4	52,5	245	30,0	0,35	Não
Ultrafiltração	16	250	13 450	54,0	47,2	25,7	27,5	0,29	
Filtração em gel através de acrylex P-100	100	140	11 400	76,5	40,5	36,5	22,8	0,24	
Dessalinização, liofilização	0,1	92	7150	77,0	25,0	37,0	14,3	0,15	

* Caracterizado cromatograficamente pela presença de isossacáridos.

* Expresso em gramas.

secagem de materiais termolábeis, etc. Nesta base, vamos considerar inicialmente a produção de preparações técnicas de enzimas, e depois, sem ênfase especial no método de cultivo superficial ou profundo, métodos mais complexos de purificação e isolamento de enzimas.

20.6. Receção de preparações de hermentos em bruto

As preparações enzimáticas não purificadas são constituídas por uma cultura de microrganismos, juntamente com os resíduos do meio nutritivo, secos em condições suaves até um teor de humidade não superior a 8-12 %.

A preparação de enzima bruta pode ser obtida a partir de cultura superficial ou profunda. A cultura profunda pode ser purificada a partir da parte insolúvel (suspensão sólida de meio e biomassa do produtor)™™ antes da secagem.

Obtenção de uma cultura de superfície seca. A cultura de superfície do microrganismo tem um teor de humidade de 35 a 58 %. Trata-se de um produto pouco estável que deve ser utilizado imediatamente na produção ou seco até atingir um teor de humidade de equilíbrio (10-12 %). Antes da secagem, a cultura descarregada da câmara da fábrica é pulverizada até uma determinada dimensão de partícula e depois seca.

Os secadores de correia, de túnel, de tambor de eixo, de armário e vibratórios podem ser utilizados para a secagem de culturas de microrganismos. Normalmente, são utilizados secadores de tambor de fluxo direto. A cultura húmida entra no secador em simultâneo com um transportador de calor com uma temperatura de 80...85-C. Uma temperatura tão elevada é aceitável porque o material seco contém uma grande quantidade de humidade e, quando esta se evapora, as partículas de cultura do solo ™ não são aquecidas e a atividade das enzimas é preservada quase completamente. A maioria dos secadores de tambor tem uma palheta ou um bocal em forma de cruz no interior do tambor. O tambor roda lentamente a uma frequência de 3 a 8 min^{-1}. O material a secar é levantado, vertido e deslocado ao longo do tambor com a ajuda das pás. Há uma certa diferenciação das partículas de colheita por tamanho - as partículas maiores caem quase verticalmente para baixo e são apanhadas novamente pelas pás, enquanto as partículas mais pequenas são apanhadas pelo líquido de arrefecimento, a trajetória da sua queda é ligeiramente deslocada e movem-se mais rapidamente.

O produto é seco neste secador com um teor de humidade uniforme em toda a massa. Assim, o produto seco neste secador tem um teor de humidade uniforme em toda a massa. O tempo de permanência da parte seca no secador é de 3-7 min, a velocidade de movimento do refrigerante fornecido é de 2-3 m/s, a temperatura do ar à entrada é de 80...85 °C, à saída é de 60...65 °C, a temperatura do material seco é de 40 ^{O}C. A perda de atividade no processo de secagem é de Z-10 %.

Outro tipo de secador é o secador de correia transportadora a vapor, que é uma correia transportadora selada. Ao secar nestas unidades, a perda de atividade é maior, mas são muito compactas e têm uma capacidade elevada. No entanto, deve notar-se que as perdas podem ir até 10-20 %. Isto deve-se ao facto de não haver diferenciação das partículas de cultura por tamanho, as partículas pequenas e grandes estão no secador ao mesmo tempo, as partículas pequenas secam muito, as enzimas são inactivadas mais rapidamente, as partículas grandes são ligeiramente sub-secas, nelas as perdas de atividade são menores. Mas podem aumentar devido ao aumento da humidade durante o armazenamento.

Pode ser utilizada uma grande variedade de modelos de secadores para a secagem de culturas de superfície, em que a duração da permanência da cultura é reduzida para 5-8 minutos com uma temperatura de saída do produto não superior a 40...42 °C, minimizando assim a perda de reatividade.

A colheita seca acabada é normalmente embalada numa máquina de embalagem especial em sacos de 25-40 kg, os sacos impermeáveis são cosidos numa máquina de costura e enviados para o armazém de produtos acabados.

Purificação do líquido de cultura a partir de suspensões sólidas. A maioria dos produtores acumula a maior parte das suas enzimas sintetizadas no meio nutritivo. Para obter preparações enzimáticas purificadas, a parte insolúvel do meio, juntamente com a biomassa do produtor, é separada em filtros, centrífugas ou separadores.

Na indústria microbiológica, o filtro de vácuo de tambor celular de ação contínua com uma superfície de filtragem externa é o mais utilizado. Estes filtros têm um elevado grau de mecanização e permitem a filtragem de várias suspensões a uma velocidade constante. Os filtros de vácuo de tambor são constituídos por um tambor imerso num recipiente, no qual o líquido de cultura é continuamente alimentado. A superfície do tambor é perfurada e coberta com tecido filtrante (batiste ou tecido sintético de tipo semelhante).

Por vezes, na presença de sedimentos difíceis de separar com elevada resistividade no líquido de cultura, é utilizado um leito de sabão como superfície de filtragem. A remoção das lamas nestes filtros é efectuada com uma faca especial. Em cada rotação do tambor, uma parte do leito de sabão é removida juntamente com as lamas e a superfície do filtro é renovada. O tambor roda lentamente a uma frequência de 0,13-0,26 rpm-^{1} e passa sucessivamente pelas zonas de filtragem, secagem, lavagem das lamas,

secagem e sopro. O tambor é dividido em secções por uma cabeça de distribuição fixa constituída por várias câmaras, que estão ligadas aos reservatórios de vácuo do filtrado e da água de lavagem, respetivamente, bem como à linha de ar comprimido.
Os filtros de tambor são adequados para separar não só a biomassa do produtor, mas também os sólidos insolúveis em suspensão, que são relativamente abundantes no meio (bagaço, farelo, bolo, rebentos, etc.). As desvantagens deste tipo de filtros incluem a sua capacidade relativamente baixa, o seu volume (a relação entre a superfície específica de filtração e o volume do filtrado é pequena) e a impossibilidade de proporcionar condições assépticas.
Na indústria de fermentação, as prensas de filtro por lotes com descarga manual de lamas são utilizadas com menos frequência. Estes filtros podem produzir filtrados claros, mas funcionam periodicamente sem regeneração da superfície do filtro. Como o espaço de lamas é limitado e a camada de lamas atinge uma espessura considerável no final da filtração, a velocidade de filtração diminui apesar do aumento da pressão de funcionamento. Quando o espaço de lamas está cheio de lamas, o filtro prensa é desligado, desmontado e o pano do filtro é lavado ou mudado. A capacidade de um filtro prensa é menor do que a de um filtro de vácuo de tambor. É limitada pelo teor de lamas no líquido filtrado e pelo volume do espaço da estrutura do filtro prensa. O processo de filtragem no filtro de estrutura é efectuado sob uma pressão de 0,6-0,4 MPa. O líquido de cultura, através dos orifícios na parede da estrutura, entra na cavidade interior do elemento filtrante, a suspensão é retida nas superfícies filtrantes e o filtrado passa através do pano filtrante e flui através das ranhuras nas placas para a conduta. Normalmente, as primeiras porções de filtrado são turvas e são novamente filtradas.
As desvantagens da prensa de filtro são largamente eliminadas na construção de câmara horizontal. Esta prensa de filtro consiste num número de placas de filtro horizontais colocadas umas sobre as outras, entre as quais o pano de filtro é esticado. As placas filtrantes são colocadas entre as placas de suporte superior e inferior e o pano filtrante é esticado em rolos-guia.
O ciclo de funcionamento do filtro prensa consiste na compressão da placa, filtragem, lavagem e desidratação das lamas, deslizamento da placa e descarga das lamas ao mesmo tempo que o movimento e lavagem do pano. O funcionamento do filtro prensa FPAKM é totalmente automatizado. Estes filtros têm uma superfície de filtragem extensa (até 25 m$^{(2)\ de}$ superfície de filtragem por 8 m^2 de área de instalação). A lama é espremida sob pressão de 0,8-1,5MPa e tem uma humidade não superior a 60-70%; observa-se um

consumo de energia relativamente baixo (0,8-1 kWh por 1m de superfície de filtragem). A sua produtividade específica é 6-8 vezes superior à de outros filtros prensa (a uma concentração de fase sólida em suspensão de 4-7 g/l até 1 mil litros/(m(2) - h), as perdas de atividade não excedem 4-5 %). As unidades FPAKM são produzidas com uma superfície de filtragem de 2,5 a 50 m^2. A sua aplicação na purificação de soluções enzimáticas é muito prometedora. Este tipo de filtros é especialmente recomendado para a filtração de suspensões líquidas de culturas bacterianas.
Vários modelos de filtros de folha pertencem aos filtros pressurizados. Têm em comum a presença de elementos filtrantes planos com uma estrutura rígida. Os sedimentos podem ser removidos da superfície do filtro por vários métodos: ar comprimido, vapor, vibração, força centrífuga.
Algumas culturas bacterianas são filtradas a taxas inferiores a 30 l/(m - h) mesmo com a utilização de meios filtrantes auxiliares. Nestes casos, os separadores centrífugos são muito utilizados para separar a biomassa e remover os sólidos em suspensão. Na produção de enzimas, são utilizados clarificadores do tipo VSM, que é um contentor com um tambor no seu interior. No interior do tambor existem cilindros-insertos concêntricos. A solução a ser purificada entra no cilindro com o raio mais pequeno através de uma torneira, passando depois ao longo dos cilindros instalados, mudando sempre de direção. O líquido clarificado é retirado do cilindro por um disco de pressão pressurizado e o sedimento é lançado para a parede interior dos cilindros-insertos sob a ação da força centrífuga. A capacidade deste tipo de separadores pode atingir 2-5 mil litros/hora.
Na produção de preparados enzimáticos são utilizados vários tipos e modelos de separadores de auto-descarga. No nosso país, utilizamos separadores dos tipos ASE-3, ASI, ASE-B com descarga centrífuga pulsante de lamas, que têm uma capacidade de 500, 1500 e 2000 l/h, respetivamente, com um diâmetro de tambor de 600 mm e uma abertura de placa de 0,5 mm. As empresas científicas utilizam os chamados separadores de bicos da empresa *Alfa Laval* (Suécia) dos tipos QX e RECX com a capacidade de SZO a 200 m^3/h.
A empresa *Alfa Laval* fabrica, de facto, separadores de alta velocidade com bocal deflacionador - os chamados bactofugadores do tipo $D^3$187M (capacidade de b m^3/h) e AX-213 (capacidade até 36 m^3/h). O fator de separação, por exemplo, na bactofuga AX-213 é de 142 mil, o que permite obter um fugado quase completamente limpo de microrganismos e a suspensão mais fina, o que é muito importante.
O digestor é montado numa cama. Tem um eixo com embraiagem de fricção

e travão, engrenagem sem-fim, eixo vertical de rotor oco com bomba de alimentação. No eixo oco está montado um tambor com um conjunto de placas cónicas. A parte superior do leito, juntamente com a campânula e o dispositivo de remoção de líquidos, está envolvida numa camisa de arrefecimento, que assegura baixas temperaturas durante a separação - isto é extremamente importante, uma vez que temperaturas mais elevadas durante a separação das lamas podem levar à inativação das enzimas. A lama entra no rotor por baixo, através do eixo oco, e é distribuída pelas placas por força centrífuga. Os sólidos são direcionados para as paredes do rotor e são continuamente descarregados através da con- la com uma pequena quantidade de líquido. A maior parte do líquido é removida da bactofuga sob pressão através da saída paraxial superior. O filtrado limpo é removido continuamente.

As células microbianas e outras partículas em suspensão com uma pequena quantidade de líquido são recolhidas sob a cobertura acima do rotor e fluem pelo tubo de entrada ao longo da cobertura para o ciclone onde são desarejadas. O ar contaminado é direcionado para a parte superior da tampa do rotor, onde é novamente misturado com as células microbianas que saem através dos bicos - forma-se um ciclo fechado. O concentrado de células microbianas, separado do ar, é removido através do bocal inferior do ciclone.

Este tipo de separador apresenta grandes vantagens: precisão do processo, continuidade da carga da suspensão e da extração do filtrado, purificação do ar do produtor ou da enzima, possibilidade de funcionamento do processo a baixas temperaturas, etc. Pode afirmar-se com segurança que este tipo de separadores será utilizado com êxito na indústria enzimática no século XXI.

No entanto, deve notar-se que a eficiência da separação da biomassa depende em grande medida não só dos tipos de aparelhos utilizados, mas também da composição do meio, do tamanho das partículas separadas, da quantidade de fração insolúvel, das caraterísticas físicas e químicas dos materiais filtrantes e das condições de temperatura.

A fim de melhorar o processo de filtragem, o líquido de cultura é objeto de um tratamento químico prévio. Para este efeito, o líquido de cultura é alcalinizado a pH 8-8,5 e é introduzida uma solução de cloreto de cálcio a 0,1%, resultando na formação de gel de fosfato de cálcio, o que contribui para a separação mais completa das lamas com as menores perdas. No entanto, o pré-tratamento químico nem sempre dá bons resultados, pelo que, para aumentar a eficiência do processo, são frequentemente utilizadas várias terras de diatomáceas, como a diatomite e a radiolite (Japão), o microsil (França), a diatomite (Bélgica), o clargel (Reino Unido), etc. A utilização destes enchimentos pode aumentar drasticamente a velocidade de filtração, mas ao mesmo tempo aumenta a teriactivostyna desta fase tecnológica.

A biomassa resultante do produtor, juntamente com as partículas insolúveis do meio (bioshrot), é esterilizada, seca e utilizada como alimento para animais, se necessário. O filtrado líquido da cultura é instável, não pode ser armazenado e deve ser imediatamente enviado para processamento posterior, a fim de obter preparações enzimáticas purificadas.

20.7. Extração de enzimas de culturas de superfície

Todas as enzimas são proteínas solúveis em água, pelo que o melhor agente de extração para elas é a água. Para extrair enzimas de leveduras ou bactérias, é necessário submeter as suas paredes celulares, que têm uma elevada resistência à difusão, a uma destruição mecânica ou autolítica. Os invólucros dos filamentos miceliais têm menor resistência à difusão do que os invólucros celulares das bactérias e das leveduras, pelo que não é necessária a desintegração da cultura fúngica.

A extração de enzimas é realizada a partir de culturas de superfície húmidas e secas de fungos. As culturas secas podem ser armazenadas durante muito tempo sem perda de atividade enzimática e obtêm-se extractos mais concentrados. Tecnologicamente é mais favorável, mas durante a secagem da cultura há perdas de atividade", pelo que a extração deve ser realizada a partir da cultura húmida. Durante a extração, várias substâncias solúveis em água são extraídas da cultura com velocidade desigual, ocorre o seu fracionamento parcial, a atividade específica das enzimas no extrato aumenta 3,5-4 vezes em comparação com a cultura inicial como resultado da separação de uma grande parte das substâncias (até 75 %) com resíduo insolúvel - bnoshrot.

A exaustividade da extração de enzimas das culturas é influenciada por muitos factores: temperatura, pH, duração do processo, conceção do aparelho de extração, natureza da enzima extraída, quantidade de extrato extraído por unidade de massa de cultura carregada no aparelho, etc.

Muitos outros compostos são extraídos simultaneamente com as enzimas e, frequentemente, a taxa de extração das substâncias de lastro é superior à taxa de extração da cultura enzimática alvo.

Assim, é mais racional fazer algumas perdas da enzima e terminar a extração no valor ótimo da relação entre a atividade enzimática no extrato e a soma das substâncias extraídas. Esta questão é resolvida experimentalmente para cada espécie de produtor.

É praticamente impossível influenciar o processo de extração através da temperatura, uma vez que as enzimas são muito termolábeis e são inactivadas mesmo a 35...40 ^{O}C. Além disso, este aumento de temperatura leva a um aumento do teor de matéria seca do extrato e a uma diminuição da atividade enzimática específica por 1g de matéria seca, aumentando o risco de infeção dos extractos. Nesta base, quando se procede à extração em condições de fábrica, tenta-se suprimir o desenvolvimento da microflora através da redução máxima da temperatura da água para 22...25 ^{O}C e da utilização de anti-sépticos (formalina, benzeno, tolueno, clorofórmio, etc.). Na maioria dos casos, as enzimas são extraídas de forma mais completa a pH = 5-7.

Para obter extractos concentrados com pequenas perdas de enzimas com o biocrude, é necessário utilizar instalações de extração especiais. Até há pouco tempo, as baterias de difusão eram muito utilizadas para este fim. Estas podem produzir extractos com um teor de matéria seca de 7 a 14 %, dependendo da espécie de cultura, do meio e da quantidade de extrato extraído.

O difusor é um recipiente cilíndrico-cónico equipado com uma camisa. Coloca-se uma cultura de superfície seca ou húmida na parte cilíndrica central do aparelho e fixa-se com duas redes na parte inferior e superior. O difusor é alimentado com um extrato a partir da parte inferior, geralmente água a 22...28 °C, e o difusor é enchido completamente até ao nível do tubo de drenagem. O fornecimento de água é interrompido durante um certo período de tempo (dependendo do tipo de enzima, pode ser de 30 a 60 minutos), depois é ligado novamente e é utilizada água fresca para forçar o extrato do difusor para o difusor até este estar completamente cheio, e novamente todo o sistema é interrompido durante um certo período de tempo. Desta forma, tudo se repete até que, no último e oitavo difusor, o extrator permaneça durante mais τ_8, ou seja, se τ = 30 min, então ^ = 44(0,54-8).

Depois disso, o extrato final é recolhido. A continuidade do funcionamento da bateria é assegurada pela presença de 10 difusores no sistema. Depois de passar o primeiro ciclo de extração através de 8 difusores, o difusor n.º 1 já passou por uma extração de 8 vezes, praticamente não há enzimas na cultura, pelo que este difusor (n.º 1) é desligado para ser descarregado, é fornecida água ao difusor n.º 2, no final do processo o difusor n.º 9 é enchido com cultura fresca e o extrato é retirado do difusor n.º 9 após 30 minutos de infusão. Nesta altura, o n.º 1 é descarregado e lavado, o n.º 10 é carregado com cultura fresca, o n.º 2 é desligado para ser descarregado, é fornecida água ao n.º 3, etc. De facto, a bateria de difusão funciona em modo contínuo: cada difusor encontra-se periodicamente nos estados de cabeça, intermédio e cauda.

Mas estas unidades de extração de enzimas da cultura de superfície têm uma produtividade baixa, requerem muito trabalho manual e há uma perda

significativa de atividade.
Assim, a investigação e a procura da conceção mais perfeita para a extração de enzimas de culturas superficiais de microrganismos num modo contínuo com o mínimo de trabalho manual estão constantemente a ser levadas a cabo. Um aparelho de difusão do projeto de S. M. Grebenyuk foi testado com sucesso em empresas de fermentação do nosso país e funcionou durante algum tempo com bom desempenho. Grebenyuk. O seu extrator é constituído por uma caixa horizontal com um parafuso e uma caixa vertical com um parafuso. A cultura fresca é carregada através de um doseador; o extrator é alimentado através de uma fuga e depois passa através do invólucro vertical e para o invólucro horizontal até ao tapete de crivos, onde o extrator é retirado da cultura de superfície do cogumelo, ou seja, o fluxo do extrator está em contracorrente com a cultura de microrganismos.
Os extractores rotativos utilizados na produção de enzimas são os extractores rotativos Koppch Opp, que consistem num invólucro estacionário, no interior do qual se encontra um rotor dividido em 16-20 compartimentos, que gira em torno de um eixo vertical. Cada compartimento tem um fundo de peneira no qual é introduzida a cultura de cogumelos triturada. O rotor gira lentamente e passa sequencialmente por quatro secções, em cada uma das quais a cultura é humedecida com água ou extrato dos compartimentos anteriores, o extrato é aspirado por uma bomba de vácuo e introduzido no compartimento seguinte para humedecer a cultura fresca, onde é novamente selecionada e transferida para o terceiro compartimento, etc. No final de uma rotação do rotor, o bio-corte é descarregado e os compartimentos são novamente carregados com cultura fresca.
Atualmente, verifica-se uma tendência para recorrer mais frequentemente à prensagem-difusão, que consiste em prensar a cultura após a infusão, voltar a infundi-la com uma concentração mais baixa de enzimas no extrato resultante, voltar a prensá-la, etc. É provável que este princípio, uma vez que o aparelho tenha sido desenvolvido com sucesso, encontre uma ampla aplicação na indústria.

20.8. Concentração de soluções enzimáticas

Os extractos de microrganismos de culturas não superficiais e os filtrados de culturas profundas são instáveis durante a armazenagem. Para obter formas prontas de preparações técnicas (P2x e G2x), é necessário concentrá-las. Para este efeito, a tecnologia de preparação de enzimas utiliza, na maioria das vezes, métodos de evaporação em vácuo. A evaporação sob vácuo é utilizada como uma das etapas na preparação de preparações enzimáticas técnicas ou purificadas secas. As enzimas são muito sensíveis à temperatura de evaporação, pelo que a principal condição para a concentração de soluções enzimáticas é que o processo seja realizado brevemente a baixas temperaturas de ebulição para que o líquido evaporado não seja aquecido acima de uma determinada temperatura crítica para a enzima, ou seja, para que a enzima não seja inactivada. Deve também ter-se em conta que quanto mais pura for a solução, quanto menos contiver substâncias associadas, mais sensíveis são as enzimas a temperaturas elevadas. Nos extractos concentrados de culturas de superfície, a inativação da enzima é muito menor, porque o extrato contém um grande número de compostos protectores que impedem a inativação da enzima. A dependência da temperatura da estabilidade enzimática do extrato após a concentração por evaporação sob vácuo é semelhante ao comportamento das soluções enzimáticas com estabilizador a diferentes temperaturas de ebulição.

No processo de concentração de filtrados líquidos de culturas, a solubilidade de muitos compostos altera-se e ocorre a sua precipitação, "o teor total de matéria seca no concentrado diminui 11-20 %, o pH do concentrado altera-se. Os sais minerais, algumas substâncias orgânicas e os seus produtos de decomposição precipitam, observa-se uma perda de azoto devido ao arrastamento de amoníaco.

Quando se concentra o fluido de cultura de vários microrganismos, a composição mineral do concentrado resultante muda significativamente: por exemplo, quando se concentra o fluido de cultura de B.mesentericus.

O teor de cálcio, cobre e magnésio diminui de forma mais acentuada, o teor de zinco e manganês diminui sensivelmente. Esta alteração na composição mineral do líquido de cultura afecta a estabilidade das enzimas no processo de concentração. No caso de espessamento do líquido de cultura até 10 % do teor de " substância, a quantidade de cálcio diminui apenas 5 % e a de cobre - 75 %. Sabe-se, por exemplo, que o cobre tem um efeito inibitório sobre as enzimas, enquanto o cálcio tem um efeito estabilizador. Por esta razão, nas primeiras fases de concentração há um aumento da atividade das enzimas, especialmente das proteinases. Numa concentração mais profunda, com uma diminuição acentuada do teor de cálcio, a atividade das enzimas também diminui.

A maioria das enzimas é muito sensível ao tratamento térmico e necessita de regimes de concentração moderados. Em estudos posteriores, verificou-se que não só a temperatura de ebulição da solução concentrada tem uma grande importância, mas também a temperatura do vapor de aquecimento (refrigerante). Assim, mesmo a uma temperatura de ebulição muito baixa (25...30 "Q há uma inativação notável das enzimas (até 12%), se a temperatura do vapor de aquecimento for igual a 120"^"À temperatura do refrigerante 90 ... 100 ^"temperatura de ebulição 35 ... 40 °C a perda de atividade não excede 10%. É também de notar que quanto mais elevada for a temperatura do refrigerante, mais substâncias secas do líquido concentrado precipitam, especialmente a temperaturas de ebulição elevadas.

Dependendo da espécie do produtor, o líquido de cultura tem uma composição química diferente e contém um complexo diferente de enzimas, pelo que os regimes térmicos da evaporação em vácuo são especificados experimentalmente em cada caso específico.

A perda total de atividade durante a evaporação no vácuo depende, em grande medida, não só do modo de concentração, mas também da conceção do aparelho. Os aparelhos para a fase de evaporação no vácuo foram significativamente melhorados nos últimos anos, a duração do processo foi reduzida em dezenas de vezes, o que levou a uma redução notável da perda de atividade enzimática e também permitiu apertar ligeiramente os regimes de temperatura para a concentração de soluções enzimáticas. Para além dos evaporadores de vácuo tubulares com diferentes disposições de tubos (horizontais, verticais e inclinados), com superfície de aquecimento incorporada e remota, com utilização de circulação forçada, foram criados novos modelos de evaporadores de película, evaporadores de vácuo ultracentrífugos e evaporadores de placa. De particular interesse são os evaporadores de película rotativos, em que o líquido evaporado sob a forma de película se move ao longo da parede interior do aparelho. As lâminas montadas num rotor rotativo dirigem continuamente o seu movimento de cima para baixo. O tempo necessário para que o líquido passe através do aparelho é de alguns segundos. *A Alfa Laval* fabrica atualmente evaporadores centrífugos de vácuo. São muito compactos, o tempo de contacto da solução enzimática com a superfície de aquecimento é extremamente reduzido (não mais de 1 s), as perdas não excedem 10 %, a produtividade destas unidades é de 800 a 4800 l/h. 4800 l/h.

Foi criada uma unidade de evaporação do tipo película com uma capacidade de 800 l/h para a humidade evaporada. 800 l/h para a humidade evaporada. O tempo de contacto do líquido de cultura com o refrigerante não é superior a 1 s, a temperatura do vapor de aquecimento é de 60...80 °C. Para aumentar a produtividade, é possível montar a instalação de três módulos, cada um dos quais funciona de forma independente ou em série, ou os dois primeiros módulos funcionam em paralelo e estão ligados ao terceiro em série. Para a produção de enzimas, é interessante uma instalação centrífuga de evaporação a vácuo do tipo película com uma capacidade até 200 l/h e uma temperatura de evaporação de 30...40 ^{O}C. Os evaporadores rotativos com capacidade de humidade evaporada de 50 a 200 l/(m($^{2)}$-h) têm bons indicadores tecnológicos. A empresa francesa *APV* fabrica evaporadores a vácuo de placas com uma capacidade de até 20 mil litros/hora.

Apesar da disponibilidade de evaporadores de vácuo de alto desempenho, não é possível eliminar completamente as desvantagens do método de evaporação em vácuo (perda de atividade, precipitação, etc.), pelo que este é cada vez mais substituído pela ultrafiltração.

20.9. Métodos de membrana para purificação e concentração de enzimas

Dependendo da força motriz do processo, os métodos de membrana são classificados em difusão-diálise (a força motriz é a diferença de concentração em ambos os lados da membrana), electromembranosos - eletrodiálise (diferença de potencial elétrico), baromembranosos - osmose inversa, ultrafiltração, microfiltração (diferença de pressão).Todos estes processos são utilizados para o processamento de soluções enzimáticas, a sua escolha é determinada pelo objetivo do processamento: para purificação de impurezas de baixo peso molecular com baixa produtividade - diálise, para dessalinização em condições intensivas - eletrodiálise, para purificação profunda de impurezas por concentração simultânea - ultrafiltração, etc. Vamos considerar em pormenor a essência e as soluções técnicas de cada grupo de processos, o que torna possível escolher a variante ideal para qualquer tarefa específica.

A diálise é o primeiro processo de membranas estudado e industrializado, pois não requer aparelhos complexos e membranas especiais. A diálise consiste no facto de que, se duas soluções com concentrações diferentes de um componente forem separadas por uma membrana, inicia-se um processo natural de difusão, que atinge o equilíbrio quando as concentrações desse componente se igualam em ambos os lados da membrana. A intensidade da transferência da substância Q_c através da membrana é determinada pelo coeficiente de difusão desta substância no material da membrana. D_c e é proporcional à diferença de concentração de LS. = Esta dependência pode ser escrita sob a forma de uma comparação: $Q_{(c)\ Dc}$ - S - LS, onde S é a área da membrana.

Por conseguinte, quanto maior for a diferença entre os coeficientes de difusão de dois componentes em solução, melhor serão separados pela membrana. É evidente que as moléculas de proteínas (substâncias de elevado peso molecular), as moléculas orgânicas e inorgânicas de baixo peso molecular e os iões dos componentes que as acompanham (açúcares, aminoácidos, sais minerais, etc.) são praticamente separados pela membrana devido a grandes diferenças nos coeficientes de difusão.

Como membranas de diálise, são normalmente utilizadas películas feitas de celulose (celofane, cuprofane) e outros polímeros sintéticos. O processo é efectuado através do esquema de fluxo, quando a solução enzimática inicial é constantemente bombeada por um lado da membrana e o líquido aditivo (normalmente água) - pelo outro, ou através do esquema de semi-fluxo, quando a solução enzimática é colocada durante um certo tempo em sacos da membrana de diálise, que são constantemente lavados com água. Desta forma, a maior parte das impurezas de baixo peso molecular associadas pode ser removida e a atividade das soluções enzimáticas pode ser aumentada várias vezes.

O processo de diálise utilizado para a purificação de soluções enzimáticas apresenta uma série de desvantagens significativas. Em primeiro lugar, a diálise pode resultar na "perda" de enzima em resultado da lixiviação de iões metálicos incluídos na molécula da enzima ou de compostos que estabilizam a enzima, ou de fragmentos da própria enzima, por exemplo, o seu grupo prostético. Em segundo lugar, durante a diálise contra a água da torneira comum, pode ocorrer uma perda de atividade enzimática em resultado da passagem de iões metálicos - inibidores da enzima - da água para a solução enzimática. Deve também notar-se que, no processo de diálise em simultâneo com a purificação, há uma forte diluição da solução enzimática devido à penetração de água na solução dialisada sob a ação de forças de osmose direta. O volume da solução dialisada aumenta em cerca de 20-25 % e, tendo em conta a remoção ativa de substâncias de lastro, a diálise resulta em soluções enzimáticas muito diluídas. Assim, este método de purificação de soluções enzimáticas a partir de substâncias de lastro quase nunca é utilizado na produção moderna de enzimas. Por vezes, é utilizado na investigação laboratorial e na preparação de preparações enzimáticas altamente purificadas.

Electrodialise. Se, no processo de purificação de enzimas, a tarefa é remover impurezas electrolíticas, ou seja, iões orgânicos e minerais, a eletrodiálise é por vezes utilizada. A essência deste método de membrana é que a transferência de iões através da membrana é intensificada por meio de um campo elétrico constante, e as membranas são feitas de materiais especiais de permuta iónica baseados em polímeros sintéticos.

O potencial elétrico é fornecido ao aparelho através de dois eléctrodos colocados em câmaras de eléctrodos correspondentes. Ambas as câmaras estão separadas da câmara de dessalinização de trabalho, onde a solução inicial é alimentada, por membranas de permuta iónica, no lado do cátodo - membrana de permuta aniónica, no lado do ânodo - membrana de permuta catódica. No trabalho do aparelho, os catiões sob a ação de um campo elétrico constante são deslocados para o ânodo, encontram-se no caminho da membrana de permuta catiónica, passam através dela para a câmara do elétrodo e sob a forma de uma solução fraca de álcali são removidos do aparelho. A solução enzimática dessalinizada (dialisada) é descarregada da câmara de trabalho.

O método de eletrodiálise é sempre contínuo e mais intensivo em energia do que a diálise. Apresenta as mesmas desvantagens para o tratamento de soluções enzimáticas. Além disso, a eletrodiálise não pode ser utilizada para o isolamento de enzimas que tenham, por exemplo, uma estrutura quaternária, que é formada com a participação de iões metálicos, bem como para o isolamento de metaloenzimas, que normalmente perdem a sua atividade durante a eletrodiálise (α-amilase, ß-ra-lactosidase e outras).

Métodos de baromembranas. Estes métodos de separação de misturas líquidas são frequentemente referidos ao processo de filtração convencional, mas a semelhança é apenas externa, devido ao facto de a força motriz ser a diferença de pressão- . Na realidade, as membranas semipermeáveis são utilizadas para separar soluções verdadeiras, ou seja, sistemas homogéneos, enquanto a filtração só pode separar suspensões, ou seja, a fase sólida pode ser separada da fase líquida.

Ao mesmo tempo, considerando os métodos de membrana como filtração a nível molecular, é possível construir um espetro convencional de filtração, colocando os métodos de membrana - osmoseiofiltração inversa, ultrafiltração e microfiltração - sob a forma de uma fila e complementando-a com a filtração mecânica convencional por ordem crescente de tamanho e peso molecular das partículas retidas.

Atualmente, os métodos de baromembranas são amplamente utilizados nas indústrias alimentar, farmacêutica e química. Em particular, nenhuma produção moderna de enzimas pode prescindir da purificação por ultrafiltração e da concentração do produto.

A dissolução de uma substância num solvente só é possível quando estas têm afinidade entre si, ou seja, quando a solvatação das moléculas ou iões da substância a dissolver pelas moléculas do solvente ocorre ao nível da interação intermolecular. No caso das soluções aquosas, este processo designa-se por hidratação. Uma vez que a molécula de água é um dipolo minúsculo, a sua energia de ligação à partícula de soluto é tanto maior quanto maior for a carga que a partícula transportar. É evidente que quanto maior for a carga do ião, maior será o número de moléculas de água que se ligarão ao ião sob a forma de um invólucro hidratado de várias camadas.

É a formação de conchas de hidratos que explica o fenómeno designado por "osmose direta". Se uma solução de qualquer substância for separada por uma membrana semipermeável de um volume de solvente puro, haverá uma transferência unidirecional de moléculas de solvente (neste caso, água) para a solução, onde completarão as conchas de hidratos. Quanto maior for a concentração de soluto à esquerda, mais moléculas de água devem passar através da membrana para a solução. Esta transferência é expressa quantitativamente pela pressão osmótica ($P_{o)}$:

$$= _{R\,(o)}\,CRT,$$

em que C é a concentração mássica da substância dissolvida; *R é a* constante dos gases; *T é a* temperatura absoluta

Se a pressão osmótica ($P_{0)}$ for superior à pressão hidráulica (P_d), ocorre osmose direta; se $P_o = P_d$, a difusão através da membrana pára.

Se agora for aplicada à solução uma pressão de trabalho superior à pressão osmótica, $P_r > P_0$, inicia-se a transferência de moléculas de água da esquerda para a direita, ou seja, a desidratação da solução, a concentração da substância dissolvida e a obtenção de água pura na metade direita do recipiente. Este mecanismo é designado por osmose inversa.

A osmose inversa tem um mecanismo semelhante ao da Culgraphy A ultrafiltração é cada vez mais utilizada na tecnologia das preparações enzimáticas de ano para ano. Os dados sobre as vantagens da purificação e concentração por ultrafiltração são muito convincentes (Quadro 12).

Quadro 12

Etapas da purificação enzimática das preparações

Método de separação	Concentração de matéria seca, %		Custos de remoção de 1 m^3 de água, US$.
	Inicial	Em concentrado	
Centrifugação	1-2	10-15	0,15-0,9
Filtração em gel	3-5	diluído	6-30
Secagem com tambor	30	100	7,5
atomização	10-20	100	15
liofílico	10	100	60-90
Precipitação com álcool etílico ou sais	1-2	Diversos	1500
Ultrafiltração	1-10	10-50	0,15-0,30

Com efeito, o quadro 12 mostra que a ultrafiltração tem a capacidade de não inativar as enzimas e requer um consumo mínimo de energia

A taxa de ultrafiltração será tanto maior quanto maior for a diferença entre a

pressão hidráulica de trabalho (P'') e a pressão osmótica.
No entanto, existem ainda diferenças entre os processos de osmose inversa e ultrafiltração. Assim, na osmose inversa, a separação de substâncias de baixo peso molecular ocorre a pressões de trabalho até 0 7-14 MPa, porque a pressão osmótica P_0 nestas soluções é elevada. Na osmose inversa são utilizadas membranas com poros muito pequenos (de 1 - 10^{-4} a 2 - $10^{(-3)}$) microns). Na ultrafiltração, os compostos de elevado e baixo peso molecular são separados e o objetivo é obter um concentrado de compostos de elevado peso molecular (por exemplo, enzimas). A pressão de funcionamento neste caso é baixa (0,07 a 0,7 MPa) porque *a* P_0 é pequena. A dimensão dos poros das membranas é muito maior, de $3{,}10\text{-}^3$a $150{,}10\text{-}^3\mu$m.
O mecanismo dos processos de osmose inversa e de ultrafiltração ainda não está completamente esclarecido.
A descrição matemática do processo de separação por membranas baseia-se no modelo de fluxo viscoso através dos poros (equação de Poiseuille) e no modelo de transferência difusiva de massa (lei de Fick). Assume-se que, se a dimensão dos poros da membrana for inferior a 3 - 10^{3} µm (osmose inversa), o processo obedece à lei de Fick; se a dimensão dos poros for superior a 3 - 10^{3} µm (ultrafiltração), o processo obedece à equação de Poiseuille.
Este é o princípio de qualquer processo de baromembrana. As únicas diferenças entre eles são o tamanho dos poros da membrana utilizada e a pressão aplicada.
Uma vez que a pressão osmótica das soluções proteicas é pequena, 0,3-0,6 MPa é suficiente para o processo, e o tamanho dos poros da membrana deve ser de 10-50 nm.

20.10. Utilização de enzimas microbianas

A utilização de enzimas microbianas em vários domínios da economia nacional é muito promissora. Atualmente, as preparações enzimáticas derivadas de microrganismos são utilizadas em vários domínios da indústria, da agricultura e da medicina.
No fabrico de cerveja e de vinho, as preparações de amilase de cogumelos são utilizadas para substituir o malte. Isto torna a produção mais barata e reduz o consumo de cereais. As amilases são também utilizadas para produzir amido solúvel, dextrina e melaço. Os produtos de fruta e vegetais produzidos com amilases contêm mais açúcar e são mais bem digeridos, especialmente pelas crianças. As amilases aceleram a maturação da massa e melhoram a qualidade do pão.
Na indústria de confeitaria, a invertase de levedura (sacarose) é utilizada para converter a sacarose em glucose e frutose. Evita a cristalização da sacarose

em concentrações elevadas.

Um complexo de enzimas (citases) de fungos, que decompõem as substâncias das paredes celulares das plantas, é utilizado para melhorar a extração do seu conteúdo (sumo, óleos essenciais, gorduras, amido).

As pectinases de cogumelos são utilizadas para clarificar sumos de frutos e bagas, para aumentar o rendimento do sumo de uva em vniodelia e na produção de café. A utilização de pectinases é especialmente eficaz na produção de sumo de frutos e bagas que contêm muita pectina (groselha preta, groselha, ameixa).

A glucoamilase de cogumelos é utilizada na indústria cervejeira para remover os resíduos de dextrina da cerveja. A glucose isomerase é utilizada para produzir xaropes de glucose-frutose para substituir a sacarose, o que é importante para melhorar as dietas, uma vez que a utilização de grandes quantidades de sacarose é prejudicial para os seres humanos.

A lactase é utilizada para produzir leite sem lactose. Após este tratamento, o leite tem um nível de sabor mais elevado. Além disso, algumas pessoas não podem consumir leite porque este contém lactose, que provoca reacções alérgicas. A lactase é também utilizada para produzir açúcares (glucose, galactose) a partir de soro de leite que contém grandes quantidades de lactose.

A glucose oxidase dos cogumelos desempenha um papel importante, pois permite que os produtos alimentares se libertem dos resíduos de glucose e do oxigénio molecular, aumentando assim o seu prazo de validade. A glucose oxidase é adicionada ao ovo em pó, à maionese e à cerveja para armazenamento a longo prazo. Com a ajuda desta enzima, a oxidação do ácido ascórbico é abrandada durante a transformação de frutas e legumes. A utilização de enzimas facilita a produção de ácido glucónico.

A catalase *de Asp. niger* é utilizada na indústria alimentar para remover resíduos de peróxido de hidrogénio, um agente esterilizante na produção de concentrados alimentares, leite esterilizado e melange.

As preparações de celulase são utilizadas para sacarificação de polpa de batata, extração de amido de batatas e grãos, aumento do rendimento de ágar-ágar de algas, preparação de paeta vegetal, remoção de casca de citrinos e produção de açúcares redutores a partir de materiais vegetais. Este método de produção de açúcar pode ser mais barato do que a utilização de amido como substrato inicial.

As enzimas proteolíticas de origem microbiana substituem a renina no fabrico de queijo para produzir um coágulo. São utilizadas para amaciar a carne, acelerar a maturação do peixe durante a salga, na vinificação e no fabrico de cerveja.

As lipases são utilizadas na produção de leite gordo em pó, na queijaria para acelerar a maturação dos queijos e para lhes conferir um sabor e um aroma específicos.

Aplicação de enzimas na indústria têxtil. Na indústria têxtil, as enzimas pectolíticas de microrganismos têm sido ativamente utilizadas há muito tempo para processar a palha de linho e obter fibras a partir dela. Atualmente, o linting térmico do linho é utilizado nas fábricas de linho. Os principais microrganismos envolvidos no processo de descaroçamento são reconhecidos como anaeróbios do género, que ocorrem durante o descaroçamento, levam à destruição das substâncias pectínicas da palha de linho e à libertação da fibra de linho.

Para acelerar o processo (normalmente 2,5-3 dias) e melhorar a qualidade da fibra, a preparação enzimática pectoclostri- din GZh - líquido de cultura filtrado e seco de *Clostridium* sp. A preparação permite acelerar o processo de lóbulo 2-2,5 vezes e obter fibra com elevada resistência mecânica. As preparações amilolíticas são utilizadas para remover os adesivos dos tecidos (deslimagem). Algumas proteinases, nomeadamente a protosubtilina, são utilizadas para descolar a seda (remoção da sericina) e libertar fibras de seda constituídas por fibroína. As preparações de lipases são utilizadas para libertar as fibras de seda da gordura.

Outras aplicações industriais das enzimas. Na indústria do couro, as proteinases microbianas são utilizadas para depilar as peles e amaciar o couro. A utilização de uma preparação enzimática complexa composta por protease e lipase acelera o processo e produz lã de alta qualidade.

A utilização de enzimas microbianas na produção de detergentes está a tornar-se cada vez mais generalizada. Normalmente, as enzimas *de Vas. subtilis* que possuem atividade proteolítica, amilolítica e lipolítica; as preparações são utilizadas em combinação com tensioactivos. Os detergentes que contêm enzimas reduzem a duração da lavagem e aumentam a conservação dos tecidos, uma vez que o tratamento é efectuado a 40...60 ^{O}C (não superior).

Aplicação de enzimas na agricultura. Neste domínio, as enzimas são utilizadas nas dietas dos animais e na transformação dos alimentos para aumentar a sua digestibilidade

O método de superfície de cultivo de *Asp. oryzae* no nosso país produz a preparação amilorizina, uma cultura seca do fungo que contém "-amnlase, dextrnnazumaltase, glucoamilase e pro-teinase. Preparação de glucavamorina - cultura seca de *Asp. awamory* cultivada em farelo, contém "-amilase, dextrnnase, maltase, glucoamilase, proteinase ácida e hemicelulase. A preparação amilo-subtilina contém "-amilase-protease, enzimas líticas ß-gluconazun, que também estão incluídas na protosublitina GZh e xilavamori na GZh, contendo também hemicelulase e pectinase.

Aplicações médicas das enzimas. As enzimas microbianas são utilizadas em vários domínios da medicina como agentes terapêuticos, bem como em análises clínicas. No tratamento de processos inflamatórios e queimaduras, as preparações de proteinase são utilizadas para destruir tecidos e células necrosados, promovendo uma rápida cicatrização.

A L-asparaginase bacteriana é utilizada no tratamento de neoplasias malignas, convertendo *a L-asparagina*, necessária às células leucémicas, em ácido *L-aspártico*, o que provoca um abrandamento significativo do crescimento tumoral. As proteinases terilitina e estreptoquinase, de origem microbiana, têm propriedades trombolíticas

Na terapia de substituição, ou seja, quando a síntese de certas enzimas no corpo humano é prejudicada, são utilizadas preparações enzimáticas separadas e preparações enzimáticas complexas. Por exemplo, quando a função do pâncreas está comprometida, é utilizada uma preparação complexa contendo proteinase, amilase e lipase. Quando se perde a capacidade de sintetizar a lactase e a glucoamilase, utilizam-se também estas enzimas, obtidas a partir de microorganismos.

Em alguns casos de perturbações digestivas, são utilizados complexos enzimáticos (α-amilase, celulase, lipase e protease).

A utilização de enzimas microbianas na medicina é muito promissora e irá, sem dúvida, expandir-se, apesar de as preparações enzimáticas para fins médicos exigirem custos adicionais para a sua purificação de substâncias pirogénicas, toxinas, bem como para testar os efeitos antigénicos e a reação alérgica do organismo.

Utilização de enzimas em análises químicas. A utilização de enzimas como reagentes químicos constitui um domínio especial da bioquímica analítica e preparativa.

Os exemplos incluem a determinação da cocarboxilase no sangue pela proteinase *de Asp. niger, que* a decompõe para libertar tiamina. A quantidade de tiamina livre é utilizada para calcular a quantidade de enzima.

A galactose é determinada utilizando a galactose oxidase do fungo *Potysporus ciracmatus*. A enzima oxida a galactose, convertendo-a na lactona correspondente, com formação simultânea de peróxido de hidrogénio. Quando se adiciona peroxidase e *orto-dianisidina*, a cor da solução colorimetrizada torna-se azul.

A determinação do ácido orótico pode ser efectuada pela correspondente desidrogenase do ácido orótico do *Clostridium oroticum*. A enzima catalisa a redução do ácido orótico pelo $NADH_2$ para formar di-hidroorotato e NAD.
A hialuronidase bacteriana cliva quantitativamente o ácido gnalúrico para formar um dissacárido insaturado, formando grupos N-acetilglucosamina, que dão uma coloração vermelha quando aquecidos em álcali com para-dimetilaminobenzaldeído (importante para a colorimetria).
As proteinases bacterianas e fúngicas são utilizadas para clivar proteínas, e a clivagem pode ser fragmentária. A subtnlysin, por exemplo, cliva apenas uma ligação peptídica desta proteína quando exposta brevemente à narnboyuclease. A carboxidopeptidase de levedura cliva progressivamente as proteínas, separando um a um os aminoácidos na extremidade carboxílica ou amina.
A determinação dos B-aminoácidos (L-lisina, *L-arginina,* L-arginina, *L-oryntina*, B-ti-rosina, etc.) pode ser efectuada por meio de descarboxilases de aminoácidos específicas. As enzimas são sintetizadas por algumas bactérias (por exemplo, *Cl. welchii, Cl. séptica*) e são eficazes a valores de pH baixos. O dióxido de carbono formado durante a reação pode ser medido e quantificado.
A glutamina e a asparagina são determinadas por desaminação por *Pseudomonas* zr específicas. O amoníaco libertado é determinado por reação colorida com fenolato na presença de nitroprussiato.
Enzimas de microrganismos como a colesterol esterina oxidase para a determinação do colesterol no sangue, a álcool oxn dase para a deteção de álcool, etc., são muito promissoras. As enzimas são também utilizadas para estudar a estrutura primária de compostos de elevado peso molecular: ácidos nucleicos, proteínas, polissacáridos.
Utilização de enzimas na síntese orgânica. Uma área promissora de aplicação de enzimas microbianas é a sua utilização na síntese de vários compostos de importância prática.
Foi referido anteriormente que, com a ajuda da penicilinamidase, formada por algumas bactérias, é possível obter o ácido 6-amnopenicilânico - um substrato para a síntese de penicilinas semi-sintéticas.
O ácido L-aspártico é produzido pela aspartase *de E. coli.* São utilizadas preparações enzimáticas e células com maior permeabilidade no estado imobilizado.
Alguns outros *L-aminoácidos* de importância prática, como a tirosina e o 3,4-di-oxifenilalano, podem ser sintetizados de forma semelhante.
A utilização de aminoácidos acilases permite separar os seus *isómeros* L e *D.*

No Japão, a produção de ácido *L-maçã* a partir do ácido fumárico foi estabelecida utilizando a fumarase bacteriana. Este ácido é utilizado como substituto do ácido cítrico nas indústrias alimentar e farmacêutica.

Várias reacções de transformação que conduzem à produção de fármacos esteroidais baseiam-se na atividade enzimática de microrganismos de células não crescidas.

As enzimas microbianas também podem ser utilizadas para efetuar processos em várias fases. Por exemplo, as células de levedura imobilizadas são capazes de sintetizar glutatião a partir de glucose e fosfato, o que requer a ação sequencial de várias enzimas.

Como já foi referido, um domínio especial de aplicação das enzimas microbianas é a engenharia genética. Mesmo estes poucos exemplos permitem-nos perceber que as possibilidades de utilização de enzimas microbianas para a produção de novos compostos e para outros fins são muito diversas. É óbvio que, num futuro próximo, o volume e o número de enzimas microbianas produzidas pela indústria aumentarão significativamente.

A produção de preparações enzimáticas ocupa uma das posições de liderança na biotecnologia moderna e é uma das indústrias cujo volume de produção está em constante crescimento e cujo âmbito de aplicação está em constante expansão. Este rápido desenvolvimento deve-se ao facto de as enzimas serem biocatalisadores altamente activos e não tóxicos de origem proteica, que se encontram disseminados na natureza, e muitos processos bioquímicos não podem ser realizados sem elas.

As enzimas serviram de base para a formação e o desenvolvimento da tecnologia de preparação de enzimas como ciência, bem como para a criação da produção industrial das preparações enzimáticas mais amplamente utilizadas. A sua aplicação ajudou a alterar, intensificar e melhorar significativamente muitas tecnologias existentes e a criar outras fundamentalmente novas e altamente eficientes. A utilização de preparações enzimáticas de vários graus de purificação permitiu não só melhorar o desempenho e a produtividade de vários processos tecnológicos, mas também melhorar a produção de forragens, tornar mais direcionada e eficaz a ação dos detergentes sintéticos, melhorar a qualidade dos cosméticos, criar todo um arsenal de métodos analíticos específicos, sensíveis e precisos, estabelecer a produção de medicamentos e profilácticos para a indústria médica, etc.

Uma vantagem importante e inegável das enzimas em relação aos catalisadores químicos é o facto de funcionarem à pressão normal, a temperaturas de 20...70 °C, pH na gama de 4 a 9 e, na maioria dos casos, terem uma especificidade de substrato extremamente elevada, o que lhes permite visar apenas determinados compostos numa mistura complexa de biopolímeros. Tudo isto indica que a produção de preparações enzimáticas é uma das áreas promissoras da biotecnologia, que continuará a ser intensamente desenvolvida e expandida.

Capítulo 21

PRODUÇÃO BIOTECNOLÓGICA DE ADITIVOS ALIMENTARES

21.1. Caraterísticas gerais dos aditivos alimentares

Os aditivos alimentares são substâncias adicionadas aos géneros alimentícios para lhes conferir propriedades desejáveis, tais como o aroma (aromatizantes), a cor (corantes), o prazo de validade (conservantes), o sabor e a consistência.

A esmagadora maioria dos produtos consumidos pelos habitantes das cidades contém aditivos alimentares, que são rotulados com o código da letra "E". Quase todos os produtos que nos são oferecidos nos supermercados - pão ralado, gelados, sumos, produtos semi-acabados, um simples pão de forma - têm quase sempre a letra "E" na embalagem. A possibilidade de consumir esses alimentos depende do comprador, que, naturalmente, não está informado sobre a possível nocividade de um determinado aditivo alimentar contido nesse produto. Assim, antes de comprar qualquer coisa no supermercado, deve ter informações especiais.

Os aditivos alimentares são uma parte essencial de quase todos os alimentos de conveniência e de muitos outros produtos perecíveis e de longa duração. Os aditivos alimentares podem melhorar o sabor de um produto e prolongar o seu prazo de validade. Mas, para além de todas as qualidades positivas dos aditivos alimentares, eles são, na sua maioria, prejudiciais à nossa saúde. Em média, durante um ano, uma pessoa consome cerca de 5 kg de vários aditivos alimentares com os alimentos. Em muitos países, alguns deles são totalmente proibidos.

As seguintes substâncias são proibidas na Bielorrússia: E103, E106, Elli, E121, E123, E126, E130, E181, E216, E217, E240, E924, E924a.

Existe a ideia de que os aditivos alimentares são apenas prejudiciais para o corpo humano. Mas não se deve esquecer que muitos deles mantêm os alimentos frescos e saudáveis para consumo. Por vezes, os aditivos alimentares são simplesmente indispensáveis. De acordo com alguns cálculos, eles desempenham cerca de cinquenta funções diferentes. Podem distinguir-se onze grupos dos aditivos mais conhecidos. Estes incluem: aditivos nutricionais, ou componentes naturais dos alimentos; aditivos que preservam a frescura dos alimentos; aditivos que facilitam a transformação ou o fabrico de alimentos, bem como conservantes: condimentos, corantes, espessantes ou texturizantes, edulcorantes, enchimentos; aditivos que podem reduzir o teor calórico dos alimentos, etc. A utilização de aditivos alimentares pode ser utilizada para reduzir o teor calórico dos alimentos. Como resultado da utilização de aditivos alimentares em alguns países, foi possível eliminar completamente as doenças causadas pela falta de qualquer substância nos alimentos. Por exemplo, o bócio desenvolve-se devido à falta de iodo no corpo, o escorbuto - devido à falta de vitamina C, o raquitismo - devido à falta de vitamina D, cálcio, fósforo. Nos países desenvolvidos, elementos alimentares como as gorduras, os hidratos de carbono, as proteínas e as fibras são adicionados aos produtos alimentares para melhorar o seu valor nutricional. Isto é feito para melhorar o valor nutricional dos alimentos consumidos.

E100-E182- Agentes corantes;

E200-E200 são conservantes;

E300-E399 - antioxidantes (antioxidantes);

E400-E449 - estabilizadores de consistência;

Os E450-E499 são emulsionantes;

E500-E599 - reguladores de acidez, agentes de fermentação;

Eb00-Eb99-$_y$intensificadores de sabor e aroma;

E700-E^{800} - índices de reserva para outras informações possíveis;

E900 e seguintes são agentes antiespumantes, melhoradores de pão, etc.

Os aditivos dividem-se em naturais e sintéticos. Os aditivos naturais são produzidos apenas a partir de matérias-primas naturais, como ervas, especiarias, frutos, legumes, carne, leveduras, cascas de árvores, fungos e até pragas de insectos. No entanto, a distinção entre aditivos naturais e sintéticos é bastante arbitrária, uma vez que não diz respeito tanto à sua composição como à forma como são produzidos. Os aditivos naturais não são necessariamente mais seguros do que os artificiais. Estes contêm frequentemente mais impurezas químicas.

O método de obtenção de aditivos alimentares a partir de matérias-primas vegetais que contêm vitaminas, sais minerais e fibras vegetais pode ter uma vasta aplicação na indústria alimentar e médica. Consiste no seguinte: a matéria-prima vegetal preparada é pré-triturada, seca em determinadas condições até uma humidade não superior a 10 %, após o que a massa resultante é arrefecida com um refrigerante até que a temperatura em toda a massa atinja -80...-165 ^{O}C com a sua subsequente trituração até tamanhos de partículas de 50-600 microns, sendo depois o produto acabado embalado. Pode ser comprimido antes de ser embalado. Isto permite obter um aditivo biologicamente ativo a partir de matérias-primas alimentares tradicionalmente utilizadas, com elevada atividade biológica devido à preservação mais completa das substâncias biologicamente activas e à sua maior absorção pelo organismo. O exame de mercadorias dos aditivos alimentares é realizado na fase de fabrico e em todas as fases do seu movimento, uma das quais é a criação e análise da tecnologia de seleção e introdução de aditivos alimentares ou do seu complexo no produto, tendo em conta as peculiaridades, composição química, propriedades funcionais dos aditivos alimentares e matérias-primas, natureza da ação, tipo de produto, tecnologia, em alguns casos - embalagem e armazenamento.

21.2. Corantes alimentares naturais

Os corantes sintéticos relativamente baratos têm tido uma aplicação muito vasta na indústria alimentar. No entanto, quase não existem entre eles corantes absolutamente inofensivos. Além disso, muitos corantes importados são potencialmente perigosos enquanto agentes cancerígenos e alergénios. Para além disso, nem sempre conseguem imitar com sucesso a cor do produto natural. É por isso que, nos últimos tempos, tem sido dada cada vez mais atenção às substâncias corantes naturais. Os corantes alimentares naturais (naturais) são substâncias corantes extraídas por métodos físicos de fontes vegetais e animais. Por vezes, são modificadas quimicamente para melhorar as suas propriedades tecnológicas e de consumo. Alguns corantes são obtidos não só através da sua extração de matérias-primas naturais, mas também sinteticamente. As matérias-primas para a coloração natural dos alimentos podem ser bagas, flores, folhas, raízes, etc., incluindo sob a forma de resíduos do processamento de matérias-primas vegetais em fábricas de conservas e adegas. A tecnologia de produção de corantes naturais está constantemente a ser melhorada, o que permite aumentar a sua durabilidade e otimizar o seu preço. Os corantes naturais são geralmente extraídos de fontes naturais, sob a forma de misturas de diferentes compostos, cuja composição depende das matérias-primas e da tecnologia de produção, pelo que garantir a consistência da sua qualidade é uma tarefa muito difícil. As tonalidades e a durabilidade dos mesmos pigmentos naturais em tintas de diferentes fabricantes podem variar. As propriedades dos pigmentos naturais podem ser corrigidas e melhoradas com a ajuda de antioxidantes naturais e da tecnologia de suspensão, emulsificação e microencapsulação, cuja utilização permite alargar significativamente o âmbito de utilização dos corantes naturais. A sua produção é uma das áreas mais complexas da indústria alimentar, na qual apenas um fabricante com uma ciência aprofundada e uma base de produção altamente desenvolvida pode alcançar um elevado nível de qualidade.

O teor de corante das matérias-primas vegetais depende das condições climáticas de crescimento e do momento da colheita, mas é, em qualquer caso, relativamente pequeno (geralmente alguns por cento ou fracções de um por cento). A quantidade de outros compostos químicos - açúcares, pectinas, proteínas, substâncias, ácidos orgânicos, sais minerais, etc. - pode exceder várias vezes o teor de corante. Estas substâncias não são perigosas para a saúde e, muitas vezes, até são úteis para ela, mas a sua presença reduz a intensidade da coloração do produto acabado. Na produção de preparados corantes alimentares naturais, os subprodutos são eliminados.

A tecnologia moderna torna possível produzir preparações corantes alimentares naturais com propriedades específicas e um teor normalizado do principal agente corante. Os consumidores associam intuitivamente a aparência e a qualidade de um produto como um todo. É por esta razão que os corantes alimentares se tornaram os ingredientes mais importantes dos quais depende a "aparência do produto".

Os corantes naturais podem ser solúveis em água e em gordura, o que alarga o âmbito da sua aplicação. Além disso, muitos corantes naturais são auxiliares alimentares. Existe um grande número de corantes naturais, como por exemplo o sândalo vermelho, o quercitron, o carmim, a sépia, a madeira de campeche, etc. A árvore do Campeche cresce na América do Sul, o sândalo cresce no Sul da Ásia, a sépia é extraída do choco e o carmim é extraído da cochonilha (pequenos insectos).

As plantas são principalmente utilizadas na forma seca. A secagem não é efectuada ao sol ou no forno, mas à sombra, ao ar livre, sobre cordas ou tecidos esticados. As substâncias corantes contidas nas plantas são muito raramente encontradas em estado puro, sendo utilizados os seguintes métodos e técnicas para as obter: em primeiro lugar, as matérias-primas são pulverizadas por corte, trituração ou moagem; o grau de pulverização depende das propriedades e qualidades do próprio material, mas em qualquer caso a pulverização deve ser uniforme. O material é então sujeito a lixiviação, que consiste em ferver em água da chuva, do rio ou destilada, com um pouco de potassa ou soda adicionada à água para uma extração mais completa das cores. À medida que a água ferve, adiciona-se água fresca e assim se procede até que o material seja completamente lixiviado, ou seja, até que a água deixe de ser colorida. A decocção é então fervida para evaporar, ou seja, para obter uma cor mais espessa. Deixa-se repousar e filtra-se através de um coador com um pedaço de pano.

Se fervermos cascas de cebola secas em água, obtemos um *corante castanho* de várias tonalidades, desde quase amarelo até castanho escuro. Outra fonte é a casca seca do joster.

O corante caramelo (E150 a-d) é produzido por processamento térmico de vários tipos de substâncias açucaradas. É de cor castanha, bem solúvel em

fase aquosa, pouco sensível à luz e à temperatura.
Nos últimos anos, o desenvolvimento do mercado de gelados, iogurtes, queijo fresco e produtos lácteos fermentados levou ao aparecimento de muitos novos produtos originais. É igualmente possível variar as tonalidades do produto final alterando a dosagem do corante ou utilizando dois ou mais corantes em simultâneo. Por exemplo, para obter a cor de cal, recomenda-se a utilização simultânea do corante clorofilínio de cobre e da curcumina.
Os corantes naturais lipossolúveis são utilizados principalmente pelos produtores de esmaltes de chocolate e de chocolate. Estes corantes têm um componente de gordura na sua composição, pelo que a sua introdução nos produtos à base de gordura é muito mais avançada tecnologicamente do que a dos corantes sintéticos em pó (não são necessários misturadores de alta velocidade, etc.). A utilização de corantes naturais lipossolúveis permite ao fabricante, utilizando matérias-primas naturais, obter uma vasta gama de tonalidades para os produtos.
Assim, a produção moderna é impensável sem corantes. Mas, de acordo com as tendências do mercado, são os ingredientes naturais que são necessários atualmente. Os estudos de mercado confirmam este facto. É verdade que os volumes de produção de corantes sintéticos são ainda Z,5 vezes superiores aos dos corantes naturais. No entanto, a taxa de crescimento dos corantes naturais é superior à dos corantes sintéticos.
O corante vermelho pode ser obtido a partir do caule da erva de São João (a decocção deve ser acidificada), a raiz da erva de São João, decocção de amieiro, casca, colocada em água por alguns dias. Um belo corante pode ser extraído das raízes da azeda de cavalo, mas neste caso não se esqueça de adicionar à decocção acabada de um pouco de alúmen de alumínio, caso contrário a cor será maçante. Os tons vermelhos são representados por várias antocianinas E163, carminas E120, bem como sumo de beterraba. As tonalidades das antocianinas podem variar entre o vermelho e o vermelho-violeta. Podem ser obtidas a partir de cascas de uva, cenouras pretas, bagas de sabugueiro, etc. Os corantes são solúveis em água, estáveis à luz e ao calor, e a tonalidade depende do pH. Os corantes vermelhos de tipo flavonoide (nomeadamente as antocianinas) obtêm-se por eluição com ácido acético a 50% ou por extração com ácido clorídrico e acetato de etilo. O carmim é obtido por extração a partir de fêmeas secas e trituradas *de Coccus Saette, uma* espécie de inseto que se encontra nos cactos da América do Sul e de África. O pigmento carmim tem boa resistência à luz e a altas temperaturas. O carmim pode ser representado tanto por formas hidrossolúveis como por formas dispersas em gordura, com tonalidades de

vermelho a roxo-avermelhado.
A fonte do corante do sumo de beterraba (E162) é a beterraba *Beta vulgaris*. Os principais pigmentos contidos no sumo são a betanina e a valgaxantina. O sumo de beterraba dá aos produtos uma cor que vai do rosa ao azul bonito. A principal desvantagem do sumo de beterraba é a sua fraca estabilidade térmica. No entanto, este não é um ponto-chave para a indústria de lacticínios. O corante está disponível como um líquido solúvel em água ou como um pó.
O corante azul é extraído das raízes da énula. Para este efeito, as raízes devem ser previamente conservadas numa solução de amoníaco. Também se pode extrair tintura azul das flores de larkspur e da raiz de bird's-herb
O corante *verde* (clorofila E140) é um corante natural produzido a partir da massa verde das plantas (urtiga, espinafres) e confere tons de azeitona aos produtos. Os complexos de cobre das clorofilas, as clorofilinas (E141), são utilizados para dar aos produtos tonalidades verdes brilhantes. Das folhas do trevo (erva medicinal) extrai-se um corante verde; das folhas e dos caules do manguito obtém-se um corante cinzento-esverdeado menos brilhante, mas ainda assim muito bonito; antes de preparar uma decocção, é necessário esmagar bem as folhas e os caules.
G~ O corante é produzido por muitas plantas: erva-de-são-joão, aveleira (casca), amieiro (casca, folhas, bagas), silva (flores). O fruto da bérberis produz um corante amarelo com um tom de limão.
Os mirtilos e as bagas de gelatina, como facilmente se adivinha, contêm um *corante filo.* Não é muito estável, mas pode ser útil para aguarelas.
O *corante* laranja pode ser extraído da celandine e das folhas de celandine. Os carotenóides são obtidos por adição de éter-acético tónico e de ácido acético aos legumes, seguida de éter dietílico.
A tintura preta pode ser extraída da decocção de bagas e raízes de funcho. Mas há outra maneira mais simples: adicionar sulfato de ferro a uma das decocções obtidas anteriormente. Quase todas estas decocções contêm taninos como o tanino e, na presença de sais de ferro divalentes, tornam-se pretas.
A cor natural da carne cozinhada não é, infelizmente, muito apelativa para a maioria dos consumidores, pelo que a indústria da carne utiliza extensivamente ingredientes que corrigem a cor. A indústria da carne consome 13% dos corantes naturais produzidos a nível mundial. O corante alimentar ideal para esta indústria deve ser estável, inofensivo nas doses e condições de utilização recomendadas, não ter um efeito adverso nas propriedades do produto alimentar, não reagir com os componentes principais

e associados do produto a corar, ter um elevado poder corante, ser fácil de utilizar e ter um preço razoável.

O agente corante natural amarelo-alaranjado urucum (E160b), que pertence ao grupo dos carotenóides, é amplamente utilizado na indústria da carne. O urucum é obtido a partir das sementes da árvore de orleans *Βιχα oreUana*. É nativa da América tropical. Esta árvore tem sido cultivada há muito tempo em países tropicais para produzir um corante natural de cor laranja. O urucum possui uma mistura de carotenóides, sendo o principal deles a bixina. A bixina é lipossolúvel e o seu derivado, a norbixina, é um pigmento hidrossolúvel. O anato tem uma boa solidez ao calor e à luz. Foram desenvolvidas formas especiais do corante resistentes aos ácidos para utilização em produtos com pH ácido. A forma solúvel em água do anato (pigmento Norbic syn) tem a capacidade de formar complexos fortes com proteínas. Devido a esta capacidade, o anato é adequado para colorir invólucros e superfícies de produtos fumados. Para obter uma tonalidade vermelha ou castanho-avermelhada brilhante, é necessário adicionar 50-100 g de kraev-tel por Yul de água (a dosagem é especificada para um corante com uma concentração de pigmento de cerca de 1%). A casca deve ser imersa na solução preparada durante 2-3 horas ou mais, consoante a intensidade de cor desejada. Ao tingir produtos de carne, mergulhe-os na solução de corante dissolvida em água fria e macia durante 2-5 minutos até obter a cor desejada. Для окрашивания копченостей этот краситель иногда комбинируют с натуральным коричневым красителем карамель, пРичемизчетырехее видов в мясной промышленности используют только E150C в E150Й.Ha(и)болееподходящим для сочетания с аииатто и по оттенку, и с технологической точки зрения является E150c. Se for necessário dar à carne fumada uma cor laranja ligeiramente mais brilhante, adiciona-se um pouco de carmim ao aiatto.

Para obter uma cor amarela dourada, o urucum é misturado com o corante natural *curcumina* (curcuma) (E100). O corante natural curcumina permite a coloração amarela dos géneros alimentícios. *A curcumina* (*curcuma*) (E100) é obtida a partir do rizoma da planta *curcuma longa L., da* família do gengibre, originária da Índia. A curcumina é lipossolúvel por natureza e dispersa-se na água quando são adicionados emulsionantes. A curcumina é um forte antioxidante, melhora a digestão, normaliza a microflora intestinal, liga os radicais livres, ajuda a combater doenças relacionadas com a idade, previne o cancro, é um agente antibacteriano, promove a desintoxicação do fígado, previne cataratas e cálculos biliares, estimula a função da vesícula biliar.

Um dos corantes naturais mais utilizados na indústria alimentar é o extrato de *paprica* (E160c). O colorau é um agente corante obtido por extração do pimento doce vermelho *Capsicum appium, que* cresce na Europa e na América do Norte. A paprica contém os pigmentos carotenóides capsantina, ß-carotena e capsorubina. Dependendo do teor de pigmentos, a cor do corante pode variar entre o vermelho e o laranja. Melhora a digestão e tem propriedades anti-sépticas. Os pigmentospaprnki são lipossolúveis por natureza, mas na sua base também se obtêm corantes dispersíveis em água. Dependendo das condições de produção e da composição do colorau disperso em água, este corante pode ter um comportamento diferente quando misturado com água. As formas mais baratas de paprica dispersível em água são dispersas em água com uma mistura cuidadosa; os corantes que podem ser facilmente misturados com água têm um preço ligeiramente mais elevado. Este agente corante é mais procurado na indústria da carne e é amplamente utilizado na produção de misturas de especiarias e condimentos. O colorau é utilizado em quase todos os sectores da indústria alimentar. Um agente corante bem purificado, se a dosagem recomendada for respeitada, não confere sabores e odores estranhos perceptíveis aos produtos. As oleorresinas de paprica não são visivelmente sensíveis ao pH do meio, mas sem proteção especial, os pigmentos de paprica não são muito resistentes à luz e ao tratamento a altas temperaturas. Os antioxidantes naturais (tocoferóis, extrato de alecrim, etc.) são utilizados para aumentar a resistência da paprica à luz e ao calor. Nos produtos semi-acabados de carne, as formas solúveis em água e gordura do agente corante (contendo 1,5% de pigmento corante) são normalmente utilizadas em quantidades de 0,05 a 0,1%.

O corante natural mais frequentemente utilizado para conferir aos produtos à base de carne uma cor vermelha natural é o *carmim* (E120), um corante natural de origem animal, que é um composto complexo de ácido carmínico com cálcio e alumínio. Podem ser produzidos corantes solúveis em água e em gordura com base neste pigmento, sendo também utilizado como um composto complexo insolúvel em água e em gordura com cálcio e alumínio. O verniz de carmim tem uma tonalidade mais clara de vermelho e é facilmente misturado com produtos à base de água e de gordura. Esta forma de corante tem uma baixa capacidade de migração. O carmim provou ser um dos corantes alimentares mais estáveis: ao mesmo tempo que confere aos produtos de salsicharia e charcutaria uma cor natural e sumarenta, não é visivelmente sensível à luz, à oxidação e ao tratamento térmico. O carmim é utilizado tanto na produção de produtos crus fumados e curados como no fabrico de produtos de salsicharia sujeitos a tratamento térmico. O carmim hidrossolúvel é o único corante natural utilizado na injeção de presunto cozido e na coloração das tripas em diferentes tons de vermelho (frequentemente em combinação com o urucum). Este corante permite obter uma cor estável na produção de produtos à base de carne, regular o seu grau de coloração em função do tipo e dos desejos do consumidor e melhorar o seu aspeto

"O L (E161) é obtido por extração das pétalas da *Mangolds Azteca*, que cresce na América do Sul. A cor é 318

O corante é um extrato disperso em água, solúvel em gorduras e óleos. Confere ao produto várias tonalidades de amarelo, do limão ao dourado. A luteína é menos sensível à oxidação do que outros corantes carotenóides, é estável ao calor e à luz.

21.3. Conservantes, antioxidantes, estabilizadores alimentares, emulsionantes, intensificadores de sabor, texturizantes, edulcorantes, agentes de enchimento

Conservantes. Os conservantes mais utilizados são: *sal de mesa, álcool etílico, ácidos acético, sulfúrico, sórbico, benzoico e alguns dos seus sais*. Os conservantes podem ser divididos em conservantes propriamente ditos e substâncias com ação conservante. Os primeiros afectam diretamente as células dos microrganismos, os segundos têm um efeito negativo sobre os micróbios, principalmente através da redução do pH do meio, da atividade da água ou da concentração de oxigénio. Cada conservante tem o seu próprio espetro de ação.

A acumulação de conservantes no produto pode ocorrer não só pela sua introdução a partir do exterior, mas também devido a alterações químicas que ocorrem na matéria-prima em resultado da atividade dos microrganismos. A fermentação de couves, a decapagem de pepinos e outros legumes baseia-se na fermentação do açúcar com ácido lático, o que resulta na acumulação de ácido lático, que é um conservante natural.

À medida que a população cresce, os conservantes tornam-se cada vez mais importantes, uma vez que é muito mais fácil conseguir um aumento de 10% nos stocks de alimentos com conservantes do que com o aumento da produção agrícola.

A nisina (E234) é um antibiótico natural, um produto das bactérias do ácido lático. Inibe ativamente o crescimento de bactérias Gram-positivas formadoras de esporos resistentes ao calor e impede a formação de toxinas botulínicas. É utilizado na produção de queijo e outros produtos lácteos, vegetais enlatados, carne e peixe, bem como na vinificação, fabrico de cerveja e panificação.

O ácido **M**oLochnaya (E270) é formado no processo de fermentação do ácido lático e é amplamente utilizado como conservante no fabrico de queijo e de uma série de produtos lácteos DRU™h. O ácido muraváico e os seus derivados (E236-238) são utilizados principalmente na conservação de vegetais e na produção de refrigerantes.

Antioxidantes. Os aditivos que preservam a frescura incluem principalmente antioxidantes. São utilizados em óleos e materiais de embalagem para evitar a rancidez. São também utilizados agentes quelantes e ejectores. Estes impedem a interação entre metais e componentes alimentares, minimizando a descoloração e a perda de sabor e aroma. São utilizadas várias substâncias para evitar o escurecimento da fruta na superfície de corte

Tal como os agentes conservantes, os antioxidantes são utilizados para prolongar o prazo de validade dos alimentos, principalmente dos produtos com elevado teor de gordura. A sua ação baseia-se na inibição das reacções de oxidação dos componentes alimentares. A oxidação ocorre sob a influência do oxigénio do ar, da luz, da temperatura e dos factores tecnológicos de produção. Em primeiro lugar, os lípidos e os seus compostos, as vitaminas e outros nutrientes biologicamente importantes são oxidados, o que reduz o valor nutricional do produto. Os produtos finais da oxidação têm um efeito negativo nas propriedades organolépticas e podem ser tóxicos para o corpo humano. Por exemplo, a oxidação dos componentes lipídicos leva à formação de hidroperóxidos, que, também oxidados, formam compostos tóxicos como aldeídos, cetonas, certos ácidos gordos e numerosos produtos da sua polimerização.

Os antioxidantes naturais incluem os tocoferóis (vitamina E), o ácido ascórbico (vitamina C), as flavonas (quercetina), os ésteres de ácido gálico, etc.

Estabilizadores alimentares. Trata-se de um grupo especial de aditivos utilizados em diferentes ramos da indústria alimentar, cujo principal objetivo é formar e preservar a consistência, a textura, a forma e as qualidades de consumo dos produtos lácteos, da transformação de carne, da panificação e da confeitaria.

Existem três grupos principais de estabilizadores alimentares: as pectinas, as carrageninas e as gomas. Todos eles são derivados de substâncias naturais, embora recentemente o volume da produção mundial de alimentos tenha exigido a síntese industrial de alguns tipos de estabilizadores alimentares. Os estabilizadores alimentares não são perigosos para a saúde e constituem uma ajuda muito importante para o aumento da produção alimentar mundial. As suas matérias-primas são as maçãs, os citrinos, o trigo, o milho, as algas marinhas, etc. São utilizadas na produção de estabilizantes alimentares. resinas de diversas plantas terrestres, etc. Alguns tipos de estabilizadores são produtos de transformação microbiológica.

(A pectina é geralmente obtida por extração de citrinos ou maçãs. A sua peculiaridade como agente gelificante é a sua capacidade de formar géis em soluções aquosas apenas na presença de uma certa quantidade de açúcar e iões de ácido ou cálcio. As pectinas são utilizadas nas indústrias de confeitaria, de transformação de produtos lácteos e de transformação de carne

O outro grupo inclui três tipos de goma: goma *de guar* (E412), *goma de xantana* (E415) e *goma de alfarroba* (E410). As gomas servem como espessantes, estabilizadores, formadores de gel e agentes de revestimento de cápsulas. São amplamente utilizadas na produção de queijo fundido, gelados e produtos lácteos, conservas de frutas e vegetais, salsichas cruas fumadas, molhos, ketchups, maionese, produtos de panificação, conservas de peixe, margarinas magras e pastas para barrar. As gomas são também utilizadas em conjunto com outros espessantes e agentes gelificantes para regular o processo. Por exemplo, a goma de guar é utilizada em combinação com carragenina para produzir queijo.

A carragenina (E407) é um agente espessante natural obtido através da transformação de algas vermelhas *da* classe *Rhodophyceae*, que crescem em quase todos os oceanos do mundo, em rochas submarinas a profundidades até três metros. As carrageninas são também muito utilizadas nas indústrias alimentares acima referidas.

Emulsionantes. Substâncias capazes de formar e estabilizar uma emulsão, permitindo a criação e a conservação de uma dissociação de duas ou mais substâncias miscíveis. As gomas, as saponinas, a lecitina e outras substâncias naturais foram inicialmente utilizadas como emulsionantes. Atualmente, a lista de emulsionantes aumentou principalmente devido às preparações sintetizadas. A capacidade emulsionante deste grupo de substâncias está associada às suas propriedades tensioactivas, pelo que o termo "emulsionante" pode ser considerado como um sinónimo dos termos "agente emulsionante" e "tensioativo". O principal campo de aplicação dos emulsionantes e estabilizadores é a indústria dos óleos e gorduras. Assim, para a preparação de gorduras utilizadas na produção de padaria e confeitaria, são permitidos os emulsionantes: T-1 - mono e diglicéridos de ácidos gordos; T-2 - um produto de esterificação de poliglicerol com ácidos saturados de soro de leite (C16 e C18). São adicionados numa quantidade não superior a 2 g/kg por 1 kg de produto. Para estes compostos, a dose diária admissível

(PDD) é de 125 mg por 1 kg de peso corporal humano. Para além da sua função principal, os emulsionantes são utilizados para distribuir uniformemente na água substâncias e compostos lipossolúveis: agentes aromatizantes, óleos essenciais, extractos de especiarias, etc.

Intensificadores de sabor. Os legumes frescos, a carne, o peixe e outros produtos têm um sabor e um aroma brilhantes devido ao teor de nucleótidos que contêm. No processo de armazenamento e transformação industrial, a quantidade de nucleótidos diminui, o que é acompanhado pela perda de sabor e aroma dos produtos.

O glutamato monossódico (E621, ou sal de sódio do aminoácido glutâmico) é um aditivo alimentar destinado a melhorar as sensações gustativas, aumentando a sensibilidade dos receptores da língua. O glutamato monossódico não contém nutrientes. Quando ingerimos alimentos, estes "enganam" o nosso cérebro, levando-o a pensar que sabem bem.

Texturantes. Trata-se de vários aditivos destinados a melhorar a textura dos produtos alimentares. Os compostos de cálcio tornam as conservas de tomate mais densas e firmes. Os fosfatos melhoram o sabor das peras em conserva, tornando-as mais tenras. Os pirofosfatos melhoram a textura dos pudins instantâneos e dos produtos lácteos. Os emulsionantes conferem estabilidade às emulsões de água e óleo em molhos para saladas. São encontradas várias aplicações para substâncias como o amido, que conferem maior densidade aos produtos. Os fermentos proporcionam a textura adequada aos produtos de padaria e pastelaria.

Adoçantes. Os edulcorantes naturais, como o açúcar, são conhecidos pelo ser humano há milhares de anos. Sempre foram produzidos em grandes quantidades. No entanto, as preocupações com a redução da ingestão calórica obrigaram a uma viragem para os edulcorantes não alimentares. Atualmente, cinco destas substâncias são autorizadas nos Estados Unidos: sacarina, aspartame, acessulfame, thaumatia iglicirisii Estão também em estudo várias substâncias autorizadas noutros países. O aspartame e o acessulfame são cerca de 200 vezes mais doces do que a sacarose. Estão em curso trabalhos para desenvolver novos edulcorantes artificiais mais eficazes.

Enchimentos. A tendência para os edulcorantes não alimentares levou à procura de substâncias que possam desempenhar o papel dos açúcares em bebidas, compotas, geleias e carnes curadas. O amido gelatinizado é utilizado há séculos e atualmente são produzidos vários derivados do amido e da celulose. A polidextrose, também um dos derivados do açúcar, é utilizada.

Capítulo 22

PRODUÇÃO DE LENHINA

A presença de lenhina nas plantas está normalmente associada à presença de "tecidos condutores" de suporte (por exemplo, xilema). A lenhina é um componente importante das paredes celulares destes tecidos. Encontra-se em plantas como as plaunas, fetos, holodermes e coleópteros, mas não se encontra em plantas não vasculares como os fungos e as algas. Os musgos são uma exceção na medida em que, apesar de não terem células semelhantes ao xilema, contêm compostos semelhantes aos ligions; no entanto, existem algumas dúvidas quanto ao facto de serem verdadeiros ligions.

"A lenhina está contida nas paredes celulares não só dos tecidos condutores mas também do cerne, raízes, frutos, gomos, casca e cortiça. A lenhificação da parede celular ocorre após a deposição dos componentes polissacáridos da parede e no final do período de crescimento celular. A distribuição da lenhina na parede é desigual; normalmente, as camadas que foram depositadas primeiro são as mais ricas em lenhina. Consequentemente, a lâmina medial e a parede primária sofrem a maior lenhificação, enquanto a parede principal sofre a menor.

A lenhificação tem um duplo significado. Reforça a parede celular ao formar uma rede ramificada em toda a matriz, ancorando assim as microfibrilas de celulose com maior firmeza. Além disso, a lignina protege as microfibrilas da parede contra efeitos químicos, físicos e biológicos.

Uma propriedade importante da lenhina é a sua resistência aos microrganismos. Apenas alguns deles degradam a lenhina de forma relativamente lenta.

A lenhina é um grupo de polímeros de elevado peso molecular estreitamente relacionados, cujo principal, se não o único, bloco de construção é um resíduo de fenilcropano. Existem poucas variantes estruturais conhecidas do resíduo de fenilcropano e há muitas vias pelas quais os resíduos são unidos. Não existe uma ordem na estrutura do polímero. O processo de polimerização ocorre por condensação caótica de radicais livres. Por este motivo, a estrutura de cada molécula de lenhina pode ser única e, por isso, não é possível escrevê-la. No entanto, é possível desenhar uma estrutura parcial hipotética que reflicta os diferentes tipos de blocos de construção de fenilpropano e as suas diferentes vias de ligação.

As lenhinas das plantas monocotiledóneas, dicotiledóneas, coleópteras e agulhas são estruturalmente diferentes umas das outras. Esta diferença baseia-se na estrutura desigual dos blocos de construção do fenilpropano. Este facto é evidenciado por diferentes aldeídos aromáticos obtidos por

oxidação suave de lenhinas destas fontes com nitrobenzeno em meio alcalino. A lenhina de plantas holodérmicas produz principalmente vanilina e algum n-hidroxibenzaldeído. A lenhina de plantas dicotiledóneas dá principalmente vanilina e aldeído lilás e um pouco de *p-hidroxibenzaldeído*; a lenhina de plantas inodioláceas dá aldeído vsetri.
Há cada vez mais provas de que a lenhina está ligada covalentemente aos polissacáridos da matriz da parede celular, mas a natureza desta ligação ainda não foi estabelecida.
A lenhina é excecionalmente difícil de extrair da parede celular. Até há relativamente pouco tempo, todos os métodos de extração envolviam a utilização de produtos químicos muito agressivos a temperaturas elevadas, por exemplo, 40% de HC1, uma mistura 3:1 de 36% de HC1 e 80% de H_2SO_4, 2% de H_3RO_4 e depois amoníaco. SiO. Estas técnicas resultaram numa modificação significativa da lenhina extraída. Além disso, a natureza da modificação dependia do reagente utilizado para a extração. Uma complicação adicional foi introduzida pela auto-coideação das moléculas de lenhina, que ocorreu a temperaturas elevadas. Estas lenhinas modificadas eram normalmente designadas pelo nome do reagente de extração utilizado, por exemplo, lenhina de ácido clorídrico, lenhina de cu-proxam.
Estas dificuldades foram largamente ultrapassadas quando Browns mostrou que cerca de 5% da lenhina total da madeira podia ser extraída tratando a serradura fresca com etanol a 95% durante várias semanas à temperatura ambiente. Esta combinação de um solvente neutro, relativamente inerte e de baixa temperatura não causou quaisquer alterações estruturais apreciáveis e, por conseguinte, foi possível extrair cerca de *5%* da lenhina total da madeira tratando a serradura fresca com etanol a 95% durante várias semanas à temperatura ambiente.
A lenhina assim extraída é designada por lenhina de Browns ou lenhina nativa. A lenhina assim extraída é designada por lenhina de Browns ou lenhina nativa. O rendimento da lenhina nativa pode ser aumentado utilizando madeira afetada pela podridão castanha, como a causada pela tribo *Pona vaülanrn.* Estes fungos segregam uma mistura de enzimas que decompõem a celulose e outros polissacáridos da parede, mas não atacam a lenhina, que se torna mais acessível ao solvente de extração. Apodrecimento castanho Estes fungos são chamados de apodrecimento castanho porque a área afetada da madeira é de cor castanha. Isto distingue-os dos fungos que causam a podridão branca, que decompõem todos os componentes da madeira, incluindo a lenhina, e deixam áreas brancas apodrecidas.
A utilização da biomassa lignocelulósica baseia-se no processo da sua

conversão em substratos digeríveis, que, por sua vez, servem de matéria-prima para muitas indústrias que produzem produtos químicos, combustíveis e géneros alimentícios. Todos os componentes da biomassa, a celulose, a hemicelulose e a lenhina, devem ser utilizados de forma eficiente. A lignina protege o poliglucano da ação das enzimas, pelo que, para uma utilização bem sucedida da celulose polimérica, é necessário, em primeiro lugar, remover a hemicelulose, depois destruir o complexo de lignina": celulose e, em seguida, a estrutura cristalina da própria celulose. Estes problemas podem ser resolvidos através da aplicação de uma variedade de métodos químicos, físicos e microbiológicos.

As hemiceluloses são facilmente removidas por dissolução em ácido fraco durante o processamento inicial da biomassa. Na produção de glucose a partir da madeira, a hidrólise com uma solução de ácido fraco a alta pressão e temperatura tem sido utilizada com bastante sucesso. Este método é utilizado em vários países. A hidrólise com ácido concentrado é muito mais eficiente, mas este processo exige grandes investimentos de capital. O ácido fluorídrico é particularmente bem sucedido, e o ácido anidro pode ser regenerado. A lignocelulose também pode ser moída e depois exposta a altas doses de radiação. A lenhina obtida por estes métodos varia nas suas propriedades. As lenhinas purificadas são utilizadas na produção de colas, resinas, adesivos, tintas de impressão, para dispersão de corantes; como adsorventes, isolantes, na extração de petróleo e na aplicação de polímeros em misturas asfálticas. Após a remoção da lenhina por extração com solventes, obtém-se a celulose cristalina, que é utilizada na indústria do papel. A rentabilidade deste processo é determinada principalmente pelo custo da recuperação do solvente. Um exemplo de um processo de uma fase em condições suaves é a extração de fenol a 100 C, em que a lenhina e as hemiceluloses são dissolvidas em fenol e a pasta libertada após filtração é utilizada para o fabrico de papel. Após o arrefecimento do extrato fenólico, a hemicelulose concentra-se principalmente na fase aquosa, separando-se dos óleos e da lenhina, que podem ser utilizados para produzir novas porções de fenol por hidrocraqueamento. Assim, no que respeita às necessidades energéticas do fenol, trata-se de um processo auto-sustentado. Durante a "explosão de vapor", a ligiocelulose sofre transformações que a tornam mais sensível à hidrólise enzimática. Ao mesmo tempo, o rendimento das ligninas reactivas libertadas sob a ação de álcalis fracos também aumenta. O amoníaco líquido é utilizado para a destruição por congelação. Quando a madeira moderadamente dura é tratada por autogndrólise com base na "explosão de vapor", obtêm-se resíduos adequados para processamento posterior por micróbios (as madeiras de coníferas e tropicais, que são mais ricas em lenhina, não se prestam bem a esse tratamento).

A lenhina de hidrólise é um produto não homogéneo do processamento ácido da madeira, que consiste em lenhina propriamente dita (até 80 %), resíduos de poli e monossacáridos, ácidos orgânicos, resinas, ceras, substâncias azotadas, elementos de cinzas e ácidos minerais não eliminados durante a hidrólise da madeira.

O trabalho científico e de investigação para encontrar formas racionais de utilizar a lenhina de hidrólise é efectuado pela produção de drólise, mas a implementação de muitas propostas devido à complexidade e neo-iodicidade da composição da lenhina, à insuficiente elaboração lógica de fases individuais e à conceção de aparelhos não foi implementada. Por exemplo, foram desenvolvidas tecnologias para a utilização da lenhina de hidrólise como componente de resinas e borrachas de fenol-formaldeído, um sorvente para o tratamento de águas residuais, está a ser implementada uma tecnologia para a obtenção do medicamento poliphepan, etc. No entanto, apenas cerca de 2,7 % da lenhina hidrolisada é processada. Existem recomendações sobre a utilização da lenhina de hidrólise como combustível energético, uma vez que o baixo valor calorífico da lenhina de hidrólise pode ser uma medida eficaz para a sua utilização, mas não a razão para utilizar o seu potencial como matéria-prima orgânica natural. É possível devolver a lenhina hidrolisada ao ciclo do carbono na natureza através da compostagem microbiológica.

Existe também um número suficiente de recomendações para a utilização de lenhina hidrolisada misturada com aditivos alcalinos, como o estrume, como fertilizante. Ao mesmo tempo, existem relatórios sobre a deterioração da estrutura do solo e da composição mecânica devido à capacidade de cimentação da lenhina hidrolisada. Obviamente, a simples mistura de lenhina hidrolisada com aditivos orgânicos não é suficiente para obter um fertilizante completo.

Uma das direcções da transformação das lenhinas industriais em adubos minerais opra- mas está relacionada com a utilização de microrganismos e das suas enzimas como agentes deslenhificantes, uma vez que a decomposição da lenhina é uma das principais fases da compostagem. Devido à sua estrutura química complexa, a lenhina decompõe-se muito lentamente. A degradação da lenhina é efectuada principalmente por fungos basidiais, sobretudo fungos da podridão branca. A biodegradação da lenhina por estes fungos é um processo de várias fases que envolve enzimas do complexo lignolítico.

O problema da poluição ambiental causada pelas emissões das indústrias da pasta de papel e do papel e da indústria química da madeira é especialmente grave nas zonas onde se situam as empresas de hidrólise, a partir das quais é despejada anualmente uma enorme quantidade de lenhina de hidrólise. Estas grandes quantidades de resíduos ocupam áreas de terra consideráveis e poluem os territórios adjacentes às empresas. Por conseguinte, a principal tarefa da biotecnologia não é obter, mas utilizar a lenhina como um produto residual da produção de pasta e papel.

Capítulo 23

U TILIZAÇÃO DE PRODUTOS BIOTECNOLÓGICOS PARA A PROTECÇÃO DO AMBIENTE

A eco-biotecnologia resolve problemas ambientais como o tratamento de resíduos, a purificação da água e a eliminação da poluição.

Os microrganismos desempenham um papel importante no processo de ciclagem de contaminantes nos ecossistemas. No entanto, muitos dos compostos de baixo peso molecular (pesticidas, detergentes) e polímeros de alto peso molecular criados pelo homem revelaram-se estáveis e não são decompostos pelos microrganismos; além disso, apresentam efeitos mutagénicos, carcinogénicos e teratogénicos, pelo que a sua utilização exige o desenvolvimento de tecnologias de tratamento mais avançadas.

™Normalmente, são utilizados complexos micro ha s e instrumentação especial para a gestão de resíduos.

As substâncias estranhas (xenobióticos), que entram no organismo do homem e dos animais, sofrem várias biotransformações: oxidação, redução, hidrólise e outras transformações com a participação de sistemas enzimáticos. Na água e no solo, a biotransformação dos xenobióticos ocorre sob a influência de enzimas e microrganismos. O estudo das reacções nos solos é complicado devido à heterogeneidade do meio e à adsorção de xenobióticos, microrganismos e enzimas nas partículas e colóides do solo. Muitos xenobióticos são bastante estáveis na biosfera: por exemplo, o diclorodifeniltricloroetano (DDT) não desaparece do solo durante 3 anos, a aldrina e o clordano - 15 anos, a dieldrina - 25 anos, o heptacloro - 14 anos. Algumas substâncias formam compostos ainda mais estáveis e tóxicos durante a decomposição.

Um dos principais aspectos da ecobiotecnologia é a produção de energia amiga do ambiente. Esta é considerada como a energia obtida através da conversão da energia solar em energia eléctrica com a ajuda de colectores solares, bem como do biogás e do etanol microbiano.

23.1. Produção de biogás

O biogás é uma mistura constituída por 65% de metano, 1% de dióxido de carbono, 1% de sulfureto de hidrogénio e pequenas impurezas de azoto, oxigénio, hidrogénio e monóxido de carbono. A energia contida em $1m^3$ o de biogás é equivalente à energia de 0,6 m de gás natural, ou 0,74 litros de petróleo, ou 0,66 litros de gasóleo. A produção de biogás baseia-se no processo de fermentação do metano, ou biometanogénese, que é a transformação da biomassa em energia.

A bnometanogénese é um processo microbiológico complexo no qual a matéria orgânica é decomposta em condições anaeróbicas em metano e dióxido de carbono. Quase todos os compostos de origem natural, bem como uma parte significativa dos xenobióticos de natureza orgânica, são susceptíveis de decomposição microbiológica.

Os resíduos da criação de animais, da agricultura, os produtos deteriorados, os efluentes das fábricas de transformação de amido, os resíduos líquidos das fábricas de açúcar, os resíduos domésticos e as águas residuais municipais podem ser utilizados para produzir biogás (Fig. 15).

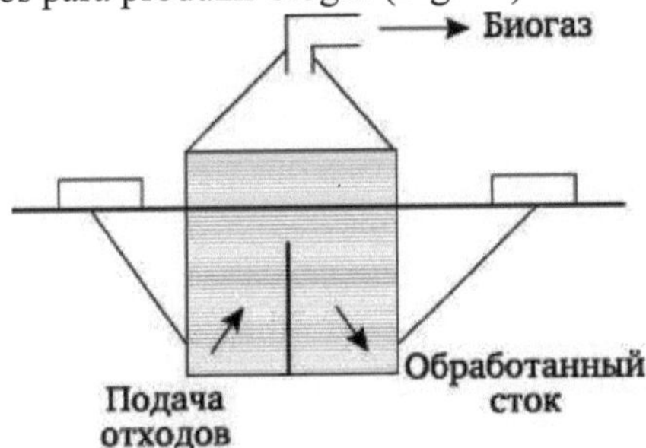

Fig. 15. Diagrama esquemático do reator para tratamento de resíduos agrícolas

O processo é efectuado a uma temperatura de 30...001 C e a valores de pH de b a 8. Na maioria das vezes são utilizados resíduos secundários (por exemplo, resíduos animais, água municipal).

A alimentação de estrume de resíduos de culturas (substrato) e a retirada de estrume gasto (efluente) é efectuada na parte de engenharia do reator. O modo de funcionamento pode ser descontínuo ou semi-contínuo. O reator tem normalmente duas (ou mais) secções para separar as fases do processo. O biogás é queimado para produzir dióxido de carbono e água, e o fertilizante natural, sapropel, permanece no reator. Este contém sais de azoto, fósforo e potássio necessários para o crescimento das plantas. A utilização de sapropel é mais conveniente do que o estrume, uma vez que este último sobrecarrega o solo.

No processo anaeróbio de biometanogénese, há três fases sucessivas que envolvem mais de 190 microrganismos diferentes. Na primeira fase, os compostos complexos com vários carbonos, como as proteínas, os lípidos e os polissacáridos, sofrem uma hidrólise enzimática. A segunda fase envolve a formação de acetato, que pode ocorrer de duas formas:

Os microrganismos *acetogénicos* assimilam o hidrogénio, o dióxido de carbono e alguns compostos de um carbono para formar acetato;

Os microrganismos do go^ceu assimilam o hidrogénio, o dióxido de carbono e alguns compostos de um só carbono para formar acetato.

Na terceira fase, forma-se o metahi. Algumas bactérias metanogênicas utilizam como substrato o formiato, o dióxido de carbono, o metanol, a metilamina e os compostos aromáticos:

$4H_2 + CO_2 \rightarrow CH_4 + 2H_2O$;
$3H_2 + CO \rightarrow CH_4 + H_2O$;
$2H_2O + CO \rightarrow CH_4 + CO_2$;
$4HCOOH \rightarrow CH_4 + 3CO_2$;
$4CH_3OH \rightarrow 3CH_4 + CO_2 + H_2O$;
$CH_3OOH \rightarrow CH_4 + CO_2$.

Dependendo da temperatura do processo, as bactérias do metano dividem-se em bactérias mesófilas e termofílicas. A temperatura óptima para as bactérias mesófilas é de 30...40 °C, para as bactérias termofílicas é de 50...60 °C. Em geral, o processo termofílico de metanogénese é mais intenso do que o mesofílico, e o substrato é descontaminado da microflora patogénica e dos helmintos.

A microflora para a metanogénese é formada principalmente pela microflora do trato gastrointestinal dos animais: *Lactobacillus acidophilus, Eubacterium aerofaciens, Methanobacterium mobile, Methanosarcina* sp., *Methanobrevibacte riumruminantium.*

As bactérias formadoras de metano convertem 90 a 95% do carbono utilizado em metano e apenas 5 a 10% em biomassa.

A bioconversão anaeróbia de resíduos orgânicos em metano é o domínio mais competitivo da bioenergia. Permite produzir biogás (a partir de matérias-primas locais) como fonte de energia local. As fontes de energia ecologicamente limpas não afectam negativamente o ambiente. As fontes de energia modernas - centrais hidroeléctricas, centrais térmicas e centrais nucleares - causam graves perturbações no ambiente. As centrais hidroeléctricas provocam a inundação de territórios, a alteração da paisagem, a morte de biocenoses. As centrais térmicas poluem a atmosfera e provocam a alienação de terras. As centrais nucleares criam uma ameaça de poluição por radiações. A combustão de petróleo e de gás provoca um aumento da concentração de dióxido de carbono, a formação de smog e, além disso, uma diminuição dos recursos de petróleo e de gás.

O biogás é amplamente utilizado na Índia, na China e no Japão. A principal vantagem do biogás é o facto de ser uma fonte de energia renovável. Na natureza, cerca de 800 milhões de toneladas de metano são produzidas anualmente como resultado da atividade bacteriana e aproximadamente a mesma quantidade é produzida pelos seres humanos.

23.2. Produção de bioetanol

Desde 1975, a produção de etanol alimentar tem-se mantido constante, enquanto a produção de etanol combustível aumentou 10 vezes.

O etanol pode ser utilizado como combustível autónomo™ numa mistura de 10 a 26% com gasolina (denominada "gasohol" nos EUA), ou numa mistura de 3% com gasóleo. Estas misturas podem ser utilizadas sem modificação da conceção do motor de combustão interna.

O álcool é utilizado como fonte de energia no Brasil, nos EUA e nos países da UE, ou seja, em zonas de défice energético. Para além disso, é amplamente utilizado na indústria química como solvente, extrator e anticongelante.

O etanol é produzido principalmente através da digestão de açúcares de plantas.

A produção de álcool a partir da cana-de-açúcar (Brasil, EUA) é o maior produtor mundial. A cana-de-açúcar é cuidadosamente esmagada, o sumo é concentrado e fermentado. A segunda é a produção de álcool a partir da mandioca, uma planta rica em amido que pode crescer em solos pobres.

Pensou-se que a solução biotecnológica brasileira para o problema dos combustíveis seria a mais adequada, mas verificou-se que as melhores terras aráveis foram plantadas com cana-de-açúcar, sendo necessários cerca de 13.000 metros para um carro, contra 0,8.000 metros por ano para uma pessoa, ou seja, um carro tira a comida a 18 habitantes. Além disso, os efluentes das destilarias poluem os corpos d'água e perturbam o equilíbrio ecológico.

Para além da cana-de-açúcar e da mandioca, a cana-de-açúcar, o topinambour, o ananás, a beterraba sacarina e o sorgo sacarino são utilizados para a produção de álcool.

Ao processar matérias-primas que contêm amido, estas têm de ser pré-digeridas e tratadas com enzimas para converter o amido e outros polissacáridos em açúcares microbianos digeríveis.

O melaço - o resíduo da produção de açúcar de beterraba sacarina - e o soro de leite da produção de queijo também podem ser utilizados para produzir álcool.

A produção de álcool a partir da cana-de-açúcar é economicamente injustificada (Brasil), a partir do milho (EUA) - subsidiada pelo Estado para manter o preço do etanol inferior ao dos produtos petrolíferos. Noutras regiões, o custo do bioetanol é ainda mais elevado porque o custo da matéria-prima é mais elevado. A redução do custo do etanol pode ser conseguida substituindo a matéria-prima ou alterando radicalmente a tecnologia de fermentação.

Na substituição da matéria-prima, em vez de grãos de cereais, é utilizada a biomassa de plantas inteiras, tanto herbáceas como arbóreas, e os resíduos sólidos urbanos de atakkhe, ou seja, o lixo, para a conversão em etanol.

A lignocelulose (madeira) é constituída por três polímeros: celulose, hemicelulose e lignina. Através de hidrólise química ou enzimática, estes polímeros são divididos em monómeros, seguindo-se a fermentação dos açúcares em etanol. Apesar de a hidrólise ser incompleta (devido à complexidade da estrutura química das moléculas do polímero), o processo é economicamente favorável.

Além disso, foram encontradas espécies de leveduras capazes de digerir o álcool não só hexose (glucose) mas também xilose. A utilização de tais leveduras leva a uma utilização mais completa dos açúcares e, consequentemente, o rendimento do álcool é aumentado e o seu custo de produção é reduzido.

Os hidrolisados de madeira e os licores de sulfito (um produto residual da produção de pasta e papel) são utilizados para produzir álcoois técnicos na Rússia.

23.3. Tratamento de águas residuais

O problema mais importante da biotecnologia ecológica é o tratamento de águas residuais. A procura de água devido ao crescimento das cidades, ao rápido desenvolvimento da indústria e à intensificação da agricultura é enorme. O consumo anual de água no globo para todos os tipos de abastecimento de água é de 3300 a 3500 km^3, sendo a agricultura responsável por 70% do consumo total de água. As indústrias química, da pasta de papel e do papel, da energia, da metalurgia dos metais ferrosos e coloridos *e as* necessidades domésticas da população também exigem quantidades significativas de água. A maior parte desta água, após a sua utilização, é devolvida aos rios e lagos sob a forma de águas residuais.

Na fase atual, destacam-se as seguintes orientações para o consumo racional dos recursos hídricos: utilização mais completa e expansão da reprodução dos recursos de água doce; desenvolvimento de novos processos biotecnológicos para evitar a poluição das massas de água e minimizar a utilização de água doce.

A poluição das águas superficiais e do subsolo pode ser dividida em vários tipos: mecânica, acompanhada de um aumento no conteúdo de impurezas mecânicas e refere-se principalmente a tipos de poluição superficial; química, devido à presença na água de substâncias orgânicas e inorgânicas de ação tóxica e não tóxica; biológico, associado à presença na água de uma variedade de microorganismos patogênicos, fungos e algas; radioativo;

térmico. As principais fontes de poluição e contaminação das massas de água são as águas residuais insuficientemente limpas das empresas industriais e municipais, os grandes complexos pecuários, os resíduos de produção provenientes da exploração de minérios (água das minas, minas); as descargas de água e o transporte de ferro e minério de ferro; os pesticidas, etc. Os poluentes, ao entrarem nas massas de água naturais, alteram naturalmente a sua composição.

As águas residuais das fábricas de soda, sulfato, azoto e tuk, das fábricas de processamento de chumbo, zinco e níquel que contêm ácidos, álcalis, iões de metais pesados alteram as propriedades físicas da água (aparecimento de odores e sabores desagradáveis, etc.). As águas residuais das refinarias de petróleo, das instalações petroquímicas, das empresas de síntese orgânica contêm vários produtos petrolíferos, amoníaco, aldeídos, resinas, fenóis e outras substâncias nocivas. Como resultado de processos oxidativos, o teor de oxigénio na água diminui e os seus parâmetros orgânicos deterioram-se.

O petróleo e os produtos petrolíferos são os principais poluentes das massas de água interiores, das águas e dos mares do Oceano Mundial e criam diferentes formas de poluição: película de óleo a flutuar na água e fracções pesadas no fundo das massas de água. A água adquire propriedades tóxicas e constitui uma ameaça para todos os seres vivos: 12 g de petróleo tornam inutilizável uma tonelada de água. Um poluente nocivo das águas industriais é o fenol, contido nas águas residuais de muitas instalações petroquímicas. As águas residuais da indústria da pasta de papel e do papel têm um efeito prejudicial para a vida dos habitantes das massas de água. A oxidação da polpa de madeira é acompanhada pela absorção de uma quantidade significativa de oxigénio, o que leva à morte de ovos, alevins e peixes adultos. As águas residuais com elevada radioatividade (100 curies por 1 litro ou mais) devem ser enterradas em bacias subterrâneas sem drenagem e em reservatórios especiais.

Os detergentes sintéticos amplamente utilizados no sector doméstico, industrial e agrícola poluem consideravelmente as massas de água, paralisando as bactérias. Os pesticidas, ao entrarem nas massas de água, acumulam-se no plâncton, nos bentos, nos peixes e, através da cadeia alimentar, entram no corpo humano, actuando negativamente nos órgãos individuais e no corpo como um todo. As águas residuais que contêm resíduos das indústrias de curtumes, pasta de papel e papel, açúcar e cervejas, carne e lacticínios, conservas e confeitaria causam poluição orgânica das massas de água. As águas residuais aquecidas das centrais térmicas causam poluição térmica, o que altera drasticamente o regime térmico e afecta negativamente a flora e a fauna das massas de água. Surgem condições favoráveis ao desenvolvimento maciço de algas azuis-verdes nas albufeiras (a chamada floração da água).

A aplicação de um ou outro método de purificação da água - mecânico, químico, físico-químico e biológico - em cada caso específico é determinada pela natureza e pelo grau de nocividade das impurezas.

A essência destes métodos é que as impurezas mecânicas são removidas das águas residuais por sedimentação e filtração. Dependendo do tamanho, as partículas grossas são capturadas por grelhas, crivos, armadilhas de areia, armadilhas de estrume, armadilhas de óleo, etc. O tratamento mecânico permite extrair até 60-75 % das impurezas insolúveis das águas residuais domésticas e até 95 % das águas residuais industriais, muitas das quais são utilizadas na produção.

Os métodos químicos estão relacionados com o facto de serem adicionados vários reagentes químicos às águas residuais, que reagem com os poluentes e os precipitam sob a forma de precipitados insolúveis. O tratamento químico reduz a quantidade de impurezas insolúveis até 95 por cento, apaçTB0pHMMx-fl0 25 por cento.

Os métodos *físicos* são utilizados para a eliminação das impurezas inorgânicas finas "dissolvidas" e para a destruição das substâncias orgânicas e pouco oxidadas. Incluem a eletrólise, a oxidação, a sorção, a extração, a cromatografia de permuta iónica, o ultrassom, a alta pressão e o hidrogénio.

Os métodos biológicos baseiam-se na utilização de regularidades bioquímicas e fisiológicas, na auto-purificação de rios e outras massas de água. Para o tratamento de águas residuais são utilizados biofiltros, lagoas biológicas e tanques de arejamento.

Nos biofiltros, as águas residuais passam através de camadas de material de grão grosso cobertas por uma fina película de bactérias, o que permite a realização de processos de oxidação biológica intensivos. Nas lagoas biológicas, todos os organismos que habitam a massa de água participam no tratamento das águas residuais.

Os aerotanques são enormes tanques feitos de betão armado onde o tratamento é efectuado com a ajuda de lamas activas constituídas por bactérias e animais microscópicos que crescem rapidamente nestas instalações, o que é facilitado pelas substâncias orgânicas das águas residuais e pelo excesso de oxigénio fornecido pelo fluxo de ar. As bactérias, unidas em flocos, libertam enzimas no meio, destruindo os contaminantes orgânicos. As lamas com flocos sedimentam-se, separando-se da água tratadaInfusórios, flagelados, amebas, rotíferos e outros pequenos animais que devoram as bactérias que não estão coladas em flocos, rejuvenescendo assim a massa bacteriana das lamas. As águas residuais são primeiro submetidas a um tratamento mecânico e depois a um tratamento químico para eliminar as bactérias causadoras de doenças através da cloração com cloro líquido ou lixívia. Os ultra-sons, a ozonização, a eletrólise e outros métodos são também utilizados para a desinfeção.

O método biológico dá resultados significativos no tratamento de águas residuais municipais e domésticas, bem como de resíduos da refinação de petróleo, da indústria da pasta e do papel e da produção de fibras artificiais.

Lista de literatura

Antibióticos/P.N.Kashkin[et al].L.,1970.
Artamonov, V. I. Fisiologia divertida das plantas / V. I. Artamonov. M., 1991.
Bezborodov, A. M. Bases bioquímicas da síntese microbiológica /. A.MBezborodov.M., 1984.
Bezborodov, A. M. Enzimas de microorganismos e sua aplicação / A. M. Bezborodov // Biotecnologia / editado por A. A. Babaev. M., 1984.
Becker, M. E. Biotecnologia / M. E. Becker, G. K. Liepinen, E. P. Raipoulis. M., 1990.
Biotecnologia / editado por A. A. Babaev. M., 1984
Biotecnologia vegetal: cultura de células / A. D. Golovleva [et al].
Biotecnologia para a agricultura / A.G. Lobanok [et al]. Minsk, 1988.
Biotecnologia de plantas agrícolas / E. V. Levashov [et al]. M., 1987.
v_{ul}0akov, A. Aditivos alimentares: um livro de referência / A. Buldakov. SPb., 1996.
Varfolomeev, S.D. Biotecnologia da conversão de energia solar. Estado moderno, problemas, perspectivas / S.D. Varfolomeev, E.S. Panz - Biotecnologia / ed. por A.A. Babaev. M.,1984.
Varfolomeev, S. D. Biotecnologia / S. D. Varfolomeev, S. V. Kalyuzhny. M., 1990.
Viestur, U. E. Biotecnologia: agentes biológicos, tecnologia, aparelhos / U. E. Viestur, I. A. Shmita, A. V. Zhilevich. Riga, 1987.
Woodworth, M. Métodos de cultura de células / M. Woodworth. Л., 1988.
Hemicelulases / M. C. Dudkin [et al.] Riga, 1991.
Glick, B. Tecnologia molecular. Princípios e aplicações / B. Glick, J. Pasternak.M., 2002.
Golubovskaya, E. K. Bases biológicas da purificação da água / E. K. GolubovskayaM.1978.
Gracheva, I. M. Tecnologia de preparações de proteínas microbianas de amioácidos e bioenergia / I. M. Gracheva, L. A. Ivanova, V. M. Cantere. M., 1992.
Gracheva, I. M. Tecnologia de preparações de proteínas microbianas, aminoácidos e gorduras / I. M. Gracheva, H. M. Gavrilova, L. A. Ivanova. M., 1980.
Gracheva, I. M. Tecnologia de preparações enzimáticas / I.M. Gracheva, A.Yu.Krivova.Z-e-eizd.M., 2000.
Egorov, N. S. Fundamentos da doutrina dos antibióticos / N. S. Egorov. M., 1986.
Blinov, H. P. Fundamentos da Biotecnologia / H. P. Blinov. São Petersburgo, 1995.
Blinov, *N. P.* Microbiologia química / N. P. Blinov. M., 1989
Células e enzimas imobilizadas. Methods / ed. por J. Woodworth-ta-m.-19!(8)-.
Enzimas imobilizadas / I.V. Berezin [et al]. M., 1987.
Enzimologia de engenharia / IV. Berezin [et al.] M., 1987.
Kkazanskaya, *N. F.* Fermeites e preparações proteicas em medicina / H F. Kazanskaya, N. I. Larionova, V. P. Torchilin // Biotecnologia / ed. por A. A. Babaev M., 1984
Karavaiko, G. I. Biogeotecnologia de metais / G. I. Karavaiko // Biotecnologia / ed.

por A. A. Babaev. M., 1984.

Kvesitadze, G. I. Introdução à biotecnologia / G. I. Kvesitadze, A. M. Me. Bez-borodov. M., 2002.

Kvesitadze, G. I. Fungal and bacterial amylases / G. I. Kvesitadze.
Tbilisi, 1984.

Kefeli, V. I. Biotecnologia: um curso de palestras / V. I. Kefeli, G. A. Dmitrieva.Puschnio, 1989.

A. A. Aplicação de enzimas imobilizadas na indústria alimentar / A. A. Klesov // Biotecnologia / ed. por A. A. Babaev. M., 1984. *Martinek, K.* Enzimas imobilizadas / K. Martinek // Biotecnologia / editado por A.A.Babaev.M., 1984.

Produção microbiológica de substâncias e preparações biologicamente activas / editado por N. S. Egorov, V. D. Samuilov. M., 1987.

Biologia molecular da célula : em 3 vols. / B. Albert [et al.] M., 1994. T. 1.

Nechaev, A. P. Aditivos alimentares / A. P. Nechaev, A. A. Kochetkova, A. N. Zaitsev [(2002])-.

Pechurkin, N. S. Population aspects of biotechnology / N. S. Pechurkin, A. V. Brilkov, T. V. Marchenkova. Novosibirsk, 1990.

Piruzyan L. A. A. A microflora saprotrófica como produtora de substâncias biologicamente activas para fins de saprotrofia microbiana e farmacoterapia / L. A. Piruzyan, E. M. Mihailovskii. Mikhailovskii // Izv. RAS. Ser. biol. 1992. № 6. [(c])-
"[(6])- -

Produção de substâncias proteicas / V. A. Bykov[et al]. M.,1987

Microbiologia industrial / ed. por N. S. Egorov M., 1989.

Renneberg, R. Da padaria à biofábrica / R. Renneberg, I. Renneberg. M., 1991.

Rychkov, R. *S.* Biotecnologia: perspectivas de desenvolvimento / R. S. Rychkov, V. G. Po-pov // Biotecnologia / editado por A. A. Babaev.M., 1984.

Savitskaya, E. I. Biologia dos nossos dias / E. I. Savitskaya. M., 1987. Vol. 2.

Samartsev, M. A. Aplicação de enzimas imobilizadas em processos industriais/M. A. Samartsev, N.V. Belyakov, A.I. Kestner. M., 1984.

Sasson, A. Biotecnologia: realizações e esperanças / A. Sasson. M., 1987.

Scopes, R. Métodos de purificação de proteínas / R. Scopes M., 1985.

Skryabin, G. K. Células imobilizadas de microorganismos / G. K. Skryabin, K. ALSoscheiko // Biotecnologia / ed. por A. A. Babaev. M., 1984

Tecnologia de processamento de gordura / editado por N. S. Arutyunyan. M., 1985.

Tecnologia de produtos de hidrobiontes / ed. por T. M. Safronova,
B. I.Shsndsryuk. M., 2001.

Technologiya alcohola / ed. por V.L. Yaroveshu M., 2002.

Triven, M. Enzimas imobilizadas / M. Triven. M., 1983.

Tyutyunnikov, B. N Química das gorduras / B. N. Tyutyunnikov. M.1966.

Preparações enzimáticas na alimentação animal / L. G. Boyarskii [et al.].
[(M])--[1].[(985])-..

Higgins, I. Biotecnologia. Princípios e Aplicações / I. Higgins, D. Best, J. Jones, M.,

1988.

Khotnovich, A. V. Métodos de cultivo de bactérias fixadoras de azoto, métodos de obtenção e utilização de preparações na sua base (recomendações metodológicas)/A. V. Khotnovich. Л., 1991

Schlegel, G. Microbiologia geral / G. Schlegel. M., 1987.

Sítios Web recomendados para estudo autónomo

www.antibiotic.ru www.biengi.ac.ru www.bio.lseptember.ru www.bioinforum.ru www.biolinks.net.ru www.bioscience.ru www.chem.ac.ru www.chemistry.narod.ru www.chshb.ru www.edu.ru www.informnauka.ru

www.markovsky.virtualate.neywww.medline.ru www.medlinks.ru www.mednovosti.ru www.membrana.ru www.molbio.ru www.nature.ru www.rusbiotech.ru www.scientific.ru

Printed by Books on Demand GmbH, Norderstedt / Germany